别说你没有成功机会

Bieshuo Nimeiyou Chenggong Jihui

章　程◎编著

海潮出版社

HaiChao Press

图书在版编目(CIP)数据

别说你没有成功机会 / 章程编著.—北京：海潮出版社，
2010.12

ISBN 978-7-80213-944-2

Ⅰ.①别…　Ⅱ.①章…　Ⅲ.①成功心理学—通俗读物
Ⅳ.①G848.4-49

中国版本图书馆 CIP 数据核字(2010)第 265166 号

书　　名：**别说你没有成功机会**

编　　著：章　程

责任编辑：雷　婷

封面设计：兰旗设计

责任校对：徐云霞

出版发行：海潮出版社

社　　址：北京市西三环中路 19 号

邮政编码：100841

电　　话：(010)66969738(发行)　66969736(编辑)　66969746(邮购)

经　　销：全国新华书店

印刷装订：北京市业和印务有限公司

开　　本：787mm×1092mm　1/16

印　　张：25.625

字　　数：369 千字

版　　次：2011 年 6 月第 1 版

印　　次：2011 年 6 月第 1 次印刷

ISBN 978-7-80213-944-2

定　　价：36.80 元

(如有印刷、装订错误,请寄本社发行部调换)

前　言

　　在人类生生不息的文明发展中，追求成功始终都是我们青年人持久的动力和永恒的目标。

　　那么，成功到底是什么？不同的人有着不同的理解。其实，成功就是一种追求所体验到的幸福，一种奋斗的快感。精神不朽是成功，超越自我是成功。别以为只有金玉满堂、声名显赫才是成功。成功也不等于一时的"胜利"。短暂的辉煌之后可能就会灰飞烟灭，轰轰烈烈之后也许将是行尸走肉。

　　成功没有标准、没有模式，成功不是一个终极目的和不变的结果。人生有意义，事业有追求，即使不能出人头地也是一种有个性、有尊严的活法，痛并快乐着，远比哭并迷惘更令人向往。因为循着自己的人生轨道，去发现那跳跃灵动的智慧火花，"不要人夸好颜色，只留清气满乾坤"。这亦是成功。

　　不管你认变为成功是什么，我们想说的是："只有少数人可以成功"这已经是尘封的历史。因为现今世界早己今非昔比，在如今这个自由开放、重视个性和能力的时代，它为每个人的充分发展提供了千载难逢的机遇。因此，任何人都可以在社会的大舞台上充分展示自己、发掘自己的潜能、提升自己的人生价值。

　　事实上，越来越多的青年人正在通过种种的手段和方式，通过自我的奋斗和努力以求得人生的成功。一个又一个的成功者正在我们的周围崛起,他们或许出自豪门、或许有着难以企及的高学历,但相信你一定看到了更好的成功者。他们就和你一样,或许就是你的朋友,就是你的同事,就是你的兄弟姐妹,就是那个连你都感到惊讶的邻居。毫不夸张地说,一个人人都可以成功的时代已经到来。

也许我们毕其一生之功也无法与这些登上财富与事业巅峰的人相比,但前人留给我们的经验和教训,却是我们迈向成功之路的珍贵宝藏,它能指引我们前进的道路,少走弯路,从而更快的达到成功的彼岸。

本书为您提供了青年人通往成功的 N 条准则,主要包括:互尊互爱、认识自我、发现潜能、心胸坦荡、善用热忱、谦恭谨慎、守信践言、藏巧高瞻、顽强的毅力、坚强自信、勤奋求知、高效善为、善总结重积累、随机行事、把握机遇、说话技巧、处世技巧、做人技巧等内容。

本书告诉我们:成功其实离我们并不遥远,那些成功的人很多都是从默默无闻、不名一钱,甚至灰心丧气、无助迷茫中走过来的。即便是现在,那些人的身上也都残留着这样那样的缺点,可是他们依然是成功的,成功不是完美之人的专利,只要你想成功,只要遵循好每一个准则。那么,你也能成功!

目 录

第一篇 成功的智慧

Contents

第三篇 成功的技巧

Contents

第五篇 成功的习惯

Contents

第一篇

成功的智慧

民族的哲学

准则 1　互尊互爱

要牢记他人姓名

　　人对自己的姓名最感兴趣。把一个人的姓名记全，并很自然地叫出口，这是一种最简单、最明显，又是一种最能获得好感的方法。

　　第二次世界大战期间，美国民主党全国委员会主席、邮务总长吉姆是一位具有传奇色彩的人物。他小时候家里很穷，十岁就辍学去一家砖厂做工，他把沙土倒入模子里，压成砖瓦，再拿到太阳下晒干。吉姆没有机会受更多的教育，可是他有爱尔兰人乐观的性格，使人们自然地喜欢他，愿意跟他接近。在成长过程中，吉姆逐渐养成了一种善于记忆人们名字的特殊才能，这对他后来从政起到了重要的作用。

　　罗斯福开始竞选总统前的几个月中，吉姆一天要写数百封信，分发给美国西部、西北部各州的熟人、朋友。而后，他乘上火车，在 19 天的旅途中，走遍美国 20 个州，行程 12000 公里。他除了乘坐火车外，还用其他交通工具，像轻便马车、汽车、轮船等。吉姆每到一个城镇，都去找熟人进行一次极诚恳的谈话，接着再开始下一段的行程。当他回到东部时，立即给在各城镇的朋友每人一封信，请他们把曾经和他们谈过话的客人名单寄来给他。名单上那些不计其数的人，他们都得到吉姆亲密而礼貌的复函。

　　吉姆早就发现，一般人对自己的姓名最感兴趣。把一个人的姓名记住，并很自然地叫出口，你便对他含有微妙的恭维、赞赏的意味。若反过来讲，把那人的姓名忘记，或是叫错了，不但使对方难堪，而且对你自己也是一种很大的损害。

但仅仅是记住别人的姓名，还是远远不够的，在社交中，还要得体地称呼对方。

许多人认为，只要不是哑巴，喊名字是一件最容易不过的事情。虽然在日常生活中，我们每天要喊出许多人的名字，但仔细回想起来效果却不一样。卡耐基说："记住他人的名字是远远不够的，更重要的是怎么喊名字。"

用清晰的声音喊出别人的名字，是人际交往的第一步。它意味着我们对别人持一种重视的态度。含糊不清地叫喊会使对方感到不愉快，以为我们把他看得无足轻重，或者根本不把他放在心上。当多年未见的朋友突然出现在我们面前，清晰地叫出他的名字将是最好的欢迎，它说明无论隔多少年，我们仍然记得友情。当我们置身在许多人中间，没有比一一清晰地叫出他们的名字更能够说明我们对他们的关注了。

喊别人的名字也是一门学问，它可能给我们带来好人缘，也可能给我们带来坏名声。喊名字要懂得语言和地域差别，用北方话直呼他人姓氏令人感到亲切，用某些南方话恐怕就不行。南方人叫阿贵顺口而亲热，北方人叫起来就未免别扭。喊名字还要懂得分寸和对方的特点，对女性尽量不要称"老"，对不熟悉的异性不要称呼得过于亲热，在姓氏后面加以"老"字是一种至尊称呼，不是随便用的。例如，我们可以对任何一个年老的人称呼："老李"，"老陈"，但一般不能叫"李老"或"陈老"，因为后一种称呼法已超出一般符号意义，而且包含着相当强烈的尊敬色彩。

牢记他人的姓名并得体地称呼对方，是对对方的一种尊重，也是树立自己良好形象的一个有效方法。从现在起，记住与你交往的人的姓名，大方得体地叫出来，你会发现自己人际关系上的变化与惊喜。

尊重他人的意见

你是否有过这样的体会，一个人在提出自己的意见后，一旦遭到全盘否定，人的自尊心理往往使他采取以牙还牙式的反抗。这种心理反应会极大地阻碍谈判的顺利进行。因此，不论在什么情况下，你应当尽可能避免上述心理活动的发生。

相反，一个人在提出自己的意见后，一旦受到某种程度的肯定和重视，人的自尊心理会引导心理活动形成一种兴奋优势，这种兴奋优势会给人带来情感上的亲善体验和理智上的满足体验。这种体验一旦发生，就会有利于纠纷的调处，使争执双方的意见达成一致。

根据上述理论，在拒绝对手时，先说"是的"，表示同情和理解，创造一种较为融洽的谈判气氛，缩短双方之间的心理距离后，再讲"但是"。由于你对对手的某些看法大加赞赏，对手自动地停止了自己的讲话，含着笑、点着头关注地欣赏别人对自己观点的肯定。这时，在他眼里，你是与他站在一起的，对立不存在了，尽管你也在赞扬的意见后表达了不同意见，那也好商量了。

那么，你会问：怎样才能对人诚恳表示自己的意见，而又不会得罪人呢？

有没有办法解决这个问题呢？

有的，很简单的办法，同时也是很有用的办法。

首先，你要明白一件事实，只要细心观察社会和人生，你就会发现只要你的办法是对的，向别人表示自己的不同意见，不但不会得罪人，而且有时还会大受欢迎。

你要知道，得罪人的不是你的意见本身，而是你对别人意见的态度。如果在你表示不同意见时，把自己的意见看做是绝对对的，而认为别人的意见简直是愚蠢幼稚的，那你就伤害了别人的自尊心。

因此，你只要遵守一个铁的原则：在你表示自己的意见的时候，你要假定自己的意见也可能有错。你不要强迫人们立刻相信你的意见，你要容许他们有充分的时间来考虑你的意见，而且还要提供他们考虑你的意见的根据。若要别人相信你的意见，你必须提供给对方相当充分的资料，叫人足够相信你的意见。

在这同时，你还要表示愿意考虑别人和你不同的意见，请对方提出更多的说明、解释和证据使你相信。你要表示，假使对方能够使你相信他的意见，那么，你就立刻抛弃你自己原来的看法。

这样，一方面老老实实地说出自己真正的看法，一方面又诚诚恳恳地尊重别人的意见。这样才是最理想的互相交谈方式。

你可以不同意对方的意见，但你要懂得尊重他人的意见。你有你的看法，我有我的看法，没有哪一方的看法是绝对正确的。懂得尊重他人的意见，也会换来他人对你的尊重。

把"意见"变为"建议"

有时候，委婉提出建议要比直接提意见的效果要好得多。

李先生是一家比较知名网络企业的总经理助理。他的顶头上司王总乃搞学术、技术出身，由于工作重点长期落在研究开发领域，因此对企业管理依然一知半解。出于对技术的钟情与依恋，王总直接插手技术部门的事，把管理的层级体系搞得乱七八糟，其他部门虽然表面上敢怒不敢言，但私下里无不怨声载道，让李先生与其他部门沟通协调倍感吃力。

经过思考，李先生决定向王总提建议。

他对王总说：

"真正意义上的领导权威包含着技术权威和管理权威两个层面，王总的技术权威已经牢固树立，如果能在人事、营销、财物方面的管理上更倾心的话，整体的领导权威就能树立得更加完美。"

王总听后，若有所思。后来，王总果然越来越多地把时间用在人事、营销、财务的管理上，企业的不稳定因素得到控制，公司运营进入了高速发展状态，李先生的各项工作也顺风顺水，渐入佳境。

李先生采用了站在别人的立场上提建议的策略。首先，这种方式没有排斥上司的观点，而是站在上司的立场上，最终是为了维护上司的权威，出发点是善意良性的；其次，这种策略能够充分照顾上司的自尊，易于被上司接受。

如果你仅仅只是提出建议，而让别人去得出结论，让他觉得这个想法是他自己的，这样不是更聪明吗？许多实践也表明，人们对于自己得出的看法，往往比别人强加给他的看法更加坚信不疑。聪明的下属在许多时候只需做好引导工作，提出建议，尊重上司的立场，而结论最好给上司自己去定夺。

尊重他人的生活习惯

有这样一个故事：

老王曾经到乡下的母校去听课。在中午吃饭的时候，他发现其中有一位老教师在喝完稀饭后，伸长了舌头，低下头，捧着碗"滋滋"有声地把碗底的残留稀饭舔得干干净净。如今的生活已经不是饿肚子的时代了，竟然还会有这样的老师。看到他这个样子，大家都禁不住笑了出来。那位老教师听到笑声，显出惊异的神情，且不由得红了脸，极为羞愧地走出了吃饭的地方。一个下午，老王没有看见老教师的身影。

临走的时候，老王终于看到了这位老教师。他连忙走过去对老教师说了一些比较委婉的道歉的话。老教师抬起头说："这是我保持了几十年的坏习惯了。过去家里穷，吃不饱，经常要求家里的三个孩子这样做，我自己久而久之形成了习惯，到现在还是改不掉，丢脸了。"

听了老教师的话，周围的人深深地为刚才的笑感到惭愧。

面对别人的习惯，如果我们没有真正地领会，只是浅薄地嘲笑，这本身说明我们对生活的理解是多么的浅薄和无知。在我们笑出声的时候，谁又会知道他的这个习惯是多么的令人尊敬呀！

在很多人的生活习惯中，我们都可以看到蕴涵在这些习惯中的每一个人的个性。当然，对一些不好的习惯，我们可以不去学习和效仿，但是我们没有理由去嘲弄和取笑。在生活中，每一个人都会拥有自己的生活习惯和思维方式，当然我们无法保证所有的思维和习惯都是对的，但是我们应该用谅解和尊重去面对别人的习惯。

我们应该用宽广的胸怀去包容别人的举止，用尊重的态度去感悟别人的行为，用开阔的胸襟去对待别人的言行。这样在尊重他人的时候，我们会获得一些生命中最美好的东西。

帮助别人时要顾及他的自尊

有一种说法，叫做生活不需要技巧，讲的是人与人之间要以诚相待，不要怀着某种个人目的。因为一旦对方发现自己是被你利用的工具，即使你对他再好，也只能引起他对你的敌意，并拒绝和你继续保持关系。所以，要获得真诚的友谊，就只能用爱心去和别人推心置腹地打交道。

帮助别人要注意方法。在具体的情景下，当你想帮助某个人时，你要注意具体的方法，如何帮助他才能使他真正得到你的帮助。

曾经有一个人很穷，冬天来了，他没有钱买木柴，就去向一个富人借钱。富人爽快地答应借给他两块大洋，并且很大方地说："拿去花吧，不用还了！"

穷人犹豫了一下，接过钱，小心翼翼地包好，就匆匆往家里赶。富人冲他的背影又喊了一遍："不用还了!"

第二天大清早，富人打开院门，发现门口的积雪已被人扫过了。他在村里打听后，得知这事是借钱的穷人干的。

富人想了想，终于明白了：自己昨天的举动是给别人一份施舍，只能将别人变成乞丐。于是他让穷人写了一份借条，约定以扫雪来偿还借款。

穷人用扫雪的行动提醒富人，任何人都有尊严。

通过这个故事，我们可以明白，在帮别人的忙的时候，如果有"施恩"或者"施舍"的想法，那就根本不能得到别人的感谢。

即使有这种想法，也千万不要流露出来，否则可能适得其反，帮了别人的忙还会让他因为羞恼而恨你，那可是人情账户的一笔巨大损失，你可能会因此而破产。

向一个陷入困境的人伸出热情之手和给予他无私的帮助的确是重要的，但更为关键的是，我们还应顾及他的自尊。

不要贬低别人的人格，不要伤害别人的自尊心，因为，只有尊重别人，别人才会永远感激你。你满足别人的精神需求，别人才会满足你的精神需求。

当我们帮助了他人时，不可以此沾沾自喜，自鸣得意，更不能摆出一副救世主的面孔。任何一个人都是有尊严的，对他们的帮助也应是无私的、诚恳的，不应存有半点恩赐的感觉。要记住，只有尊重别人，别人才会真正感谢你。

随便打断别人说话是种陋习

有一个老板正与几个客户谈生意，谈得差不多的时候，老板的一位朋友来了。这位朋友插进来了，说："哇，我刚才在大街上看了一个大热闹……"接着就说开了。老板示意他不要说了，而他却说得津津有味。客户见谈生意的话题被打乱了，就对老板说："你先跟你的朋友谈吧，我们改天再来吧。"客户说完就走了。

老板的这位朋友乱插话，搅了老板的一笔大生意，让老板很是恼火。

随便打断别人说话或中途插话，是有失礼貌的行为，但有些人却存在着这样的陋习，结果往往在不经意之间就破坏了自己的人际关系。

那些不懂礼貌的人总是在别人津津有味地谈着某件事的时候，在说到高兴处时，冷不防地半路杀进来，让别人猝不及防，不得不偃旗息鼓而退。这种人不会预先告诉你，说他要插话了。他插话时有时会不管你说的是什么，而将话题转移到自己感兴趣的方面去，有时是把你的结论代为说出，以此得意洋洋地炫耀自己的见多识广。无论是哪种情况，都会让别人顿生厌恶之感。随便打断别人说话的人根本就不知道尊重别人。

培根曾说："打断别人说话的人，甚至比发言冗长者更令人生厌。"打断别人说话是一种最无礼的行为。

每个人都会有情不自禁地想表达自己的愿望，但如果不去了解别人的感受，不分场合与时机，就去打断别人说话或抢接别人的话头，这样会扰乱他们的思路，引起对方的不快，有时甚至会产生不必要的误会。

老张在镇上盖了一套三层的楼房，当该房子的第三层刚封顶时，几个朋友在他家吃饭。席间，突然来了一位专门安装铝合金门窗的个体户，与老张一见面就递了张名片。其实这位个体户的店铺门面也在本镇，虽和老张平时也见过面，但因没有业务往来，他们都不认识。后经与那个体户交谈，他们彼此觉得非常熟悉。轮到老张做决定是否将铝合金门窗的安装让这位个体户做时，老张说："虽然我们以前不认识，但通过我们刚才的一席话，得知你对铝合金门窗安装有丰富的经验，假如我房子的门窗让你来安装，我相信你能安装，也相信你能做得很好。但是在你今天来之前，我们厂里一名下岗钳工已向我提起过，说他下岗了，门窗安装之事让他来做……"

老张的话还未说完，那个体户便插话了：

"你是说那东跑西走的小李吧？他最近是给几家安装了门窗，但他那'小米加步枪'式的做法怎能与我比？"

哎！这话不说还好，一说便让老张顿时改变了主意，接着说：

"不错，他尽管是手工作业，没有你那先进的设备，但他目前已下岗在家，资金不够丰厚，只能这样慢慢完善，出于同事之间的交情，我不能不让他做！"

就这样，那位个体户只得离开了。

之后，老张对朋友说："那个体户还没听懂我的意思，就把我的话给打断了。本来，我是暗示他，做铝合金门窗的人很多，不止他一个人上门来请求安装。我已打听到了他做门窗已多年，安装熟练，且很美观，但他的报价很高，我只是想杀杀他的价格，可他的一番话甚至攻击了我同事小李的人品，我宁愿找别人，也不要让他来安装我的门窗。"

一个精明而有教养的人与人交谈，即使对方长篇大论地说个不休，也绝不会插嘴。这说明打断他人说话，不仅是不礼貌的，而且使你什么事也谈不成。

时刻保持仪表的整洁

一个仪表整洁的人，总是给人留下深刻的印象。仪表整洁是一种礼貌，既是对自己的尊重，也是对别人的尊重。一个邋遢的人，只能给别人留下无教养的印象，更会给人留下此人活得很糟糕的印象。

李强是电脑行业中的"金领"一族，很有工作能力，但在生活中他是一个不拘小节的人，整天一身破牛仔，从未想过注重个人形象这回事。

有一次，他去一家公司面试，穿的依旧是那套"行头"。刚一见面，负责招聘的人便皱起了眉头，双方谈了几句，对方便下了逐客令："对不起，我们公司需要的是工作态度和生活态度都很严肃的人!"

李强的面试以失败而告终。看来，要想在面试工作中顺利过关，衣装打扮是不能忽略的环节。否则连进门的资格都没有，更谈不上得到施展自己才华的机会!

培根有句名言："相貌的美高于色泽的美。"仪表是展示自己才华和修养的重要外在形态。要想有良好的形象，就必须注意穿着打扮、行为举止及自身素质的提高，从而使你的形象在交往中光彩夺目。

要创造良好的第一印象，首先要注意服装及仪表。服饰是一种无声的语言，服装的整洁得体不仅是自我形象的树立，也是对对方的尊重。假如一个蓬头垢面、衣衫不整的人站在你的面前，一定会让你觉得讨厌。服装最要紧的是大方得体、干净整洁、大众化。如果你想在服装方面"标新立异"，那只能使你脱离人群，是不会得到别人的喜欢和接近的。

那么，怎样保持整洁的仪表呢？我们可以从以下几方面注意：

1.留意你的穿着

留意你的穿着，并不是叫你穿上最流行、最时髦的衣服，而是希望你穿得干干净净、整整齐齐，至于衣服是新是旧，质料是好是坏，并不是主要问题。

美国有许多家大公司对所属雇员的装扮都有规定，这规定不是指要穿得怎么好看，而是要体现一定的品位。

2.注意细节

·鞋擦过了没有？

·裤管有没有痕？

·衬衣的扣子扣好了没有？

·胡须刮了没有？

·头发梳好没有？

·衣服的皱褶是否注意到？

乍一听似乎可笑。事实上，这些细节会给人留下不同的印象，而整洁的着装总是给人一种可信赖感。

衣衫不整既是对自己不尊重，也是对他人的不尊重。这样的人，是不可能赢得他人的好感与尊重的。因此，一个懂得做人之道的人，应该时刻注意保持整洁的形象。

约会时提前几分钟到达

在我们的生活和工作中，离不开约会。谈恋爱时与情人约会，谈工作时与老板约会，谈生意时与客户约会……可见约会无处不在。

由于现代生活紧张忙碌，很多人在约会时姗姗来迟，有的人甚至认为不准时赴约可以提高自己的身价。不管是出于何种原因，不准时赴约都是一种不礼貌、不尊重别人的表现。

纳尔逊侯爵曾说："我的成功，很重要的原因是我守时，与人约会时我习惯提早一刻钟到达，准时是国王的礼貌、绅士的职责和商人的习惯。"

不管约会是你提出来的，还是对方提出来的，要表示对他人的尊重，你都需要比约会者提前几分钟到达约会地点，这一点很能表现你的诚意和礼貌。如果是你提出的约会，即使你准时到达，如果对方已经在等你，对方心里想必也会不太舒服。这样一来，你的诚意在对方心中会大打折扣。况且，要是你比对方早到的话，可以先熟悉一下周围的环境，酝酿一下和对方见面的话题，准备越充分，越能顺利达到约会的目的。何乐而不为呢？

日本前首相田中角荣就是一个十分守时的人，他年轻时跟一个姑娘谈恋爱，被那姑娘深深吸引住了。

有一次，两人相约在一个水果店门前见面，田中提前几分钟就到了,他四下瞧瞧,空空荡荡,不见那姑娘的身影。田中翘首以待,左等右盼,对方还是迟迟不来,时间一分一秒地过去了,田中为空耗的时间而惋惜,又为对方失约的无礼而恼怒,他暗暗打定主意,最多只能容忍她30分钟。真是无巧不成书,到了31分钟那姑娘才来,此时田中已看到女友前来赴约的身影,但他还是不能容忍她的不守时间,毫不犹豫地招手叫了一辆出租车扬长而去,等那姑娘发现田中的身影并赶上来时,只能看见远去的出租车扬起的尘土了。田中认为不守时的女人不值得他爱。从此,这个曾经使田中十分迷恋的女人,被他从心头永远抹去了。

姑娘的迟到,令她失去了一份爱情。生活中类似的不尊重他人时间的情况还有很多,当然,带来的后果也都比较惨痛。

约会时提前几分钟到达,是个好习惯,这不仅会赢得对方的尊重和肯定,也会令你有意外的收获。

准则 2 认识自我

了解自己的性格

有一天,上帝来到尘世,对地球上的居民进行一番智慧调查。

上帝对大象说:"你的性格怎么样?"

大象回答说:"我的性格很和蔼可亲,就像学识渊博的学者。"

上帝问袋鼠:"你的性格如何?"

袋鼠说:"我时而温顺时而暴躁。"

上帝又问鱼儿说:"你的性格如何?"

鱼儿游动着灵巧的身体说："我是天地间的精灵，我很精明、很爱玩。"

上帝又问鸟儿："你的性格如何？"

鸟儿说："我很自由。"

上帝最后问到人，人却说："这个问题我还没好好考虑过，我的性格到底怎么样，我也不十分明了。"

上帝终于叹了口气说："天地间最难认识的就是自己啊!"

这是一则童话，当然，上帝是不会来到地球上问我们这些问题的，但我们自己难道不该好好反思这个问题吗？世间有万事万物，各有不同的生活习性和特征，人也有千差万别，各有不同的喜好。不同性格的人为人处世都保持着与其性格相对应的风格。只有了解了自己的性格，才能根据自己的性格去定位自己适合做什么，不适合做什么。

我们常说性格决定命运，生活中我们有一帆风顺的时候，也难免会遇到坎坷与不测，其中的成功与失败是由多方面因素决定的，一个是机遇，另一个就是性格。实际机会对大家都是均等的，上天并没刻意偏爱什么人。但为什么有些人能够抓住机会取得成功，大多数人却只能扼腕叹息命运对他的不公呢？这就是个人性格的差异造成的。

自己性格的养成，一部分是先天基因遗传，更重要的是后天有意培养。性格代表了一个人处世的态度与风格。外向的人善辞令、会交际，在社交圈中游刃有余；内向的人敏感、细心、善观察，往往能胜任需独立完成的案头工作。所以，了解自己的性格是进入社会打拼的第一步与基本要求。性格无论是内向还是外向都有其优势和劣势，关键看自己能否知道自己到底属于什么样的性格，你性格中所具备的东西又适合什么样的定位，而这样的定位又是否有助于你性格中优势因素的发挥。明白了这一点，我们做事和追求成功就能如鱼得水，游刃有余。如果做不到这一点，就会使自己最终浪费大量的时间和精力，而且错失成功的机会。

了解自己的智商

每个人的智商都是不尽相同的，而且每个人的智商兴奋点也不同。世界上存在的行业有千千万万种，每个行业都有自己业内的精英。中国有句老话，叫"隔行如隔山"，这个行业中的顶尖人物也许对其他行业一窍不通，所以了解你的智商不仅要知道它的高低，还要找到自己智商的兴奋点。

安德鲁·劳埃德·韦伯是一位知名的作曲家，在音乐的某一领域中，可以说他取得了巨大的成就，然而在严肃音乐的范畴里，比如协奏曲、奏鸣曲、歌剧一类，韦伯并不是很出色的。同样的，里奥·布斯卡格里亚所写的关于人际关系的书十分畅销，但其作品从未被严肃学者所认同。韦伯和布斯卡格里亚从某一方面讲都堪称是成功人士，但其他方面却不尽如人意。也许成功的人大多是如此。他们在某方面的智力是超群的，在他们寻找自己终生从事的事业时，他们能准确定位自己哪方面的智商是最有优势的，也就是说，在哪个方面他们的智力水平是最出类拔萃的，并投身于他们所选择的事业，努力工作，最终取得辉煌的成绩。我们说，他们是聪明的人，因为他们了解自己的智商并会利用之。

有一位外国的学者，在各城市间进行巡回演讲。当他到了此次演讲的最后一站，已经累得几乎说不出话来了。他想，能不能找一个人替他讲呢？反正，这个城市没有人认识自己，也许可以混过去。正在他乘出租车前往演讲地的路上，他决定请这个出租车司机代替自己，并给他100元的酬金。司机想反正生意很清淡，代替一次又能赚钱，何乐而不为呢？因为这个学者事先有了稿子，司机只要照着读就可以，所以一切都似乎顺理成章。演讲时，两人合作得天衣无缝。但到了观众提问的时候，司机对大家提出的任何一个问题都答不上来。他知道在稿子里有相应的答案，但自己实在不知到哪里去找这个答案，这时，司机抬头向下面的观众席望去，看见那个学者就端坐在后排，他马上灵机一动，说：
"这个问题太简单了，连我的司机都会回答，他就在你们中间，让他来
替我回答吧!"这个聪明的司机在关键的时刻显示出了他过人的机智和
敏锐，或许从个人成就上讲，他确实比这个学者差得很远，但从他灵敏
的反应上可以看到，他的智商不亚于任何人。

智商是智力商数的简称，是评价一个人智力优劣的重要指标。具有
成功智商的人对其充当的角色总是能应付自如。具有成功智商的人，也
必是一个善于学习前人经验，并在此基础上发掘新思路的人。这种从经
验中学习新知识的能力及适应环境的能力是智商的核心要素。我们评价
一个人的智力高低很大程度上是评价其创造力的高低。有些人认为，智
力水平是天生的。他们羡慕那些能人长了一个聪明的脑瓜，而自己的智
商如此平庸都是父母的原因。实际上，智商有先天的因素，但后天的锻
炼对智商的高低起着更重要的作用。

了解自己的情商

在影响人们成功、制约人生走向辉煌的因素当中，智力因素仅仅占
到了 20%左右，而 80%的因素属于非智力因素——情感智力即情商。
情商决定了人类控制自我情绪、理解疏导他人情绪的能力，通过情绪的
自我调节控制可以提高生存质量，最终决定一个人是否成功、是否辉
煌。情商是近些年提出的概念，比起智商的历史要短得多。但一经提
出，立刻引起了轰动，社会各界人士纷纷对这个概念给予了高度的关
注。这个概念的提出者丹尼尔·戈尔曼教授曾经用这样一个有趣的例子
来引证情商的高低对人的影响，他认为高情商的人更善于控制自己的情
绪，成功的可能性也更大。

他请来一批 3~4 岁的孩子，并告诉他们，每人可以分一份糖吃，但

他现在要出去一下，如果谁能等到他回来后再吃糖，谁就能领到另外一份糖。他离开后，有些孩子迫不及待地开始吃糖了，根本没理会他什么时候回来、能不能回来。有些孩子，在心里想着是先吃糖呢还是先等他回来，等了一阵子后终于禁不住糖的诱惑吃了起来。还有几个孩子，是一直等到他回来，并且如愿地领到了两份糖。之后，他又做了跟踪调查，那些能等到他回来再吃糖的孩子，在未来的成长道路上更有耐心，更能适应环境，自信心也强于其他人，更重要的是他们抵制诱惑的能力更强些。在以后，这些孩子的学习成绩更突出。相反，那些急于吃到糖的孩子只顾满足眼前的欲望，做事不能持之以恒，没办法控制自己的情绪，适应社会的能力也比较差。

上面这个小小的实验说明，人的情商也像人的智商一样，人与人之间存在着很大的差异。不同情商的人在处事、做人等方面都有不同的反应和作为。情商低的人意志力、忍耐力、持久力要差一些，遇到困难时比较容易沮丧、不愿意坚持，挫折对自身的生活和工作的影响比其他人更深一些。所以这时候，认识和了解自己的情商大致是什么水平显得尤为重要。如果你是一个情商不高的人，当你认清自己后，就可以努力在自己欠缺的地方狠狠地补上一课。比如刻意地锻炼自己的意志，或当心情一旦受到环境影响而变坏时，刻意地让自己高兴起来，或者忘掉那些不愉快的事。就像自己在智商上不如别人时，可以做到"笨鸟先飞"、"勤能补拙"，这是同样的道理。

情商是一个人重要的生存能力，高情商是优秀人格和高尚情操的完美结合。个人的某种情绪刚刚出现便能被自身敏锐地察觉到，这是我们所说的情商的核心与基石。能时刻感受到个人情绪的变化的能力，是自我理解与心灵感悟的基础。如果没有能力认识自身的真实情感，就只好听凭这些情绪的摆布，而成为它们的奴隶。学着去辨识你的情绪世界，让情绪帮助自己，而不是破坏自己，伤害自己，这就需要运用我们的情商去认识心灵的每一个角落。我们要培养一种理性而积极的心态，这将有助于迈向人生的成功。

了解自己的弱点

有个年轻人在岸边垂钓，看到旁边有一位老者也在钓鱼。他很奇怪，为什么自己和老者同时同地钓鱼，自己的鱼篓里空空如也，但老者那里却是满篓收获。年轻人终于沉不住气了，问老者："我们两人的鱼饵都一样，为何老人家能钓到那么多鱼，而我却一无所获呢？"老者很从容地说："我钓鱼的时候，心里很静，我什么都不想，我也不急着让鱼上钩，我手不动、眼不动、身体也不动，呼吸都很轻。而你见没鱼上钩就心情急躁，不安心钓了，鱼儿怎么会上钩呢？"年轻人恍然大悟，经老者指点后，他也觉得自己有些过于烦躁了，于是他听从老者的话，慢慢沉静下来，最后也钓到不少鱼。这个年轻人应该算是很不错的了，别人说穿自己的短处和弱点后还能认真听取，虚心接受，并最后改掉弱点，是很值得赞扬的。这也正是"知己知彼，百战百胜"的道理，这里的"知己"就包括既要知道自身的优点，又要对自己的弱点了然于胸，这样才能针对自己的"特点"来发挥优势，回避或改善弱点。

古时候，有个国君一向只听奉承话，最后就是因为这个弱点丢了国家。他改装成老百姓跑出城门，一个车夫救了他。国君在车夫的马车上躺着，太劳累了，他说："我太渴了，你有水吗？"车夫马上把自己的水壶递给他喝，他又说："你有吃的吗？"车夫把自己仅有的一点干粮给了国君，自己却饿着肚子，也没有水喝。车夫看国君吃饱喝足后，也不理睬自己是否吃过东西很是气愤，但也不敢轻易冒犯国君。国君突然对车夫说："我逃出城的时候，你怎么就在城门边上呢？好像事先知道要出事似的。"车夫说："是的，我料定国都将失守，想到您可能会从这个城门逃走，所以特地在那里等候的。"国君一听，很诧异："你早就知道要亡国了？"于是又发起了国君脾气，"你早知道要失守为什么不早说?"车夫不紧不慢地说: "因为国君您不能听真话, 就愿意听奉承您的话, 所以我不敢说。"国君听了实话不仅不醒悟, 反而暴跳如雷, 说: "那你说我的前途会怎么样?"车夫不想再惹他, 说: "您很快会重振旗鼓的。"车夫不得不说着违心的话。到了晚上, 车夫趁国君睡着了, 偷偷走了, 国君当夜被野狼给吃掉了。每个人都有自己的弱点, 但有弱点并不可怕, 可怕的是有了弱点既不愿承认, 又不愿意改掉, 就像那个国君一样不仅毁了国家, 连命都搭上了。

认识自己, 既包括善于发现自身与众不同的优点并发扬之, 也包括能及时敏锐地洞察到自己的弱点并改善之, 能做到后一点似乎更难: 因为人天生对自己不擅长的东西都有回避的本能。比如一个人不善言辞, 不善交际, 他恰恰就不愿意过多地在公众场合露面; 从另一方面讲, 有些人对自己的弱点根本熟视无睹, 甚至将其视作优点, 某些人不就是将夸夸其谈当做自己自信心强的表现吗? 可见, 若想对自己有一个正确的估计, 先要把环境当做一个客观的参照, 最主要的是, 要时刻保持自省的心态, 来思量自身究竟有哪些不合时宜影响自身发展的弊病与缺陷。也许有人认为暴露弱点会导致自卑, 实际上, 掩盖自己缺点才是真正自卑的表现。自己主动意识到弱点并改之, 必然是比在办事过程中被动受阻后才体会到自身弱点要明智得多, 也及时得多。

你要坚守个性

电影舞星佛莱德·艾斯泰尔 1933 年到米高梅电影公司首次试镜后, 在场导演给他的书面评语是"毫无演技, 前额微秃, 略懂跳舞"。后来艾斯泰尔将这张纸裱起来, 挂在家中以激励自己, 并鞭策自己要坚持自己的理想。虽然他起初并不被看好, 甚至可以说被贬得一点前景也没有, 但他并没有因此放弃, 而是坚持下去, 他果然成功了。

素凡石油公司的人事室主任保罗·包延登,曾经和六万多个求职者面谈过,他说:"来求职的人最大错误就是不能保持自己的本色。他们不以真面目示人,不能完全地以坦诚示人,却总是给你一些他以为你想要的回答。"这样的做法只会适得其反,因为没有一家企业想要一个伪君子来工作。

还有一个例子,美国作曲家欧文·柏林曾经给他很欣赏的新秀乔治·盖许文一个忠告。当柏林和盖许文初次见面时,柏林已是声名远播,而盖许文还是一个刚出道的年轻作曲家,一个礼拜只能赚 35 美元。柏林很欣赏盖许文的能力,就试探着问盖许文想不想做自己的秘书,薪水大概是他当时收入的两倍。但是柏林又忠告说:"你要想清楚,如果你接受的话,你可能会变成一个二流的柏林;但如果你坚持继续保持自己的本色,总有一天你会成为一个一流的盖许文。"盖许文接受了这个忠告,后来,他逐渐成为这一代美国最重要的作曲家。

也许我们很多时候都是在和别人比较,别人什么地方比我强,别人做了那件事可我还没做,别人这样可我却那样,我们从潜意识里都是在琢磨着"我如何成为别人"或"我怎么样才能和别人一样"。但实际上,我们为什么不想一想世界上只有一个独一无二的"我"呢?我为什么不做"我"自己呢?像爱默生在他的《论自信》散文中所说:"在每一个人的教育过程中,他一定会在某个时期发现,羡慕就是无知,模仿就是自杀。不论好坏,他必须保持本色。虽然广大的宇宙之间充满了好的东西,可是除非他耕作那一块给他耕作的土地,否则他绝得不到好的收成。他所有的能力是自然界的一种新能力,除了他之外,没有人知道他能做出些什么,他能知道些什么,而这都是他必须去尝试求取的。"所以做回你自己吧,保持自己的风格,不要为旁人的态度所左右。坚守住自己的个性,你就拥有了与众不同的资本,成功靠的不是模仿别人的路,而恰恰是要走自己的创新路。

你要利用优势

享誉全球的著名影星史泰龙，小时候做过脸部手术，因手术不成功伤害了神经，致使说话口齿不清晰，笑起来也是十分难看。在一般人的观念里，这样的人怎么能够做演员呢，但这些丝毫没有动摇史泰龙当演员的信心，他认为自己健壮的体格，冷峻的外形这些别人所不具备的优势就是他在好莱坞扬名的资本。他充分利用自己外形的优势，同时回避自己不善细腻演出的缺陷。经过深思熟虑，他为自己找到了能充分发挥自己优势的角色定位：即扮演少言寡语、表情冷酷的荧幕硬汉形象。果然，这个扬长避短的路子使他很快蹿红。在他主演的影片中，尽管他的台词很少，表情也不是那么丰富，但由于他的角色大都是具有悲情的落魄英雄形象，他招牌式的忧郁的眼神起到了"此时无声胜有声"的效果，加之影片中他大量火爆的动作场面，观众迅速认可了这个冷酷坚忍的银幕硬汉形象，他主演的"洛奇"、"兰博"等铁汉角色深入人心。后来，他又学习自己写剧本，为自己量身定做那些特别能发挥自己表演优势的角色，于是一个个刚正不阿、疾恶如仇、沉默少语的形象给观众留下了深刻的印象。他自己也迎来了演艺事业的一个又一个的成功。

能充分认识到自己的优势并善于利用优势，想别人所不敢想的事，做他人所不能做的事，就能在竞争中迅速地脱颖而出。美国人尤伯罗斯利用自己善于策划的优势成功经营第23届奥运会的故事，就是一个典型例证。

1984年国际奥委会决定在美国洛杉矶举办第23届奥运会，因为之前的奥运会不但没有给主办国带来丰厚的经济回报，反而都是亏本经营。基于此，美国政府和洛杉矶政府都不愿意给予经济援助，但同时又不舍得放弃这个让国家扬名、提升国际地位的机会。在此两难境地之下，美国第一旅游公司副董事长40岁的尤伯罗斯挺身而出，他说：

"我要个人承办这次奥运会，并且保证净赚2亿美元。"当时所有人都以为他是在吹牛，但当洛杉矶奥运会落下帷幕时，他果然实现了自己的诺言，净赚了2.5亿美元。他的成功让舆论哗然，都纷纷评价他是利用了自己的经营思维优势取得了巨大的胜利。因为作为一个商人，他的优势在于懂得如何将奥运会的经济功能最大化，而不是将重点单纯放在以往过分强调奥运会的政治功能和体育功能上。凭借这样的经营理念及过人的策划天才，使他一举成功，不仅名利双收，甚至可以说开创了奥运会的新的运营模式。

世界上的每个人都是独特的，与众不同的。

尽管你的成功不一定像史泰龙那么辉煌，或不像尤伯罗斯那样精彩，但即使一个小小的成功，带给你自己和你家人的意义都是非同寻常的。不要害怕你的优势是微不足道的，只要将它们发挥出来，你就比别人多了一分胜算，扬长避短永远是我们做事的原则。你的优势就像你的存款，关键时刻怎能不"物尽其用"！

不要妄自菲薄

1885年匹斯堡《快报》发表了一篇社论《妇女适合做什么?》，文章说："体面的女人，只能深居简出，等待男人们来娶。如果哪个女人不幸没能嫁出去，她只能待在父母或亲戚家中，当一个不要报酬的管家或做一个保姆……"读到这里，伊丽莎白·科克伦这个18岁的美国女孩被气得满脸通红。在当时的社会里，女性的社会地位是很低的。她拿起笔给编辑写信，痛斥社论的观点。信中写道："国家正把一半人民的聪明、智慧和技巧白白地浪费掉，妇女应在社会上占有与男人同样的地位。"《快报》编辑被这封没有署名的信深深打动了，他邀请"写信批评我们社论的先生"来商谈今后为该报写文章一事。科克伦闯进了报社，编辑吃惊了，编辑说他的报社从来没用过女人。科克伦据理力争，编辑于是只同意她写点花边新闻，科克伦坚决反对，编辑又让科克伦用一个男性的笔名，但科克伦坚持使用一个女子的名字。

科克伦开始做以往从没有女人做过的工作。科克伦去墨西哥采访，写政府的腐化，触怒了墨西哥政府，她被迫离开了墨西哥回国。回国后继续写作，告诉美国人民墨西哥妇女的遭遇。科克伦以自己的勇气，为美国妇女争取了不少荣誉和权利。但她并不因此而满足，她还要征服世界，想做一次环球旅行。她不顾狂风暴雨，不畏疾病缠身，当她环球旅行抵达旧金山时，成千上万的人到码头上欢迎她的到来。经过了 72 天，她回到了新泽西州的码头。她打破了此前世界上环球旅行的记录。新泽西州州长说："美国妇女再也不会受人歧视了，她们将被看作是有决心的，有独立精神的，并能在任何情况下照料自己的人。"在 100 多年前的美国社会里，女性是没有什么社会地位的，在那样恶劣的环境下，这位美国女性的自信、胆识和行为为所有的人做出了榜样。

在当今社会中，不论是男性还是女性，都没有必要也不应该否定自己。也许你天生不如别人聪明睿智，也许你不如别人漂亮、有学识，也许你没有别人拥有的资源丰富，但无论怎样，你不要妄自菲薄，你一定要相信你总有自己的优势，你的身上总有闪光的地方，你总有胜人之处。

在通往成功的道路上，你要和别人拼的是努力、毅力、坚持、忍耐和信念。即使你开始做事时有种种不如意，即使你经历过数次失败，但不要自怨自艾，就在你认为没有任何希望的时候，还是要坚定信念，再跨过一步你就会到达胜利的彼岸，成功和你仅一步之遥。

不要自作聪明

三国时期，曹操有个叫杨修的手下，聪明过人。一次，有人给曹操送来了一盒他非常爱吃的酥点，他高兴地在盒子上面写了"一合酥"三个字。杨修看见了，又恰逢曹操不在，他马上打开盒子把酥点分给大家全吃掉了。曹操知道后很生气，问起这件事时，杨修说："您在盒子上写着一合酥，意思不就是'一人一口酥'嘛，这是让我们大家分着把这盒酥点都吃掉啊，我怎么敢违抗您的命令呢？"曹操心中暗恼，但因杨修回答得得体，他也拿杨修没办法，愤怒无处发泄。

一回，曹操路过蔡文姬家，携杨修一同进屋拜访。曹操参观居室后，看到了一幅碑文图轴，于是就问蔡文姬图的出处。文姬称："这是邯郸淳表扬一位孝女的碑文，当时他一挥而就，众人惊讶。我父观此文，写了几个大字于碑后，就是'黄娟幼妇，外孙齑臼'。"

曹操不解，杨修说他已经明白了其中的含义。曹操打了个手势，让他不要说出来，他要再思考一下。离开后，曹操走出了三里地后才想明白其中奥妙，他对杨修说："现在你说说吧。"杨修解释道：黄娟是黄色的丝娟，"丝"傍"色"，是"绝"字；幼妇是少女，"女"傍"少"，是"妙"字；外孙是妇女的儿子，"女"傍"子"字，是"好"字；齑是用来受五辛（五荤）的，"受"傍"辛"，是"辞"字。此正是"绝妙好辞"四字。听杨修解释如此的正确又反应机敏，曹操本来就是嫉贤妒能的小人，便狠狠地说："你真聪明！我和你的智慧相差三里之远呢！"

由于杨修过于聪明又爱表现，所以曹操一直对他怀恨在心。他总觉得杨修的聪明早晚要坏了他的事，终于在魏蜀战争中，曹操找到了除掉杨修的机会。那时，曹操领兵攻打汉中，驻军在斜谷界口，处于进退两难之地。正在此时，厨房送来了鸡汤，汤中有块鸡肋，曹操感慨良多。这时夏侯淳来请示口令，曹操随口说出："鸡肋！鸡肋！"杨修听说后，马上收拾行李。夏侯淳问他为什么。他说，鸡肋不就是食之无味、弃之可惜吗？宰相把汉中当鸡肋，就是不想在这里待了，所以我先收拾一下。

曹操得知杨修又猜透了自己的心迹，十分妒忌，最后借口杨修扰乱军心将他杀掉了。杨修因为自己的聪明最终招来了杀身之祸。

也许每个人都希望自己比别人聪明，尤其年轻人更是如此，一旦自己比别人更胜一筹，马上会表现出趾高气扬的状态。但在社会中求生存，很多场合并不适合做你表现聪明的舞台。不分时间、地点、场面而一味地突出自己，也许会给你的生活和工作带来不必要的麻烦。在你的阅历和人生体验还没有达到一定程度时，有时你的自作聪明只能向别人昭示着你的无知和幼稚。

红楼梦中有句话，"机关算尽太聪明，反误了卿卿性命"。真正聪明的人一定是个勤于自省不事张扬的人，他不会像孔雀一样乐于展示自己美丽的羽毛，时时将自己的优越感溢于言表，这样做一是容易招人嫉恨，二是也显示了自己的轻浮。自卑与自负是人心态的两极，自作聪明便是自负心态的一种具体表现。

准则 3　发现潜能

引爆生命潜能

一位学生对老师说："我没有创造力。"

老师问："那你晚上睡觉做梦吗?"

"当然做梦了。"

"那么你讲一个你认为最有趣的梦给我听一听。"

学生讲了很多稀奇古怪的梦：比如飞到了月球上，进入了时空隧道，见到了怪兽。

老师问："这些梦就很富有创造力啊，这些不就是你自己创造出来的吗?"

"可是这是我晚上睡觉时做的梦啊。"

"但你可以把它在白天上课的时候讲出来啊！讲出来了不就是你富有想象力的创造吗？"

苯环的发现是梦境激发创新思维潜能的著名例子，德国化学家弗里得利希·凯库勒花了很长时间研究苯的分子结构，但是，他一直没有研究出结果。有一天，凯库勒拖着沉重的身体在椅子上睡着了，恍惚中看到眼前有成群的原子在飞舞跳跃，接着，这些原子排成一条长队，像条蛇一样缠绕着、蠕动着，忽然，蛇头咬住了蛇尾，形成了一个圆环在凯库勒眼前旋转着。凯库勒猛地从梦中惊醒，并且悟出：苯的分子结构应该是封闭的环形，而非开放的链状。当我们在做梦的时候，思维超越了"可能与不可能"、"合理与不合理"，进入了一种非理性的自由状态。有些在白天百思不得其解、甚至连想都不敢想的事情，在梦境中竟然能找到一个合适的答案。

一位日本创造学家在水中想出了许多新发明，他觉得潜水让他避免了干扰，易于集中精神，缺氧的大脑会突然产生意想不到的灵感。对他来说，潜水是能够激发灵感的绝好的运动。

再比如我国110米栏运动员刘翔，原来是一位跳高运动员。在跳高这个项目上练了很多年，但成绩一直不十分理想，当时他自己也并不知道以后他会在其他项目上成就自己的辉煌。而一位教练的提示，使他改练110米栏，从此他身体内蕴藏着的运动潜能逐步发挥出来，并且状态也渐入佳境。自从2000年世界青年锦标赛男子110米栏取得第4名以后，他的成绩一直处于上升状态，2002年取得第14届亚运会男子110米栏冠军；2003年取得世界室内田径锦标赛男子60米栏第3名，结束了中国男选手在该项赛事中18年未夺奖牌的历史；2004一年大阪田径大奖赛，刘翔首次在与美国名将阿兰·约翰逊的同场竞技中取胜并夺得冠军，同时还以13秒06的成绩再次刷新了室外110米栏亚洲纪录。如果当初不是教练转变他的主攻方向，如果他还在练着不能激发他潜能的跳高项目，也许他仍然是默默无闻，甚至将很快结束自己的运动生涯。

今天，是跨栏让他找到了施展才华的空间，激发了勇夺奖牌的信心，也让我们看到了中国在田径项目上的希望。

这些故事说明，在我们心灵深处，蕴藏着巨大的生命潜能。大多数人只在重大危机出现时，才被迫地、无意识地"获得"这一潜能，并依靠这种力量创造出在平日不可能创造的奇迹，但其他时候，我们对它的存在漠然视之，将这宝贵的财富弃于头脑深处。但如果你能主动发现它并利用它，那你就会明白，你完全能够实现自己的梦想与憧憬。还有一点很重要，你的潜能的激发也是要有环境因素的作用的。一旦这种环境条件具备了，你一定不要错过它。这种伟大的力量一经被发掘，便会支撑你的意志并滋养你的身心。当你意识到你心中的那种伟大的生命力能够满足你所有的心理需求及渴望时，那么你的头脑将不再贫瘠，你的生活旅程将充满了富足、充实与美好。

潜能源于梦想

有一个在日本流传了千年的古老故事，足以让你相信梦想的力量。

阿呆和阿土是同一个村子里老实的渔民，靠打鱼度日，生活都很贫穷，但他们也都梦想着成为富翁。

一天晚上，阿呆做了一个奇怪的梦，梦见在对岸的岛上有一座寺庙，寺里种着49棵株模，其中的一棵开着鲜艳的红色花朵，花下面还埋着一坛金灿灿的黄金。阿呆激动不已，醒来后就开始行动，驾船去了对岸的小岛。岛上果然有座寺，并真的种了49棵株模。此时已经是秋天了，花儿早就败了，阿呆便住了下来，等候春天再来。寒冷而萧条的冬天终于挨过去了，株模花盛开了，但都是一色的淡黄并没有梦里的红花出现。阿呆问寺里的僧人，他们也告诉阿呆从来没有看过红花的开放，阿呆很沮丧，想自己毕竟只是做了一个梦而已，不能全部当真，就无奈地回到家里。后来，阿土知道这件事后，也驾船到了那个岛上，找到那个寺庙。一年过去了，同样没有任何奇迹发生，但阿土没有走，他安下心来满心期待地等待春天的来临。第二年春天，寺庙里的株模花终于又盛开了，寺里一片灿烂。奇迹就在这时出现了，果然有一棵株模竟然开出了红色的花朵，阿土激动万分地像阿呆梦里那样去挖下面的土，真的有一坛黄金在里面。于是，阿土成了村里最富有的人。

这个美丽的故事之所以能在民间流传这么久，不仅仅是阿土因为梦想而一夜变富的神话，更重要的是告诉平凡的人们，谁都有自己的梦想，也都有让梦想变为现实的可能。做一个敢于做梦的人，让你的梦想激发你去做、去实现的潜能，而没有梦想的人生将是多么的黯然。

阿呆因为梦想才去远方求索，但阿呆没有坚守自己的梦想，最后放弃了；阿土同样因为梦想而去追寻，他支撑着自己耐心等待，最后终于成功了。我们今人看到这样的故事不禁为阿呆遗憾而为阿土感动，阿土是个执著的人，他等到了自己的春天。

请你在晚上休息之前，留一点时间让自己思考一下吧。静静地躺下来，任凭思想的野马驰骋，这样的梦想并不全是在建造空中楼阁。不必为你的幻想而担心，因为没有想象力人类就会灭绝，而以现实为基础的梦想是造物主赐给你的最伟大的礼物。试想一下，没有梦想，人类如何能登上月球，与美丽的嫦娥共舞？没有梦想，哪里有今日的现代文明？没有梦想，我们怎么能在万里之外，看到大洋彼岸的一切？人类所有伟大的发明与突破，在刚开始时都只能说是个"梦"，但这个"梦"始终魂牵着人们发挥他们的潜能，经过几代人的努力，我们的许多在当时看来是"梦"的东西变成了现实，走进了千家万户。梦想就是人类合理的愿望以及来自心灵的神圣渴望，梦想将点燃我们生活的激情，我们会因此而变得高尚。

我们心灵的渴望，激发我们的创造力及潜能。它使我们的才智得到增强，能力得到提高。最重要的是，它指引出了我们为之努力的方向。

梦想会将我们的愿望与志向汇合起来，我们体内聚集的能量会因之而动。梦想为潜能提供了契机，梦想因渴望而生，潜能为梦想而动！

潜能出自尝试

福特汽车公司的创始人亨利·福特从小就对周围的事物充满了好奇，希望自己能把其中的奥秘探个究竟。小学时，他常把父亲的怀表带到学校，在那些无聊的课上他总是偷偷地玩自己的"装配"游戏，把那只老怀表装了又拆，拆了又装。大家都知道小福特精通这样的"手艺活"，都管他叫"小钟表匠"。在福特13岁那年，他竟然无师自通地修好了同学的表。他甚至拥有了自己的带有一整套工具的工具箱。出于对机械的兴趣，他用这些工具鼓捣个不停，总想搞出一些新鲜的玩意。多年以后，亨利在回忆自己童年的时候说，正是由于天性里对机械的热爱和不断尝试搞些小试验的热情，才最终使他决定投身到汽车事业的道路上来。后来福特先后在机械企业、钟表铺和造船厂工作过，其间始终对机械装置充满了兴趣，自己的技能也随之大大增强。1893年，美国马萨诸塞州有人研制出了第一辆以汽油作动力的汽车。福特听到消息后，跃跃欲试也要动手研制自己心目中理想的汽车。没有可参考的图纸，没有成熟的研制经验，福特面对这些困难，坚信自己有能力研发出更具优势的汽车产品。他充分发挥了自己在机械方面的钻研的天性，凭着自己在《美国机械师》上得到的一些资料，他开始了大胆的试验。这个令他热血沸腾的计划让他似乎又回到了童年为同学修表的那一刻，他的才华在此时被显现了出来，在研制过程中他启用了许多前人从未使用过的方案。经过不断的尝试，不断的改进，他终于在1896年与人合作造出了自己的汽车，车的主体由四个自行车轮和一个木制底盘构成，福特给它起名叫"婴儿车"。这样的构造以前没有任何人提出过，全部来自于福特的天才想法与一次次的实践尝试。虽然客观而言，当时福特的汽车仍有很多需要改进和完善的地方，但重要的是福特通过这次尝试发现了自己的潜在的能力，这次阶段性的成功给了他继续研制汽车的信心与动力。最终，亨利·福特成立了福特公司，今天，福特汽车的品牌已经家喻户晓。

福特的成长和成功无不得益于他对周围世界的好奇心与敢于尝试的胆略，而在不断尝试的过程中，他的机械才能得到了充分的施展。如果在一个机会面前，他认为自己缺乏必要的条件而放弃尝试，那么他也无从知晓自己在汽车制造方面的天赋。而在实施计划不断尝试的过程中，由于目标的激励，自身的潜能很可能会被激发出来，变成动力。此时，自己也因为突破了自身的局限而获得了一种超越自我的满足感。

你听说过"小马过河"的故事吗？小马在自己没有亲自尝试过河的时候，它的心里充满了恐惧与矛盾，到底是听大象所说的"水很浅，没问题的，你勇敢过去吧"，还是听小白兔说的"水太深了，我差点就被淹死了"。在踯躅徘徊之中，小马选择自己试试，才发现河水对于自己来说正好到腰际，既不像大象说的那么浅，也不像小白兔说的那么深。这说明只有亲自尝试，才能明白个中滋味。

当然，在尝试过程中难免有失败的时候，但因为实践与摸索，总能在其中发现自己的优势所在。在此基础上将自己的潜能应用在以后的实践中，这就意味着离成功又近了一步。

突破生命极限

去过非洲的人都知道，在戈壁滩上生长着一种叫依米的小花。能在戈壁滩上生存下来的植物都是根系十分庞大的植物，因为只有根扎得深、扎得广才能从土层深处获得水分和养料，否则在沙漠中只有死路一条。依米却只有一条根，这条根坚定地直插到土地的最深处，吸收维持它生命活力的养分，但这个过程却要五年时间才能完成。第六年吃足了养分的依米才会开花，一朵四瓣，每瓣的颜色各不相同。但这历经沧桑才开花的依米只能坚持两天就全部衰败了。

花开花谢本是最正常不过的自然现象，但依米是耗尽生命去完成这个开花的使命。它活在世上的极致就是绽放它颜色不同的花瓣，为了这个极致它要准备几年的时间，当它达到生命辉煌顶点的时候也走到了自己生命的尽头。我欣赏依米花的这种精神，我无意宣扬为了达到自己生命的顶峰以牺牲生命为代价，但至少这种为突破极限而勇于挑战自我的精神是值得鼓励的。

再看一下当年世界上第一个 4 分钟内跑完 1 英里的英雄——英国牛津大学年轻的医科学生罗杰·班尼斯特。他在 1954 年 5 月一个阴冷多风的傍晚，在约 1000 名观众面前创造的这个世界纪录，在当时突破了一个人类体能和心理上的极限——在 4 分钟内跑完 1 英里。半个世纪过去了，这一历史性成绩 3 分 59 秒 4，仍被认为是 20 世纪田径运动的重大成就之一。这位敢于挑战极限的传奇人物在接受美联社记者的采访时说："那次尝试已经成为了一种符号，它代表着对物质世界中不可思议的事物的挑战。我更愿意将它当做一种象征，它象征着人生中对挑战的寻求。"在回忆比赛全程的最后一分钟时，他写道"当时，我觉得那是我做一件崇高事情的机会。一种由恐惧和骄傲混合的情感刺激着我，我提速飞奔。"

那次著名的奔跑成就了班尼斯特的荣誉，这已经超过了运动本身。班尼斯特说，他成功的持久魔力，来源于这样一条简单的信息："一个人能够用他的双脚，战胜所有困难，达到既定目标。"

一位富有经验的马拉松运动员曾说："马拉松比赛中，最艰苦的一段是跑到 10 公里左右的时候，你会觉得满头大汗头昏脑涨，身体极度疲劳，可前边路还有那么长，你已经不能肯定自己还有没有力气再跑哪怕 50 米或者 100 米的路程。但在这时，你一定要咬紧牙关，坚持坚持再坚持，因为从运动生理学上说，这段时期叫'疲劳极限'，只要迈过这个门槛，你就会觉得跑起来轻松许多，不再那么吃力了，完全可以发挥自己的竞技水平了。但若在那个极限处坚持不下来，一切努力也就付诸东流了。"

人生如跑步，不少人在追求成功的过程中屡败屡战，遭受一次次打击，这种痛苦和压力压得人抬不起头来，而成功的彼岸又似乎远在天涯。许多人在此时心灰意冷，放弃了努力。但再坚持一下，只要你有了明确的奋斗目标，咬牙坚持直至突破自己的"疲劳极限"，你就会得到成功的回报。

突破思想束缚

有一家大公司的董事长到了退休的年龄，他想选一个才智聪慧有创新精神的人来接任自己的职位。公司里有两位副董事长，平时这两个人工作都十分努力，认真负责，也都很吃苦耐劳，老董事长一时不知该选谁合适。他想了很久终于有了一个办法，他决定用这个办法来确定最后的人选。

一天，他把两位副董事长叫到了一起，来到了他的马场，他对两位副董事长说："徐副董事长、张副董事长，咱们今天搞个比赛，你们俩谁赢了谁就接替我的职位。"徐副董事长、张副董事长两人都是擅长骑马之人，这有赖于老董事长平时对他们的影响。他们都分别看了看老董事长分配给自己的马。张副董事长一边上下打量着自己的马一边想：自己平时骑马的技艺很高超，一定能成为今天的赢家。就在这时，老董事长突然大声宣布："今天的比赛规则是你们从这儿一直跑到马场的尽头，再从尽头跑回来。但要比谁的马跑得慢，谁跑得慢谁就是获胜者。"两位听了这番话后，都非常惊讶，以为自己听错了。老董事长又着重强调了一遍，"谁的马跑得最慢谁就赢。"接着，老董事长宣布比赛开始计时了。开始，两个人还都愣愣地站在那里，谁也没上马。过了一会，徐副董事长突然纵身跳上张副董事长的马，快马加鞭地往马场的尽头奔去，张副董事长纳闷地喊："那是我的马！"可就在他喊出来的一刹那，他明白了为什么徐副董事长会抢先骑自己的马，但他醒悟得太晚了，纵使他使尽全身的力气也不能让徐副董事长的马超过自己的马，最后只能甘拜下风。老董事长对徐副董事长说："太好了，你的聪明足以担当董事长的职务，你就是我要找的接班人。"

德国生理学家贝尔纳有句名言：构成我们学习最大障碍的，不是未知的东西，而是已知的东西。的确，已知的东西往往为人们的思维构筑了厚厚的壁垒，使人习惯于按照既定的行为方式办事。因为这样做没有失败的风险，一切过程均能按套路应付自如，颇为符合中国传统的"不求无功，但求无过"的中庸哲学。而从另一方面讲，这也是从众心理的反映。大家都如此，为何我要特立独行，正是这种恐怕"费力不讨好"的保守思想束缚了我们大多数人的思维潜能。而真正渴望成功的人，必然也是一个中庸规则的叛逆者。他们的成功亦可以看做是观念上的成功，因循守旧的做法无异于原地转圈；而另辟蹊径，想常人不敢想之事，行常人不敢行之路，正是他们取得突破的关键所在。正所谓"无限风光在险峰"，冲破旧有的思想上的藩篱，展现在眼前的将是一片充满机会的新天地。

突破压力重负

现代社会是个压力无处不在的社会，甚至这个社会已经发展到把能否承受和突破更多的压力作为评判人的素质的尺度。谁能在压力中求得生存和发展，谁就是胜者和英雄。压力像困难一样也是一把双刃剑，有的人越有压力工作越出色生活越有滋味，而有的人在压力面前不堪重负，很快就败下阵来。如何能在压力下保持充沛的精力和信心去迎接压力的挑战成了我们每个人必须面对的问题。先看下面的小故事给我们的启迪吧。

一个人在高山顶上的鹰巢里捉到一只小鹰。他把这只幼鹰带回家，养在鸡笼里。这只幼鹰和小鸡们一起生活，一起啄米、嬉戏和休息，在这个幼鹰的心里，它和那些小鸡是一样的。随着时间的推移，这只幼鹰逐渐长大，主人想把它训练成猎鹰，可是终日和小鸡混在一起的鹰根本不知道自己还会飞，也不想飞。主人试了很多办法都无法让它在天空中翱翔，最后想到捉它的那个山顶。到了山顶上，主人顺势将鹰扔了出去，鹰迅速地往山下掉，就在它慌乱不知所措之际，它舞动着翅膀竟然扑腾扑腾地飞了起来！生命危在旦夕，这样沉重的压力让鹰完成了自己质的飞跃！

还有这样一个小故事，一头驴不小心掉进一口枯井里。农夫绞尽脑汁地想办法救驴出来，但做了很多努力，还是没有一点进展。最后，农夫觉得自己疲倦了，他想自己已经尽力了，也算对得起为自己干活这么久的驴了，但终因自己能力有限救不了它也是天意吧。农夫想要走了，但一下子他又想到如果是别人的驴从这过也可能不小心掉进去，干脆把井填死吧。他开始往井里填土，这时驴似乎也意识到主人不想救自己了，它不断地发出哀鸣，声音十分凄厉，像是在向主人求救，也像是在向主人发泄心中的愤怒。当土不断地落到它身上时，它突然平静了下来。农夫很纳闷，伸头去看个究竟，原来驴把落在身上的土抖到井底，随着土越来越多，井底在慢慢地上升，驴也一点点地接近地面。最后，它纵身一跃，居然跳出了枯井，农夫惊得目瞪口呆。

承受着死亡威胁的鹰和驴，在生死关头，都没有认命倒霉，放弃求生的希望。我们人又有什么理由在压力下放弃自己的努力和生活的希望呢？就像我曾经在石头缝隙中发现的一株枝头盛开着小花的不知名的植物，我惊叹它有如此旺盛的生命力，我们每一个人难道不应该向这株在石头缝中生根发芽的植物学习吗？人在奋斗过程中难免会碰到困难，其中也会受到来自各方的压力，阻止我们前进，折磨我们的意志，但想一想那开在石头上的小花。命运将它丢在了不可能自由生长的贫瘠的石头上，对比温室中的花朵，这是一种何其残酷的生存压力。然而它成功了，它用自己顽强的生命力谱写了一曲在压力中求生存的壮丽篇章。压力看来也不是坏事情，压力是动力的催化剂，当把压力转化为动力时，人的潜能将因被激发而释放，突破压力迈向成功的奋斗将使生命更加亮丽。

突破思维定势

有这样一个故事：一个村子里有一个鳏居多年的老人——李大爷，他有个好邻居，经常照顾他，关系也都相处得很融洽，每次包饺子或做点什么好吃的都会送给李大爷一碗。时间久了，李大爷一看到邻居包饺子什么的，他就不做饭了。一天，李大爷又看到邻居包饺子，他想吃饺子蘸点蒜末不是挺香吗，他就在门口开始剥蒜，邻居看见李大爷剥蒜心想他一定也凑巧包饺子，就没给李大爷送饺子，结果李大爷空等一场，还挨了顿饿。这个故事不是批评李大爷日久天长养成了依赖别人的习惯，而是说明在我们日常生活中，有很多业已形成的习惯或思维定势在时刻左右着我们的行动，我们屈服于这些思维的定势，因为我们自认为只要沿着这个定势继续走下去，就会发生我们熟知的和期待的结果，就像李大爷以为邻居一定会送饺子给他吃一样。我们不愿意也不想从一成不变的套路中走出来，因为人的本性是贪图稳定和安逸的，变化必定要耗费精力和带来震动，这是大多数人所不希望的。这便是大多数人思维平庸的原因。

还有一个故事：邻居盗走了华盛顿的马，华盛顿和警察一道在邻居的农场里找到了被盗的马。可邻居硬说马是自己的，不肯把马交出来。

华盛顿想出一个办法，他把马的双眼捂住，说："既然你说马是你的，那你说马的哪只眼睛是瞎的。"邻居马上回答说："右眼。"华盛顿把放在马右眼上的手松开，马的右眼是闪亮的。"啊，那是左眼。"邻居辩解到。华盛顿又把手从左眼上拿开，左眼也是正常的。"这足以证明你不是马的主人。"警察说。邻居之所以被识破，就是因为华盛顿利用了思维定势给人的认识造成的障碍，他先以一句"马的哪只眼睛是瞎的"让邻居确信马有一只眼睛确实是瞎的，而实际上马是不瞎的，所以使邻居很快败露了。从这个例子中，我们也学习到，抓住对手的思维定势去击败对手，突破自己的思维定势去战胜对手。

许多成功者的"诀窍"和"法门"都出自于看待问题独特的角度与迥异于常人的思维模式。他们具有不同于常人的"心计"，这促使他们总想着别出心裁，另辟蹊径，从别人不敢为之或不愿为之的方面去挖掘成功的可能性，从这一意义上说，称他们为"先行者"与"开路先锋"是毫不为过的。传统思维考虑问题的方法是单一的，僵化不变的，而一个具有现代思维意识的人首要的素质便是讲求多方位思考，打破以往困惑与模仿的固有思考模式。多方位思考意味着多思路的交叉，使不同风格、不同知识领域的思维相互汇合，并在汇合与交流中碰撞出灵感的火花，这正是现代思维的活力与动力所在。

绝望中有希望

汽车大王福特一生中完成了很多个"不可能完成的计划"，著名的V8型汽车就是在绝望中升起希望的典范。当福特要求工程师们在一个引擎上铸造八个完整的汽缸时，那些工程师都异口同声地说不可能。"尽管大胆地去做，"福特不做解释，命令道，"不管用多少时间，你们都要把任务完成。"工程师们没办法，只好照着老板的命令去做。半年时间过去了，却毫无进展，到了年底，工程师们沮丧地告诉福特汽缸没做出来。"继续做"，福特说，"我就是需要这样的车，而且一定要得到它。"工程师们只能再做尝试，他们试了无数次，在一次偶然的实验中，终于找到了制造V8型汽车的关键技术，成功研制出了福特所要的车型。

美国百货大王梅西于1882年生在波士顿，年轻时当过船员，以后开了一间小杂货店，但很快就倒闭了。一年后，他又开了一家小店，还是赔掉了本钱。在淘金热席卷整个美国的时候，梅西在加利福尼亚开了个小饭馆，本以为以淘金客为赚钱对象会很好挣钱，但多数淘金客两手空空，什么也没淘着，他的小饭馆自然没人来光顾，很快也关门大吉了。回到马萨诸塞后，梅西又满怀信心地搞起了布匹服装生意，可这一回他彻底破产了。如果放在别人身上，也许早就灰心失望，从此一蹶不振了，但梅西不死心，他想，即使生活把自己逼到绝境上，他一样还是要抗争到底，还是要坚强地活下去。于是，他又跑到新英格兰做布匹服装生意，重操旧业。这次他买卖做得很灵活，甚至将生意做到了街上的商店里。就凭借着这股子不服输的劲，他终于看到了自己的希望。现在位于曼哈顿中心地区的梅西公司已经成为世界上最大的百货商店之一。

潜在的成功者对奋斗道路上的顺境、逆境、高峰、低谷都有自己独到的见解。在常人认为毫无希望、不可救药的境地，他们会审时度势，以自己的良好的心态从中寻找出生机。这并不是不可为而强为之的莽撞之举，而是懂得坚持与独辟蹊径的大智慧的体现。正所谓"山重水复疑无路，柳暗花明又一村"。成功有些时候的确只降临在那些敢于想别人之不敢想，做别人之不敢做的人身上。美国哲人爱默生说，力量来自我们的软弱，直到我们被戳、被刺甚至被伤害到疼痛的程度时，才会唤醒包藏神秘力量的愤怒。这种神秘力量的愤怒会给人以勇气、信心，鞭策人积极主动地去寻找改变的途径。

在常人认为已无路可走的绝望之地，强者们却能迅速从痛苦中走出，把痛苦变成促使自己前进的力量。你不妨这样想一想，当你绝望的时候，你可以把当时的生活看做是最糟糕的，也就是说，我最糟糕也不过如此，那么以后的生活一定都会比现在强。既然这样的生活都能扛得过去，那为什么不在这样的生活里迎接希望的到来呢？为开创非凡的未来，有志者情愿将目前看似不利的局面看作必要的刺激，"从绝望中寻找希望，人生终将辉煌"。

准则 4　心胸坦荡

多为对手鼓掌喝彩

1991 年 11 月 3 日夜，美国大选揭晓。当选总统克林顿在竞选总部楼前在他的支持者们的聚会上发表即席演说，先是言辞恳切地感谢昨天还在互相唇枪舌剑、猛烈攻击的主要政敌时任总统布什，感谢布什从一名战士到一位总统期间为美国做出的出色服务，并呼吁布什和另一位对手佩罗及其支持者与他团结合作，在未来四年重造美国，在全面振兴美国的大变革中继续忠诚地服务于祖国。

而远在异地的布什则打电话祝贺克林顿成功地完成了一场"强有力的竞选"，他还调侃地告诫克林顿："白宫是个累人的地方。"并保证他本人和白宫各级人士将全力以赴地与克林顿的班子合作，顺利完成交接工作。

竞选的成功与失败，对于布什和克林顿这两个对手来说，欢乐与悲哀都是不言而喻的。但在现实面前，两个对手保持了高度的理智，为双方的成绩表现了超然的风度。

欣赏自己容易，欣赏别人则困难，而要为对手鼓掌喝彩则更加困难。生活中有许多人只知为自己取得的进步和成功欢呼，对别人尤其是对对手取得的进步和成功无动于衷，他们很少真诚地为别人和对手叫好。

然而，你要懂得，为别人和对手鼓掌喝彩并不代表你就是弱者，你就是失败者。因为你为别人和对手鼓掌喝彩是一种美德，你付出了赞美，这非但不会损伤你的自尊，相反还会因此收获友谊与合作；为别人和对手鼓掌喝彩是一种智慧，因为你在欣赏他们的同时，也在不断提升和完善自我；为别人和对手鼓掌喝彩是一种修养，对别人和对手赞赏的过程，也是自己矫正自私与妒忌心理，从而培养豁达大度的大家风范的过程。美德、智慧、修养是我们做人的资本。

多为对手鼓掌喝彩，你可能就减少一个敌人；多为对手鼓掌喝彩，你就会因此多一位朋友。豁达大度会为你赢得友谊与尊重。

当你树立了一个敌人的时候，你所得的将不只是个敌人，你在精神上所受到的威胁将十倍百倍于他实际上给你的威胁。而你用高尚的人格感动了一个敌人使他成为你的朋友时，你所得到的将不只是一个朋友，你在精神上所感受的欢乐和轻松也将十倍百倍于他实际上给你的。

去除猜疑

猜疑心理是一种狭隘的、片面的、缺乏根据的盲目想象。陷入猜疑误区的人都会活得很累。如果猜疑发生在朋友之间，会破坏纯真的友谊；发生在恋人之间，会妨碍感情的发展；发生在同事之间，会影响正常的工作。

猜疑别人也是在怀疑自己。我们的心胸时而被猜疑打开，时而又被猜疑关闭，具体地说，猜疑是一种矛盾心理的体现。

过分猜疑极容易转换为精神病态；而过分相信，又很容易被他人所愚弄。

猜疑会产生许多痛苦的细胞，使我们长夜难眠，因此，化解那些不必要的猜疑的最好方法就是相信自己。

正常的人是无法摆脱猜疑的。良好心态的猜疑使我们保持高度的理智；而狭隘的猜疑却使我们丧失信心和斗志。

把猜疑的心窗打开，让黎明的阳光照进来，这才是将猜疑释放后产生的真正力量。

有一名老职员，这位老职员根据自己的多年经验，想到了一套非常简化的薪金计算法。

但是，他将自己所发明的方法，从不告诉其他同事。他的真实目的是，想让自己长久地成为会计部不可缺少和不可替代的人。

基路德从学校一毕业，便不顾父母的反对，进入这个电力公司工作。他当时想，既然那位老职员能够想出简易的计算方法，那么，大学毕业的自己当然也能想出来。

此后几个星期中，基路德利用夜晚的时间，来研究简易计算法。结果，他终于想出了这种方法。

不过，基路德并没有像那位老职员一样，把这一方法保密，而是自愿地教给了同事们。由此，他成了可以替代的人，反倒有了可以调升更高职位的机会。

当奥玛哈分公司的经理职位要换新人时，最高管理层没有把职位移交给那位老职员，而是任命了年轻的基路德。

这是他出人头地的第一步，随后便继续步步高升，40 岁时他就出任了美国电报电话公司的董事长。基路德的成功，除了能力卓越这一点外，还因为他不无端猜忌和防范其他同事，而是与他们坦诚相见，彼此信任，能感化和团结他人为自己工作。

猜疑是人际交往中的毒瘤，更会为自己带来许多不必要的烦恼。因此，猜疑心理是需要克服的。那么，对于这种不良心理应怎样消除呢？以下是几种方法：

1.向朋友倾诉

找自己的好朋友，说出自己的猜疑，让他们帮助自己。

2.保持冷静

在现实生活中，许多猜疑都是很可笑的。但是在猜疑消除之前，由于猜疑者消极的自我暗示心理作祟，却会觉得事情顺理成章。所以，保持冷静客观的态度来观察、分析和思考问题，是消除猜疑的途径之一。要做到这一点，除了要注意在观察时放弃原先的假定，以防止这一先入为主的假定产生心理定式外，还要牢记"当局者迷，旁观者清"的古训，请一些自己信得过的人帮助分析，以消除一些荒唐可笑的猜疑。

3.注意调查研究

有了猜疑心后，要注意加强调查研究。调查要本着实事求是的原则。俗话说"耳听为虚，眼见为实"，不能听风就是雨，要以眼见的事实为据。况且，有时眼见也未必是实，这就得花费一定的时间和精力，找出实质性的东西。

4.宽厚待人

猜疑心重的人，大多对自己要求不高，对别人的要求倒有些苛求。比如，一个人看到别人背着自己讲话就有点儿不高兴。换言之，别人的交往方式必须符合自己的心情才行，这就苛求于人了。因而许多猜疑正是来自对别人的过高要求所致。正因为如此，坚持宽厚待人，也是克服猜疑心的一条途径。

5.诚恳待人

克服猜疑情绪，首先要自己待人以诚。俗话说，"疑人不用，用人不疑"，每个人的社会经历不同，反映在决策事情上必然是所站的角度不同。正确的态度是多站在别人的角度想一想。如果确有原则性问题，也要本着严于律己、宽以待人的态度，热情诚恳地进行批评和自我批评，以便消除分歧，取得互谅互让。那种对别人吹毛求疵、神经过敏、乱加猜测的做法，会使自己更加孤立。

俗话说："疑心生暗鬼。"一个人一旦被怀疑情绪支配了思想及行动，便不仅不能正确看待别人也会错误估价自己。可见，猜疑心理的影响是多么巨大，它会不断地阻碍一个人成功的脚步。

不要因偶尔的过错就丧失对朋友的信任

只因偶尔的过错就完全否定自己的朋友，以至于不再信任他了，这不仅是对朋友的背叛，也是对自己的背叛。你本人最清楚：这个朋友正是你自己寻觅到的。

过错有大小，有的过错不可原谅，有的过错可以原谅。对朋友偶尔犯下的过错，只要他承担了自己应负的责任，作为朋友理当予以原谅。

在一个小镇上有一个出名的地痞，整日游手好闲，酗酒闹事，人们见到他唯恐避之而不及。一天，他醉酒后失手打伤了前来上门讨债的债主，被判刑入狱。

入狱后的地痞翻然悔悟，对以往的言行感到十分懊悔。

一次，他成功地协助监狱管理人员制止了犯人的集体越狱出逃，获得减刑的机会。

地痞 (暂且继续这样称呼他) 从监狱出来后，回到小镇上重新做人。他先是想找个地方打工赚钱，结果人们全都拒绝他。食不果腹的地痞又来到亲朋好友家借钱，看到的都是一双双不相信的目光，他那刚充满一点希望的心，开始滑向失望的边缘。这时，地痞少年时代的朋友听说了，就取出了 100 美元送给他，地痞接钱时没有显出过分的激动，他平静地看了一眼昔日的朋友后，消失在镇口的小路上。

数年后，地痞从外地归来。他靠 100 美元起家，苦命拼搏，终于成了一个腰缠万贯的富翁，他不仅还清了亲朋好友的旧账，还领回来一个漂亮的妻子。他来到了昔日的朋友家，恭恭敬敬地捧上了 200 美元，然后，流着泪说道："谢谢你！你是我真正的朋友，是你的信任给了我站起来的勇气。"

信任是最好的支持，它是对人性的肯定，它对人的帮助在于心理上道义的重建，其意义超过了金钱的支援。

真正的朋友经得起任何狂风暴雨的打击，请不要因为朋友对你的态度一时冷淡或是朋友一时的过错而失去了对朋友的信任。你若能对朋友坦诚相待，你真正的朋友必然会以最大的忠诚回报你。

有两个朋友在沙漠中旅行，在旅途中他们吵架了，一个还给了另外一个一记耳光。被打的那位觉得受辱，一言不语，在沙子上写下：今天我的好朋友打了我一巴掌。他们继续往前走。直到到了沃野，他们发现了一个水池，就迫不及待地跑过去喝水。不料，被打的那位脚下一滑掉进了水里，幸好被朋友救起来了。被救起后，他拿了一把小剑在石头上刻了：今天我的好朋友救了我一命。

朋友好奇地问道：为什么我打了你以后，你要写在沙子上，而现在要刻在石头上呢？另一个笑笑回答说："当被一个朋友伤害时，要写在易忘的地方，风会负责抹去它；相反，如果被帮助，我们要把它刻在心里的深处，在那里任何风都不能磨灭它。"

或许，朋友对你的伤害是无意的，朋友间有了裂痕就需要用宽容来弥合。信任是伸向失望的一双手，一个小小的动作能改变一个人的一生。不要因偶尔的过错就失去对朋友的信任，宽容你的朋友吧，说不定在你的身边会出现奇迹。

重新接纳悔过的爱人

人们常用"好马不吃回头草"来形容失去爱情后的立场。说这种话的人其实是不懂得爱情真谛的人。他们考虑的可能是面子问题、志气问题，所以对方回心转意了，而你虽然也还爱着她(他)，却由于死要面子

不肯再接受她 (他)，结果落得个两地相思劳燕分飞，这就是死要面子的结果。

枫和丽在大学就是恋人。丽长得漂亮，富于幻想。枫是班长，文采极佳。他们经过了一段浪漫的交往之后，毕业时双双南下，各自找到了适于自己施展才能的单位。一年后他们通过分期付款的形式买了一套住房。也就是在这时，家庭的小舟不知是哪儿出现了毛病，竟不再向前行驶。他们冷战，然后离婚。当两人打车去办理离婚手续的时候，心里都很难受，但事情已经闹到这个地步了，两人还是签了字。

离婚后，枫没结婚，丽也没有找朋友，尽管他们都还很年轻。有一次丽的妈妈发现女儿躲在房间里哭，就叹了一口气："真是冤家呀！你还挂念着他吧！干脆，我牺牲自己的老脸，去帮你说说？"没想到丽却说什么也不肯："哪有女方主动的呀！"枫的日子也不好过，他总会想起丽来，一个人躲在家里喝闷酒。一个朋友打趣说："枫！你不是打算和丽复合吧？好马可是不吃回头草的呀！"被说中了心事的枫微怒起来："谁说我要回头的？下辈子也别想！"这句话不知怎么就传到了丽的耳朵里，半年后，丽结婚了，那一天，枫跑到海边大哭了一场。

"好马不吃回头草！"这句话不知使多少人丧失了找回真爱的机会。太多的人在面临感情的反复时，往往意气用事，明知心中还喜欢对方，却硬要强撑"骨气"，不肯低头，不肯回头。其实，在面临回不回头的关卡时，你要考虑的不是面子问题和志气问题，而是现实问题。如果你还爱她 (他)，如果你还留恋那段美好的感情，为什么不"回头"去试试呢？

如果你还爱着他 (她)，何苦要为所谓的"面子"所累，理会别人的议论和想法呢？幸福是自己的，只要那"草"的确适合自己，真正的"好马"是不会在意"回头"的，因为不"回头"将会留下终生的遗憾！

把花环戴在对方头上

有度量的人，是不会计较与人争功夺利的，在他们看来，花环戴在谁的头上并不重要，重要的是，他的目的已经达到了。况且，还赢得了他人的支持与喜爱，何乐而不为呢？

假如你手下的一个好工人变成懒惰的工人，你会怎么做？你可以解雇他，但这并不能解决任何问题。你可以责骂那个工人，但这只能引起怨恨。

亨利·汉克，是印第安纳州洛威市一家卡车经销商的服务经理，他的公司有一个工人，工作愈来愈差。但亨利·汉克没有对他吼叫，而是把他叫到办公室里来，跟他进行了坦诚的交谈。

他说："希尔，你是个很棒的技工。你在这里工作也有好几年了，你修的车子也很令顾客满意。有很多人都称赞你的技术好。可是最近，你完成一件工作所需的时间却加长了，而且你的质量也比不上你以前的水平。也许我们可以一起来想个办法解决这个问题。"

希尔回答说他并不知道他没有尽他的职责，并且向他的上司保证，他以后一定改进。

最后他也确实那样做了。他曾经是一个优秀的技工，他怎么会做些不及过去的事呢？

火车厂的董事长萨姆尔·华克莱说："假如你尊重一个人，这个人是容易被诱导的，尤其是当你显示你尊重他是因为他有某种能力时。"

有一句古语说："给狗一个恶名，不如把它吊死。"但给它一个好名，就会有不同的结果。

差不多每一个人，不论是富人、穷人或是乞丐、盗贼都想保全他人所赋予他的名誉。

"如果你必须应付盗贼，"猩猩狱长劳斯说，"只有一个可能的方法可以制他——待他好像他是一个很体面的君子，假定他是规规矩矩的，他会有所反应，并因有人信任他而感到自豪。"

使别人进步的方法，并不是责备要求他，而是鼓励他，把花环戴在他头上，满足他的虚荣心与自尊心，使他对你充满感激，这才是真正有度量的人应该做到的。

巧妙暗示胜于直接责备

英国一家大超市的经理伊尔奇每天都到他的连锁店去巡视一遍。有一次，他看见一名顾客站在柜台前等待，没有一人来接待她，那些售货员呢？他们在柜台远处的另一头挤成一堆，彼此又说又笑。身为经理的他当然对这一情况很不满意，一定要纠正这种不负责任的行为。但伊尔奇并没有直接地指责那些在上班时间闲谈的售货员，他采取了巧妙暗示，保全员工面子的方法处理了这件事——他没说一句责备的话，而是默默站在柜台后面，亲自招呼那位女顾客，然后把货品交给售货员包装，接着他就走开了。售货员当然看到了这个情况，自责的他们从此以后再也没有发生类似情况。

伊尔奇没有直接指责员工的不负责，而是亲自去为顾客服务，让员工自己意识到自己的失职，起到了间接地纠正员工错误的作用。

卡尔·兰福在佛罗里达州奥兰多市当了许多年的市长。他时常告诫他的部属，要让民众来见他，他宣称施行"开门政策"。然而他社区的民众来拜访他时，都被他的秘书和行政官员挡在门外了。

最后，这位市长找到了解决的办法。他把办公室的大门给拆了。他的助手们知道了这件事，也只好接受了民众的拜访。从此之后，这位市长真正做到了"行政公开"。

有些人面对直接的批评会非常愤怒，这时，就要间接地让他们去体察自己的错误，这会有非常神奇的效果。

很多人在说话时，经常会只顾自己痛快，过后才发现不小心伤了别人的心，尤其是当别人做了错事，或自己因此而吃了亏，就更觉得自己受了委屈而要说出来图个痛快，于是一些难听的话就不自觉地冒了出来。结果往往是为了一时痛快而伤了和气。

有时别人并没什么大错，但不幸遇到你情绪不好，那也可能遭到你的责备，结果当然更糟。同学不小心把你的笔盒碰翻，你破口大骂，从他（她）帮你捡东西开始一直骂到捡完。如果边上的同学早就习惯你这种脾气，那还好一些，否则你会发现以后经常会遭到白眼。

只要你不是无缘无故地责备别人，在你开口之前，别人总是处于一种被动的心理状态，因为他们感到自己做错了事，自责的心理能让他们安静地接受你的责备，但绝对不是任你处置，随你发泄。当你的责备已经到伤害他们自尊心的地步，那么自责心理就可能立即消失，并产生一丝不快，慢慢地不快会发展成怨恨。服务行业有忌语，那是因为这些忌语不够尊重顾客；而教师的忌语则是可能伤害学生自尊的话，作为老师千万不能对学生说"你笨得像头猪"，否则你原有的一点好意会被这种伤害冲得荡然无存。

即使自己是对的，别人绝对是错的，我们也会因为让别人丢脸而毁了一切。具有传奇色彩的法国飞行先锋、作家安托安娜·德·圣苏荷依写过："我没有权利去做或说任何事以贬抑一个人的自尊。重要的并不是我觉得他怎么样，而是他觉得他自己如何，伤害他人的自尊是一种罪行。"这种做事的方法，使人们易于改正他人的错误，又维持了人人的自尊，使他自己以为自己很重要，使他希望和你合作把事情办好，而不是反抗或抵触。

如果别人的做法不符合你的要求，你也不要当面指责，这只会造成对方的逆反心理与厌恶感，容易将事情搞砸，而巧妙地暗示对方注意自己的错误，则可以轻松地把事情处理好。

忘记仇恨

耶稣说："爱你的仇人。"

在一个偏远的山村，王姓与金姓两家是三代世仇。有一天傍晚，老王与老金从市集里出来，碰巧在返村的路上遇见了。两个仇人一碰面，倒没有开打，不过，各自保持距离，互相不答理对方。两人一前一后走在小路上，相距只有几米远。

天色已经相当暗了，是个乌云蔽月的夜晚，走着走着突然老王听见前面的老金"啊呀"一声惊叫，原来是他掉进溪沟里了，老王看见后，连忙赶了过去，心想："无论如何总是条人命，怎么能见死不救呢？"

老王看见老金在溪沟里浮浮沉沉，双手在水面上不断挣扎着。这时，急中生智的老王连忙折下一段柳枝，迅速将枝梢递到老金的手中。

老金被救上岸后，感激地说了一声"谢谢"，然而猛一抬头才发现，原来救自己的人居然是仇家老王。

老金怀疑地问："你为什么要救我？"

老王说："为了报恩。"

老金一听，更为疑惑："报恩？恩从何来？"

老王说："因为你救了我啊！"

老金丈二和尚摸不着头脑，不解地问："咦？我什么时候救过你啊？"

老王笑着说："刚刚啊！因为今夜在这条路上，只有我们两个一前一后行走。刚才你遇险时，倘不是你那一声'啊呀'，第二个坠入溪沟里的人肯定是我了。所以，我哪有知恩不报的道理呢？因此，真要说感谢的话，那理当先由我说啊！"

忘记仇恨就是忍耐。同事的批评、朋友的误解，过多的争辩和"反击"实不足取，唯有冷静、忍耐、谅解最重要。"退一步，海阔天空"

说的就是这个道理。

忘记仇恨就是快乐。人人都有痛苦，都有伤疤，经常去揭，会添新创，学会忘却，生活才有阳光，才有欢乐。如果没有忘却，人不会快乐，只会淹没在对过去的懊悔、痛苦和对未来的恐惧、忧虑与烦恼之中，人的大脑与神经会因不负重荷而错乱，心也会被人生必经的一切坎坷吞噬着，永远没有喘息的机会；如果没有忘却，人们可能会因为人与人之间的小摩擦而终身没有朋友、没有伴侣；如果没有忘却，那么我们除了在既没有多少记忆也不需要忘却的婴儿身上看到最天真的欢愉之外，我们不会看到任何一张洋溢着幸福的脸。

忘记仇恨就是潇洒。"处处绿杨堪系马，家家有路到长安。"宽厚待人、忘记仇恨，乃事业成功、家庭幸福美满之道。事事斤斤计较、患得患失，活得也累。法国19世纪的文学大师雨果曾说过这样一句话："世界上最宽阔的是海洋，比海洋宽阔的是天空，比天空更宽阔的是人的胸怀。"人难得在滚滚红尘中走一遭，何必寻找那么多的烦恼呢？

实际上，忘记仇恨还是爱他人、爱世界的一种方式。在现实生活中，你千万不要拿显微镜看待周围。人人都有不足，事事都有缺憾。但是瑕不掩瑜，只要我们忘记仇恨，不刻意追求完美，我们就会从中发现自己喜欢的东西，从而拥有丰富而美好的真实生活。

爱你的仇人，会让你少一个敌人，多一个朋友甚至是贵人，不要犹豫了，这很容易做到，只要你主动伸出和解之手，再深的心结也能够化解。

不要太较真

做人在总体上、大方向上讲原则，讲规矩是应该的，但也不排除在特定的条件下灵活变通。

　　美国教育专家戴尔·卡耐基可以说是处理人际关系的"老手"，然而他在年轻时，也曾犯过小错误。有一天晚上，卡耐基参加一个宴会。宴席中，坐在他右边的一位先生讲了一段幽默故事，并引用了一句话，意思是"谋事在人，成事在天"。那位健谈的先生提到，他所引用的那句话出自《圣经》。然而，卡耐基发现他说错了，他很肯定地知道出处，一点疑问也没有。为了表现优越感，卡耐基认真又讨嫌地纠正了过来。那位先生立刻反唇相讥："什么？出自莎士比亚的作品？不可能！绝对不可能！"卡耐基的话使那位先生一时下不来台，不禁有些恼怒。

　　当时卡耐基的老朋友法兰克·葛孟就坐在他的身边。葛孟研究莎士比亚的著作已有多年，于是卡耐基向他求证。葛孟在桌下踢了卡耐基一脚，然后说："戴尔，你错了，这位先生是对的。这句话出自《圣经》。"

　　那晚回家的路上，卡耐基对葛孟说："法兰克，你明明知道那句话出自莎士比亚之口。""是的，当然，"葛孟回答，"在《哈姆雷特》第五幕第二场。可是亲爱的戴尔，为了那么一点小事就和别人较起劲来，值得吗？再说，我们是宴会上的客人，为什么要证明他错了？那样会使他喜欢你吗？他并没有征求你的意见，为什么不保留他的脸面而说出实话得罪他呢？"

　　法兰克所说的道理人人皆知，但并非人人都能做到。正如他所说，一些无关紧要的小错误，放过去无伤大局，那就没有必要去纠正它。这不仅是为了自己避免不必要的烦恼和人事纠纷，而且也照顾到了对方的名誉，不致给别人带来无谓的烦恼。这样做并非只是明哲保身，而是为了体现为人的大度。

　　人们常说："凡事不能太较真。"一件事情是否该认真，这要视场合而定。钻研学问要讲究认真，面对大是大非的问题更要讲究认真。而对于一些无关大局的琐事，不必太认真。不看对象、不分地点刻板地认真，往往使自己处于尴尬的境地，处处被动受阻。每当这时，如果能理智地后退一步，往往能化险为夷。

林则徐说过："海纳百川，有容乃大。"与人相处，你敬我一尺，我敬你一丈；有一分退让，就有一分收益。相反，存一分骄躁，就多一分挫败；占一分便宜，就招一次灾祸。

当您心胸开阔、神情自若的时候，对于那些蝇营狗苟、一副小家子气的人，就会觉得他的表演实在可笑。但是，凡人都有自尊心，有的人自尊心特别强烈和敏感，因而也就特别脆弱，稍有刺激就有反应，轻则板起脸孔，重则马上还击，结果常常是为了争面子反而没面子。多一点宽容退让之心，我们的路就会越走越宽，朋友也就越交越多了，生活也会更加甜美。所以，要想成为一个成功的人，我们千万不能处处斤斤计较。

认真需要我们去仔细权衡。许多非原则的事情不必过分纠缠计较，凡事都较真常会得罪人，给自己多设置一条障碍。鸡毛蒜皮的烦琐无须认真，无关大局的枝节无须认真，剑拔弩张的僵持则更不能认真。

准则 5　善用热忱

用热情征服困难

我听过这样一个外国家庭的故事。

每到周末的晚上，全家人吃晚饭的时候，家里的孩子们就盯着母亲的手，因为又到了妈妈支配爸爸那可怜的工资的时候了。钱就那么一点点，但要做的事却很多，每个孩子都指望着能从妈妈那里拿到一小点买个急需的或心爱的东西。

"这些是交房租的，这个是给米店的……"妈妈在计算着。小儿子说："妈妈，我的裤子磨破了，得买条新的了。"妈妈想了想，说："妈妈给你把哥哥的裤子改一下吧！"小儿子有些不高兴，但也没说什么。"我得交学费了！"又一个孩子说。妈妈从那堆钱里拿出几个硬币，给了这个孩子。这样分到最后，钱几乎没有了，妈妈笑着说，"好了，没有什么需要再支出的了。我不用去动我的银行存款了。"大家也紧跟着放松下来。妈妈每次都说不用动银行的存款了，那就是说妈妈在银行有一笔存款啊。所有的孩子都这么想，也都充满着期待，一种安全感在孩子们中间传递着，因为他们觉得即使这些钱都花光了，还是有其他办法的。在那些生计十分困难的日子里，妈妈的话让每个人心里都热乎乎的，也激起每个孩子生活的热情。

大儿子要去上大学了，全家都很支持他，但接下来的就是筹措学费的问题。妈妈拿来她的小木盒，孩子们知道那里面都是宝贝，因为妈妈不到最关键的时刻是不会拿出来的。原来那是家里的一小笔用来应急的存款，妈妈数着那里面的零钱，但怎么数也凑不够学费。妈妈难过地说："难道真得动用我们的存款了吗？"孩子们面面相觑，突然一个孩子建议，"我可以卖报纸，挣的钱给哥哥上学。"妈妈很感动，连连夸奖她。又有一个孩子说："妈妈，我能到邻居大婶家做点杂活，她以前夸过我干活好的，她会雇我的。"孩子们一个个的表态，妈妈的眼里噙着泪花，高兴地说："太好了，如果这样的话，哥哥的学费就够了，我们不用动银行的存款了。"孩子们抱在一起欢呼雀跃起来，家里的存款又保住了。

时间慢慢流逝，孩子们都长大成人了，当孩子们拿着自己挣的钱孝敬母亲让她存到那笔存款上时，妈妈微笑着说："我从来就没有进过银行的门，我的傻孩子。"

从母亲那里获得的热情支撑着那个家里的孩子们始终快乐地生活，也快乐地面对着生活的贫困。

心底的希望总是在最艰难的时候一次又一次照亮心灵，激励着我们不放弃努力与抗争，直至目标达成的那一刻。

好奇心态点燃热情

　　爱迪生小时候是个很愿意动脑筋的孩子，什么事都愿意琢磨一番。由于他的家庭环境很差，他12岁开始就到火车站去卖报，火车站的人撵他撵不走，就打了他一巴掌，没想到竟然把他打成了聋子。但他并没有因此丧失对未知事物的热情，他对任何东西依旧都非常好奇。他的老师每次买教具他一定要打开看看，玩玩，甚至拆拆装装，有的时候把老师新买的东西都弄坏了。老师很生气，告诉他的母亲说："以后，你儿子拆东西的习惯必须得改改了！"但爱迪生的妈妈却对老师说："老师，我看爱迪生没有错，他跟别的孩子的不同就在于他爱摆弄东西，爱拆东西，只有这样他才能学着重新组装这些东西，这些锻炼了他的动手能力。"在妈妈的鼓励下，爱迪生经常对着手上的东西翻来覆去地玩，看它们的结构到底是怎么样的，看它们是由什么组成的，这些逐渐变成了他的生活习惯，也不断地激发他研究事物的热情。对于未知的事情，他总是想揭开里面的奥秘，即使失败多次也不放弃。他所发明的给世界带来光明的灯泡，也是经历了数万次的实验才最终成功。这些都得益于他从小的好奇心培养出来的研究发明的热情。

　　作为科学家要有好奇心，艺术家也是如此。某著名导演小时候是在部队大院里长大的。他经常有机会在部队礼堂里看《南征北战》、《上甘岭》等战争电影，他被银幕上的千军万马、刀光剑影彻底迷住了，他在想电影上的人物到底是怎么活起来的呢？他的好奇心驱使他自己也要"做"一部电影。他把装针管的纸盒掏空装成"小银幕"，自己编故事把情节画在纸片上，在小银幕上拉动一张张纸片就成了小电影。还让弟弟叫小朋友来观看，这种对电影最初的好奇心无疑为他日后成为导演奠定了基础。

有人说，兴趣是最好的老师。如果你在学习钻研某种东西时，始终带着兴趣与好奇心，那么无疑你将有足够的热情与动力去掌握这种东西。比如，现在在小孩子的启蒙教育中，有这样一种现象：家长都忙于让孩子上各种特长班，今天学钢琴明天学画画后天学舞蹈，不论孩子喜欢不喜欢，都逼着去学。原因却是因为"别人家的孩子都去学了"，这似乎成了很多家长教育孩子的口头禅，这句话也反映出了家长们偏颇的认识，他们不清楚没有兴趣与好奇心做动力的学习是不可能长久的。我周围有些朋友，迫于家长、老师、社会的压力在选择自己的专业时，不是从自身兴趣出发，而是盲从于别人，结果学了几年下来，甚至工作几年后，热情全无，还得放弃转而投入到自己感兴趣的行业中去。

靠好奇与兴趣做动力和硬着头皮去做一件事情相比，会产生截然相反的结局。当你真正地发自内心地去喜欢和涉足一个领域时，你是不难成为这个领域的专家的。

积极心态创造热情

贤明的唐尧担任部落首领几十年，人老了想找个接班人，于是，聪明的虞舜成为备选对象。虞舜有个后母所生的弟弟象，几次挑唆父亲加害虞舜，虞舜不但不记仇，却更加孝顺父亲、照顾弟弟象。他用积极的心态去面对和处理弟弟的行为，他没有以牙还牙更没有报复出气。虞舜和气谦让，人们都愿意与他和睦相处，他得到了越来越多的人的尊重和爱戴，他居住的地方也由偏僻的乡村变成了热闹的城镇。唐尧赏给虞舜一架名贵的琴以及许多衣料，又为虞舜修建了粮仓。而像看见虞舜富裕了，十分嫉妒，又多次要加害于他，虞舜还是一如既往地对待弟弟。唐尧经过长时间的观察发现虞舜确实是品德高尚、有才能的人，便把部落首领的位置让给了虞舜。这就是历史上有名的禅让。虞舜用积极的心态去面对周围的人，哪怕是想害他的人，他的这种精神赢得了人们的赞许和拥戴，对他个人来说，是他积极的心态帮他赢得了成功。

亚历山大大帝有一次送礼物，以表示他的慷慨。他给了甲一大笔钱，给了乙一个省份，给了丙一个高官。他的朋友听到此事后，对他说，"你要是一直这样做下去，就会一贫如洗。"亚历山大说："我哪里会一贫如洗，我为自己留下的是一份最伟大的礼物。我所留下的是我的希望。"

斯通说：人的心态随着环境的变化，自然地形成积极的和消极的两种。思想与任何一种心态结合，都会形成一种"磁性"力量，这种力量是巨大的，所以它也将导致你的行为大相径庭。如果你怀着积极的心态去面对生活，在你眼里一切都是美好的，一切困难都是可以战胜的，你也会为战胜困难而调动自己的热情去想尽一切办法；反之，你的心态是消极的，你已经预先给自己定了一个悲观的调子，心理暗示自己不行，你的激情在这个时候是不可能再发挥正面的作用的，而只能被你陷在自己设下的圈套里。

俄国作家托尔斯泰说过："生命可以是也应该是无限的喜悦。世上的生活既不是一泓泪水，也不是超越我们想象的事物。只要我们能够坦然面对现状，生活也可以是无限的喜悦。"

只要我们保持一个积极的心态，无论遇到什么样的事情，我们都有继续生活下去和创造更好生活的热情和勇气。这样的热情又让我们的生活变得丰富多彩，给我们以愉悦和安慰。拿破仑·希尔在《成功之钥》中认为，为什么同样面对困难，有些人长吁短叹，怨天怨地，没精打采；有些人却能保持高昂的斗志，充满干劲？这正是由于积极的心态培养并创造了热情的结果。有些人仿佛天生就具备积极乐观的性格，有些人是在后天经过困难的磨砺而养成了积极的心态，不论他们中的哪种人，都深知控制自己情绪的重要。他们具有了非凡的能力，可以恰如其分地控制自己的性情与意志力，无论遇到何种情况，总能以积极的人生态度应对，以恒久的热情面对人生的挑战。

理性心理平衡热情

可以这样说，热情和积极心态与你成功之间的关系，就像是汽油与汽车引擎之间的关系一样：热情是行动的动力，而单单靠热情还不足以有效地驱动引擎。在这里，理性心态与自律，可以说是一条管道，你为了达到成功目标所表现出来的所有个人力量都会流经这个管道。

当莫泊桑还是一个初出茅庐的年轻作家时，曾得到当时已经名满天下的福楼拜的指点。

年轻的莫泊桑才华过人，他梦想着能早日以自己的能力与热情征服读者，成为像福楼拜那样的大文豪。所以他创作起来经常通宵达旦，他自信自己有卓尔不群的良好的文学感觉，加之饱满的创作热情，定能文思如泉涌，写出令世人刮目相看的大作品来。这股激情一直推动着他的写作，所以在短时期内他便创作出了大量作品。他拿着自认为精彩的作品到福楼拜家中请其过目。福楼拜认真看过莫泊桑的作品后，觉得他作品的风格虽然不乏激情与活力，但缺乏作品最重要的厚重感。虽然有神来之笔，但全篇不足以打动人心。福楼拜想，批评他太过直接会伤害这个年轻人的热情，但一定要让他清楚写作是一件再理智不过的事情。于是他对莫泊桑说："你不要急着写东西，当你走过一个坐在自己店里的杂货商人面前，走过一个叼着烟斗的守门人面前，走过一个马车站面前，你给我描绘一下这个杂货商人、这个守门人的姿势、神态、身体外貌，要用像画家一样的手法传达出他们全部的精神实质。使我不至于把他们和别的任何杂货商人、守门人混同在一起。还有请你用一句话给我描述一下马车站的马和前前后后经过的五十匹马有什么不同。"福楼拜这样有意无意地向莫泊桑传授写作的秘诀，他实际上是在用理智来引导莫泊桑，告诉他在写作上，不要过于异想天开地想当然，不要只凭借一腔热情随心所欲地写，要尊重生活现实，要用理性的头脑去引导自己的写作如何去贴近生活，反映现实生活中最本质的东西。光有一腔想要写作的热情和热血是远远不够，得用你的智慧去思考怎样才能描绘哪怕是一个动作、一个表情、一个小人物。莫泊桑回去后，按照福楼拜说的有意识地训练自己，经过一段时间后，他养成了一个良好的观察、思考与写作的习惯。下笔之前，一定要把自己要表达的东西全面分析一遍，做到心中有数，而再不像以前那样率性而为、信马由缰了。逐渐，他意识到自己的写作水平在不断地提高，终于写出了《羊脂球》那样外表风格冷峻但又充满内在张力的优秀作品，成为了法国的大作家。

你的心智就是一座贮藏你潜在力量的贮存库，拥有一个理性的心态就能从库中释放适当数量的力量，并将它导引到正确的方向。你的热情无疑是具有爆炸威力的力量。但如果你任由它自行奔放，它有可能把你扔到失败的泥潭当中，令你遍体鳞伤。当你以理性来平衡你的热情，热情将成为你成功的利器。反之，缺乏理性的热情必然是你可怕的敌人。

恒久信念支持热情

北京有个盲女叫陈燕，她生来视力就非常弱，后来逐渐什么也看不到了。残疾的她从小由姥姥带大，与姥姥相依为命。姥姥对她要求很严格，姥姥对她说："你与别的孩子不一样，别的孩子会的东西你也必须学会，但你得比别人多付出几倍的努力。"姥姥教会她说话、走路、自己的事情自己做。到了上学的年龄，姥姥把她送到盲人学校，以后就让她自己来回走，其实每次姥姥都一直在她身后跟着，直到她完全能熟练地来去后才不再暗中保护她了。虽然她是盲人，但她和姥姥都有一个共同的信念——要过正常人的生活，正是这样的信念支撑她，使她最终成了一个京城非常有名的调琴师，有些第一次让她调琴的人看她手脚麻利，根本不相信她是个盲人。

作为一个普通的盲人，一般的出路就是到按摩院去学习盲人按摩以维持生活。但陈燕有自己的理想，她不愿意去学按摩，她暗暗地喜欢上了音乐，也开始了解了一个新的行业——调琴。她下决心要成为一个优秀的调琴师。她说她是个热爱生活的人，她不怕困难，她有能力去克服它，也有信心过上好日子。但对于一个盲人来说，学调琴又谈何容易！她用手一个键一个键地触摸着去了解键盘的排列，用耳朵去听每个键所发出的声音，摸索着钢琴身上的成千上万个零件。经过几年的艰苦学习，她的热情没有丝毫减损，她还是那么热衷于自己选择的事业。毕业后，她进入一家公司工作，负责上门给客户调琴。刚开始，客户一知道她是盲人，就十分不信任她，甚至有的客户还口出不逊，但这些都没有让她退却。她一如既往地努力工作着，她的高超调琴技术逐渐让她有了名气，还有老客户打来电话主动要她去，因为她活干得漂亮、麻利，也爱和客户交流，客户都挺喜欢她。

还有一次，公司派另外一个盲人去给客户调琴，客户一看来了个盲人，非常生气，于是给公司打电话要求换人，这时陈燕主动要求去。她很快修好了琴，要走的时候，客户说："你看你弄得多好，一开始怎么给我派了一个盲人来呢？"陈燕不紧不慢地说："我也是个盲人！"客户非常不好意思，连连道歉，陈燕用自己的技术和人品赢得了尊严也赢得了客户的信赖。

要与普通人一样生活的信念支撑着陈燕心中的热情，她为自己赢得了信誉和美好的生活。中央电视台的东方时空栏目听到她的事迹后专门采访了她，自强自立的她也许会让作为正常人的你我感到自愧不如。

听了陈燕的故事后，你会作何感想呢？陈燕的成功在于她始终坚持要过正常人的生活的信念，这样的信念令她始终对生活充满了热情。我想每个人都应如此：没有困难能吓倒你，你将直指你的目标最终到达胜利的彼岸；一旦失去了信念的支撑，人就会变成行尸走肉，生活也没有了原本的意义和光华。

乐观心态激发热情

　　福勒是美国路易斯安那州一个佃农家庭的黑人孩子。他们家生活十分艰苦。福勒5岁时开始干活，9岁就靠赶骡子挣钱补贴家用。也许穷人家的孩子都是很早就出去赚钱的，他们的家长也认为这样做是没办法的事，是命运对他们的安排，他们只能接受。但福勒的母亲不这样想。她对福勒说："我不愿意听到你说这是上帝的旨意。不，圣经里的每一个字都想让我们富起来。你为什么不去做一个出人头地的人呢？"这些乐观向上的话语激励着福勒，也激发出他后来的要改变生活的勇气和决心。他自己在心里一遍遍大声说，我要富起来，我要像妈妈说得那样出人头地。他选择了经营肥皂作为自己的营生，并且一做就是12年之久。后来他获悉供应肥皂的那家公司要拍卖，他毅然找到这个公司与其谈起了生意。当他把钱筹到只差1万美元时，他再也找不到能筹钱的办法了。他在深夜的街道上四处搜寻，当他看到一家承包商事务所还亮着灯，里面还有个人还在工作时，他就想出了一个大胆的想法并勇敢地走了进去。他直接对那个人说："先生，你想赚1000美元吗？"把对方吓了一跳。当他把自己筹钱买肥皂公司的事告诉那个人，并让他看借给自己钱的人的签名和借款单时，那个人被感动了，也意外地支持了这个完全陌生的福勒。福勒如期地付了买肥皂公司的资金。拥有了这家公司后，他的事业很顺利地发展起来了。福勒先生的事例告诉我们，乐观积极的心态有时能使你迸发出你平时连想都没想过的热情和勇气，这些热情和勇气为你的事业做了助推器和强心针，能帮助你实现你伟大的事业。

　　年少时的李嘉诚由于家贫不得不辍学打工，他从未因贫穷而唉声叹气过，相反，他抱着"我一定改变自己的未来"的乐观心态，在当学徒、店员、推销员的生活中，也坚持不懈地学习思考，自觉或不自觉地开发着自己经商的潜能。这种不满足于现状的乐观心态激发了他"我要创立自己的企业"这样大胆的想法和自主创业的热情。1950年，他放弃一家塑胶企业总经理的位置，自己开办了"长江塑胶厂"，终于成为一个主宰自己命运的人。

人的心态就像大自然万物的循环往复变化一般，起起伏伏，时好时坏，你是否能这般看待自己的心态：经历了一次挫折，情绪不可避免地会低落，恰如心头蒙上了一层阴云，而此时最重要的是自己为自己创造一片阳光，驱散阴霾，重新拾回自己工作与生活的热情。生活总是会有不如意，这是再正常不过的事情，就如天空一样，昨日还晴空万里今日却风雨交加。为什么不始终如一地笑看风云？一个不能有效控制自己情绪，不能乐观从容面对生活起伏的人，又何谈他的热情与干劲呢？热情来源于心态，来源于对生活的认识，一个缺乏成熟心智的人总在沟沟坎坎上纠缠不清，郁郁寡欢，而乐观向上的人能摆脱坏情绪的侵扰，始终以饱满的精神大步向前。

用热情抗争逆境

诺贝尔从小就是一个对发明充满热情的人，那时他总是向爸爸不停地讲自己的"小发明"，而且乐此不疲。这种热情随着他年龄的增长接触事物的增多，不但没有转移或削弱，反而愈加强烈。他也正是凭着这股热情战胜了他面前重重障碍，最后取得了辉煌的成就。

当他听说法国在研制炸药时，他想应该有一种比现有炸药的功效更猛烈的爆炸物。于是，他开始给自己定下目标，就是研发炸药。一年后，他研究的"导炸物"终于取得专利权，但可惜的是，无论他如何四处奔波联系，也没有一家工厂愿意和他合作，最后他不得不自己开厂实验。

由于技术上很不过硬，他研究的炸药，一遇到较高的温度，或轻轻触碰，很容易自己引爆发生意外。发生过无数次大大小小爆炸事件的工厂成了众矢之的，周围的居民十分愤怒，因为他们的安全受到了严重威胁。后来连工人也不想再干下去了，因为谁也不愿意为了一份工作，把命都搭进去。受到种种指责的诺贝尔，没有放弃，他用与生俱来的热情支撑着自己的信念，一次次地继续实验，但悲剧到底还是发生了。他的同胞弟弟在1864年的大爆炸中，死于非命，而且同时也有很多工人丧命。

面对如此沉痛的打击和现实，如果是换了别人也就心灰意冷，从此作罢了，但诺贝尔心中还有那股激情，他不愿意放弃已经取得的实验数据，虽然都是失败的数据，但对改进他的炸药都是非常珍贵的，况且他已经为此付出了惨痛的代价。他想，若中途放弃，那岂不是太对不起那些遇难的工友和弟弟？但此时，他可成了孤家寡人，工人们都纷纷走了，连政府也出来干涉他这个危险的工厂，不让他继续开下去了。他一个人不屈不挠地坚持实验，终于，他摆脱了失利的阴影和失去亲人的痛苦，成功发明了一种帮助人们"在阿尔卑斯山炸穿长达九英里的山洞"的炸药。诺贝尔堪称是用热情战胜了逆境的成功典范。

"胜败兵家事不期，包羞忍耻是男儿。江东子弟多才俊，卷土重来未可知。"这是唐朝诗人杜牧在乌江亭所题的一首诗。诗中说的是秦末楚汉相争时，西楚霸王项羽被韩信领军的兵士们一路追杀，逃至乌江畔时，原来的8000名子弟兵仅剩28人。当时，有人劝项羽乘船渡江，图日后东山再起，但项羽却说："天要我亡，我过江又有何益？"随即拔出宝剑自刎，结束了自己的生命……当时，昔日的霸王已经彻底丧失了信心，他从前的冲天霸气和万丈豪情消失殆尽了，他不愿再抗争下去，留给后人万古遗憾。就一个真正的勇士而言，是不应该惧怕前路的挫折与障碍的，他会高举用热情铸就的火炬引路，将心中所有的失望、沮丧与消极尽力转变为希望、光明与勇气。逆境会成为懦夫的坟墓，但在勇者看来，那应是奋起的源头。

俄国作家托尔斯泰说："人往往在需稍微努力就能达到目标的情况下，变得绝望或停止努力。"所以与其诅咒黑暗，不如点燃蜡烛，恒久的热情与对成功执著的渴望将给勇者以力量和决心，面对困境，他们选择的方向永远是向前，向前，再向前。

用热情赢得机会

戴维是英国著名的化学家，一生成就显著，他发现氯是元素，发现"电解法分离碱金属和碱土金属"等等，当有媒体采访他一生中最大的发现是什么时，他竟然回答："我一生最大的发现是法拉第！"这个令人震惊的答案也足以证明戴维对法拉第的推崇和认可。

法拉第是英国著名的物理学家和化学家。由于他对电化学的巨大贡献，人们用他的姓——法拉第作为电量的单位。但法拉第从小生活十分贫寒也从来没上过一天学，他的知识全是靠自学得来的。法拉第小时候连饭有时都吃不上，很小就出来卖报赚钱，从报纸上学习识字。13岁时，他进入一家印刷厂当图书装订学徒工。利用业余时间学习，渐渐地能看很多书了。他逐渐对电学和力学方面的书产生了浓厚的兴趣。自己没钱买书、买本子，就用印刷厂用废了的纸装订成册摘录资料，有时还配以插图。在他接触电学和力学知识后，随着学习的深入，他对这两门学科的兴趣越来越浓，热情也越来越高涨。一个偶然的机会，英国皇家学会会员丹斯来印刷厂校对自己的著作时，无意中看到了法拉第的摘录册子，十分惊讶，更不敢相信这是一个一天书也没念过的学徒记的笔记，丹斯送给法拉第四张皇家学院的听讲券。法拉第既感激又兴奋，能去听这么高级的讲课，这是他做梦都不敢想的，做报告的人正好就是极有名望的戴维。

法拉第十分珍惜这仅有的几次机会，回去后他把听课内容总结起来，作为自学用的《化学课本》。后来他把自己做的《化学课本》寄给了戴维，并附言："极想逃出商界而入科学界，因为据我想象，科学能使人高尚而可亲。"戴维看过信后，被法拉第想从事科学研究的热情所深深触动，他决定接见这个小学徒。一见面，戴维更是欣喜若狂，他绝没想到一个学徒工有如此过人的才能和对科学有如此之高的热爱，当即招他做自己的助手。法拉第凭借自己的努力和热情赢得了多少人都梦寐以求的机会。但这仅仅是开始。半年后，由于他表现出众，戴维要出国访问，决定带他前往，这次去欧洲访问也让法拉第大大增长了见识，开阔了眼界。回国后，他就开始了独立研究，不久他就发现了电磁感应现象。1834年，他发现了电解定律，震动了科学界，也难怪戴维欣慰地说："我一生最大的发现是法拉第。"

热情与努力犹如种下了一棵昭示着成功的梧桐，唯有如此，象征着幸运的凤凰才会翩翩而至。偶然机会的背后实际是必然的努力和恒久的热情起决定性作用。在为成功奋斗的途中，某时某地陷入的僵局甚至绝境是对人最严峻的考验。执著于成功目标的人们不会因此而熄灭心中的热情之火，在绝望的大山上砍下一块希望的石头，在不可能之中找寻可能与转机是他们一贯的积极的行为准则。"山重水复疑无路，柳暗花明又一村"，转机是作为一种对热情的回报出现在执著与热情的奋斗者面前的，他们有资格接受幸运女神的青睐，皆因他们从未放弃与退缩。当你也走在奋斗的征程中时，踯躅彷徨也许会时时出现，请鼓起勇气，用你的热情激励自己，也许转机就会在你坚持的下一步中出现。

热情是动力之源，也是希望之舟，扯起乐观积极的风帆，回击厄运迎接挑战，机会便会垂青于你，引领你驶向成功的彼岸！

准则 6　谦恭谨慎

胜利时更需谨慎

早在公元前 559 年，居鲁士成为米底亚和波斯国的国王。他打败了利比亚的统治者克里苏斯，并且征服了爱奥尼亚群岛及其他较小的王国，又顺利歼灭了巴比伦，成为欧洲之王——居鲁士大帝。

在这之后，居鲁士又准备进攻由女王汤米莉丝领导的马萨格它族。骄傲自负的他根本不把马萨格它族放在眼里，并认为自己是打不败的超人。如果他能够打败马萨格它族的话，他的帝国就会更加幅员辽阔了。

不久，居鲁士开始发起对阿瑞各斯河的进攻。他们一渡过河，就在河边安营扎寨，并放上肉和烈酒，然后留下最弱的兵士守营，将其他军队撤回西岸，马萨格它军队很快就攻占了营地。被胜利冲昏头脑的马萨格它士兵被现场留下来的不可思议的宴席所吸引，他们忘记了危险，大吃大喝，直到一个个酩酊大醉。当晚波斯军队返回营地，俘虏了沉睡的士兵，其中包括年轻的史帕戈皮西斯，也就是女王汤米莉丝的儿子。

女王得知消息以后，送信给居鲁士，斥责他用诡计打败她的军队。她说："如果你们离开我的国家，释放我的儿子，我将把 1/3 的土地让给你。否则，我会让你得到应有的报应。"然而，居鲁士对她的话置之不理。

不久，女王的儿子因为无法忍受屈辱而自杀了。儿子的死讯令汤米莉丝悲痛欲绝。她召集王国内可以征调的所有军队，以报仇的欲望激励他们奋起反抗，和居鲁士部队展开猛烈又血腥的战斗，终于战胜了居鲁士。

盛怒之下，汤米莉丝把居鲁士的头砍下来。

人们往往会被胜利冲昏头脑，兴奋取代了以往的理智与警惕。在胜利到来时，骄傲也随之跟来了。这个时候，是最危险的时候。

人人都渴望成功、胜利，但是在面对接连不断的胜利时，却往往难以做到心有所止。谨慎的人懂得在这个时候，继续保持低调，控制自己在取得胜利时的自满情绪。

因此，我们应该接受理智的约束，当我们获得成功时，更要加倍小心谨慎。

用请求的语气分派工作

你是用怎样的语气来分派工作的？作为上司的你，如果总是用命令的语气说话，一副颐指气使的样子，就等于把对方的身份贬低，甚至是践踏了对方的尊严。反之，如果用"请求"的语气给下属分派工作，就无形中抬高了对方的地位。

一位低薪员工说："领导有次对我说，'这些都需在下午之前装进盒子里，打上标签，装进货箱后运到仓库。等你做完了，还有些别的事需要你帮忙。'然后就走开了。这让我感到自己是程序中重要的一环，既然领导相信我能做好，我就要证明自己能做好，不让他失望。"

在生活中，有许多人对待朋友、同事及陌生人都很注意自己与之相处的细节，但又很遗憾地忽略了在上、下级之间同样需要客气。有人认为，成为最佳上司的一个很重要的条件是尊重下属的劳动，哪怕是倒一杯水、打印文件之类的小事，最好都要致谢。

陈磊是酒店的大堂经理，但他常对服务生说"辛苦你了"、"谢谢你"、"麻烦帮我换张床单"等客气话，使服务生们觉得自己很受尊重，所以工作热情很高。

"只有先把自己放在别人脚下的人，别人才会把你捧在头上"，睿智的人懂得这个道理，说话时会先替对方着想，尊重对方的感情；愚昧的人为了炫耀自己比对方了不起，才会以在言语上贬损他人为乐。

当你所处的地位比对方高时，要格外留意说话的口气。如果校长能亲切地向教师说"你们的课教得真棒啊"，经理能体恤员工说声"大家辛苦了"，客人能向服务生说声"麻烦你了"，岂不令听者心情为之振奋。

对领导而言，一句客气话不费吹灰之力，却能达到百利无一害的效果，你何不为之？即使对方为你服务是应尽的义务，然而一句客气话却能使他对你更为心悦诚服。

领导的人格魅力有许多，最基本的则是对下属的尊重，而领导人格魅力的感染力，是不言而喻的，正是这种不经意的低姿态，在不知不觉间征服了下属的心。

懂得韬光养晦，因机乘势的技巧

苏轼在《留侯论》一文中论及：

"观夫高祖之所以胜，而项藉（羽）之所以败者，在能忍与不能忍之间而已矣。项藉唯不能忍，是以百战百胜而轻其锋。高祖忍之，养其全锋，而待其毙，此子房教之也。"

张良个人忍耐的功夫见于他和圯上老父三次相约会面的故事。第一次巧遇老父，那老人要他去拾掉到桥下的鞋子，张良原本惊愕想殴打老人，忽一动念，看在是个老人家，勉强忍耐拾起鞋子，甚至跪一腿替老人穿上。老人去而复返，认为"孺子可教"，约张良五日后相见，又再次以张良迟到改期相试，最后授予张良《太公兵法》。

这个从忍之功夫得到的奇缘，使张良终身不忘忍字诀，以教人律己。不过，张良的忍功不是消极的，而是等待良机出现。刘邦在和项羽相约分兵入关时，刘邦原要以全力攻取崤关，张良劝说："秦兵尚强，不可轻。"让刘邦暂时忍住，不要硬拼。等到张良派人以重金打动秦将叛变，再乘秦军士卒心向不定，趁机进兵夺关。张良在这一役中，先是保存实力，等到机会来临，再乘势取胜。

张良的这种"忍"功是和"狠"功相辅相成的，起手要忍，接下去要狠，因机乘势。

李白有一句耐人寻味的诗，叫"大贤虎变愚不测，当年颇似寻常人"，则揭示了另一种意义上的韬光养晦的做人法。这是指在一些特殊的场合中，人要有猛虎伏林、蛟龙沉潭那样的伸屈变化之胸怀，让人难预测，而自己则可在此期间从容行事。

元末的朱元璋在攻占了南京后，因为群雄并峙，为了避免因崭露头角而为众矢之的，他采用着老朱升的建议，以"高筑墙，广积粮，缓称王"的策略赢得了各个击破的时间与力量，在众人的眼皮底下暗度陈仓，最后吞并群雄当上了大明皇帝。

事成于密，败于疏，做到在众人眼皮底下暗度陈仓，乃是做人的上乘功夫。

当你还没有充足的实力时，忍耐就具有特别重要的意义。这时候，做大事者能够审时度势，低头挺住。但是，只是被动地忍还不够，还必须为忍后的行动做积极的准备。

不轻易亮出自己的底牌

传说，上帝创造世间万物之初，猫的本领比老虎大，于是老虎就拜猫为师学习本领。经过一番勤学苦练之后，老虎的本领变得十分了得，成了森林之王。

按理说，老虎功成名就该心满意足了，可是它总觉得拜猫为师的事不光彩，怕传出去后受百兽讥笑，于是就起了杀师灭口之心。

有一天，老虎终于向猫下了毒手，穷追猛咬，试图将猫置于死地，情急之下猫一下子跳到了树上，任凭老虎在树下张牙舞爪咆哮也无可奈何。吓出一身冷汗的猫十分后怕地说："幸亏我留了一手，不然今天就死于逆徒之口了！"

这是一个老掉牙的故事，值得我们注意的是故事蕴涵的哲理，提醒我们留一手是很有必要的，而且，也是很有好处的。

为什么故事中的猫能逃脱虎口，原因是它没有亮出自己最后的一张底牌，留了上树这一手！

为人处世也是这样，应该尽量设法保持自己的神秘，轻易亮出自己底牌的人往往会输得很惨。即使对方是貌似忠厚的老实人，也不可全抛一片心。

碰上貌似老实的人，人们往往一见如故，把"老底"全都抖给对方，也许会因此成为知心朋友。但在现实中，更可能的情况是：你把心交给他，他却因此而看扁你，更有甚者会因此打起坏主意，暗算你。所以说，在待人处世中，尤其是对摸不清底细的人，要做到"逢人只说三分话，未可全抛一片心"。否则，吃亏受害的将是你自己。

李厂长出差的时候在火车上遇见一位"港商"，二人一见如故，互换了名片。这位港商举手投足之间都显示出一种贵族气派，这使李厂长对其身份毫不怀疑。恰巧二人的目的地相同，港商又对李厂长的产品非常感兴趣，似有合作意向，李厂长便与之同住一个宾馆，吃饭、出行几乎都在一起。这一天，李厂长与一客户谈成了一笔生意，并把大笔现金放在包里。午饭后与港商在自己屋里聊天，不久李厂长起身去卫生间，回来时港商和那个装满钱的皮包都不见了！李厂长赶紧报警，几天后案子破了，原来他并不是什么港商，而是一个职业骗子。这让李厂长对自己的轻易相信他人、交出自己底细的做法痛悔不已。

因此，任何时候我们都要留一手，不要和盘托出全部底细，并非所有真相皆可讲，轻易亮出自己底牌的人往往会成为输家。

关键时暂停1分钟

人与人的性格千差万别，有人偏激刚烈，有人中庸温和。刚烈可以说是天生的性格，严格地说，这不能算是毛病，但刚烈的性格易出乱子，容易闯祸。可以说，性格刚烈的人总是首先点燃导火线的人。如果能暂停1分钟的话，也许事件就不会发生。

为此，我们应该学会凡事暂停1分钟：在冲动的时候暂停1分钟；在咬牙切齿的时刻暂停1分钟；在准备浴血奋战的时候暂停1分钟。

1分钟尽管短暂，但对于处于愤怒中的人却十分重要。在双方紧张对峙、火药味正浓的时候，想叫任何一方理智地退却一下似乎都是不可能的，他们谁也不愿戴上"懦夫"这顶很丢面子的帽子。但暂停1分钟是能够办到的，这不会让人丢面子。争得了这1分钟，你或许脑子里多了些理智，冲动的情绪会得到缓解，而对方，也由于你迟迟没有动手缓了一口气，情绪也许缓和了许多。

有一个女士，她父亲与父亲的哥哥为争宅基地的事动手打了起来。在父亲一代，仅兄弟二人，祖父留下了两间相连的房子。现在，大家把眼睛盯在屋后的空地上了。

老二 (女士的父亲) 先行了一步，砌了一道简单的墙为自己划了一块地。老二所做的并非是错误的，他将大一点的地方留给了大哥。大哥却认为吃了亏，便叫来儿子拿铁棍撬那刚砌的墙。老二也召来了儿子女婿，并在后楼上囤积了许多石头作为武器严阵以待，有"火拼"一仗的气势。

弟兄双方摩拳擦掌。老大用铁棍又轻轻撬了一下 (这是试探)。在这一刹那，假设老二暂停1分钟，大哥也许会观望一阵。

可是老二把撬棍当成了"战斗"的信号，随手扔出了石头。不用说双方开始了一场恶战，双方伤势皆重。兄弟情没了，大哥告了状，女士的父亲和丈夫都被判了刑。

如果这兄弟俩中，有一方能够克制住自己的情绪，又怎会导致后来这样两败俱伤的悲惨结果呢？

在紧张的气氛中，愤怒的时候，一定要懂得克制。关键时先暂停1分钟，也许这1分钟会平息你的怒气，会让你重新恢复理智。

让上司在低微处发现你

美国总统克里斯是个很会做人的总统，他有许多脍炙人口的逸事，他不仅仅懂得低调做人，还会利用时机，让众人在低微处发现他，从而一蹴而就。

众所周知，克里斯是以低调做人而闻名的，第一则逸事展现了他是如何低调做人的。

克里斯在阿姆斯特大学的最后一年，获得了一枚金质奖章，这是由美国历史学会奖给的最高荣誉。这在美国来讲，也是人人欣羡的，可他没有向任何人炫耀，甚至连自己的父母都没相告。毕业后，聘用他的法官伏尔特，无意中从6周以前一份杂志的消息中发现了这一记载。这使他对克里斯倍加赞赏与青睐，不久便给了他一个很重要的职位。

在克里斯的职业生涯中，从一名小小的职员一直上升为总统，常以这种真诚、低调做人的风貌出现在众人眼里。他的名声也因此而更高。

克里斯的第二件逸事是：从表面上看，正好与他低调做人的美德相反，但仔细分析，其实质也反映了他低调做人的态度。

在克里斯从事马萨诸塞州议员连任竞选的时候，在进行投票的前一晚，他将一个小而黑的手提袋包装好，急步向雷桑波顿车站走去，因为他忽然听到州议会议长一席空缺的消息。两天以后，他从波士顿回来，而他那小而黑的手提袋里已装满了多数议员同意他为州议会议长候选人的签名。就这样，克里斯开始正式踏上自己的政治生涯，就任马萨诸塞州州议会议长职务。

我们在平常的生活中，就应以真诚的态度谦逊示人，以赢得人们的好感，从而为自己事业的腾飞奠定坚实的基础。而当机遇来临时，机会成熟时，就可充分利用平时低调为人的荣誉，一跃而起实现自己的梦想。

准则 7　守信践言

守时，就是守住信誉

成功的人士都是掌握并运用时间的高手，他们深深懂得珍惜时间的重要性。在他们的眼中，时间是所有物品中最有价值、最值得珍惜的物品，而且，也正因为时间是一种不可再生的资源，所以更显得可贵，科学家们永远不会找到一种时间的替代品。当我们的时间用完时，我们也就不存在了。时间时时刻刻都很重要。它往往是各种问题、各种场合的核心，在社会交际中尤其如此。谈判时，你是否能按时坐在谈判桌前；上班时，你能否准时坐在你的办公桌前，让你的老板看到；约会时，你是否能按时到达约会的地点……假如你在这些时候、这些场合错过了时间老人的提示，那么你很有可能失败。可见，如果你想有一次成功的交际，"准时"是万万不能忽视的。

在一家软件公司上班的李文静就是一个时间观念很差的人。有一次，在他的再三努力下，他的客户，一家高科技公司的经理终于给了李文静回音，让他在星期三上午9点到经理办公室去，与他面谈公司软件的项目。

但李文静在那天去见该经理的时候，比约定的时间迟到了15分钟。等他到时，经理已经离开了办公室，去出席一个会议了。过了几天，李文静便再去见该经理。经理问他那天为什么迟到，害得自己白等了半个小时。李文静回答道："洋森先生，那天我在9点15分来的呢！""但是约定的时间是9点钟呀！"该经理提醒他。

李文静还是不服气，以狡辩的语气回答道："我知道。但是我以为迟到了15分钟是无关紧要的，你就等不及了吗？"

该经理很严肃地说："无关紧要？你要知道，准时赴约是件极重要的事。在这件事上，你已经失去了你所向往的那笔业务，因为已在当天下午，公司又接洽好了另一个人了。我要告诉你，你不能认为我的时间不值得，以为等一二十分钟是不要紧的。老实告诉你，在那一二十分钟的时间里，我还预约好两件重要的谈判项目呢！"

李文静没有遵守时间，从而失去了已经落入手中的好机会。

一个人守时，是言而有信、尊重他人的表现。

有的人因工作忙，接待客人的时间会受到限制，最多谈话不超过三分钟，对于这样的人来说时间是生命。你如果在约的时间没到，你就失去了这次交往的机会，并且可能永远失去了和这个人交往的机会，你没到，别人却在等你，这种等待是不公平的，是浪费别人的生命。假如你因急事或意外事故不能按预约的时间到达目的地，你应该打电话告诉别人。为了不影响别人的工作或其他安排，在约定时间时也可采用弹性时间，比如说下午3点半到4点之间，这样被约者也可安排一些放松的活动。

总之，在交往中守时是一个人品格和作风的一种体现。一个不守时的人给人留下的印象是不可靠，仅此一点，你也就失去了与人深入交往的基础。一个人守时是言而有信、尊重他人的表现。

守时，也就是守住信誉。一个遵守约定时间，准时到达的人，必定是个言而有信的人。由此，也会赢得更多的信任与尊重。

不是你的功劳，千万不要占有它

在竞争激烈的工作环境中，有些人喜欢把别人的功劳占为己有。这样的人，不去创造业绩，而是偷偷地去占有别人的功劳，到最后只能是既损人又不利己。

赵琳和李欣两个人在一家公司工作，平时关系相处得很不错。

年终，公司搞推广策划评比，每个人都可以拿方案，优胜者有奖。赵琳觉得这是一个好机会。经过半个月的深入调研，加上平时对市场工作的观察思考，赵琳很快做出了一个非常出色的策划案。

方案征集截止日的最后一天，李欣突然叹了一口气说："哎，琳琳，我还真有点紧张，心里没底啊。你帮我看看方案，提提意见。"赵琳连想都没想就答应了。李欣的策划很是一般，没有什么创意，赵琳看完没好意思说什么。

李欣用探究的目光盯着赵琳，说："让我也看看你的方案吧。"赵琳心里一阵懊悔，可自己刚才看了人家的，现在没有理由不让别人看。好在明天就要开大会了，她想改也来不及了。

第二天开会，李欣因为资历老，按次序先发言，李欣讲述的方案跟赵琳的方案一模一样，在讲解时，她对老板说："很遗憾，我现在只能讲述自己的口头方案，电脑染了病毒，文件被毁了，我会尽快整理出书面材料。"

赵琳目瞪口呆，她没想到李欣抢自己的功劳，她不敢把自己的方案交上去，也不敢申诉，她资历浅，怕老板不相信自己，只好伤心地离开了这家公司。

李欣的方案获得老板的认可，因为方案不是她自己的，有些细节不清楚，在执行方案时出了一点漏洞，又无法及时修正，结果失败。后来老板得知这是别人的方案，就无情地炒了她鱿鱼。

不是你的东西，就不要去抢。工作中，别人的功劳是属于别人的，不论别人知道与否，你抢来总归不是光荣的。而且，这种行为终将被揭穿，当真相大白时，你的脸面何存？不仅被抢者会视你为敌人，而且你做人的信用也许将荡然无存，失去别人对你的尊重。

把好嘴上关

提起"精工"手表，可以说无人不知、无人不晓。"本田精工"差不多独占了日本手表零配件的供应市场，但是"本田精工"的总经理本田秀即使今天在接受采访时，仍是小心翼翼，上来就说："千万别这么讲，干我们这一行，嘴巴守紧一点儿，比什么都重要。"

第二次世界大战后，日本手表业受到经济不景气的影响，其中下游手工业者集中地的长野县一带，遭受的冲击最大。然而现在诹访一带的企业，却出乎意料的稳固，有人说这与诹访人的守口如瓶的做法有关。诹访一地素有"东洋瑞士"之称，他们从不轻易透露口风的做人方式，可以说就是这种习惯让诹访的经济发展起来的。当地技术最进步、收益也最丰硕的"本田精工"，就是最具备这种诹访气质的企业团体。

"不轻露口风"在商场上是极为重要的，同样，在职场里，"嘴紧"也是你能否让人信任的前提。

小妮是个开朗活泼的女孩，喜欢说，也爱笑，刚来办公室的时候，老同事都喜欢跟她打交道，她有什么困难大家都愿意帮她。但不久，同事们开始疏远她，对她也不像以前那么热心了。小妮是聪明的，知道是自己嘴不紧，造成同事们慢慢对自己不信任，可她觉得自己天生爱说话，想控制也难，因为她喜欢与人共享快乐，对一些办公室里的新鲜事，如公司即将争取到一位重要的客户、老板暗地里给谁发了奖金，知道后她就喜欢拿出来向别人说，她也知道这种习惯不好，但又不知道该怎么办。

很多人总觉得只要自己光明磊落，便凡事无不可对人言，但假如对方是小人时，你的三分话已经显得太多了。若所说的话题涉及对方本人，但他与你根本就不熟悉，你却硬跟别人说一些纯属私人的事情，就显得唐突冒昧。

另外，任何人都有自己不愿让人知道的隐私，因此在谈话时千万不要追根问底、探听别人的隐秘，这是为人处世最忌讳的事。虽说好奇心人皆有之，但此时最好还是将你的好奇心收起来。

当然，职场中难免会碰到爱搬弄是非之人，那么，你若要坚守自己的立场，保护自己的信誉，在与搬弄是非者交往中，你可以采用以下的策略：

1.拒绝同流合污

与比自己强的人交往，需要诚恳、虚心；与不如自己的人交往，需要谦和、平等。而和那些搬弄是非的人交往，则需要正直、坦荡。拒绝传播同事间的闲言碎语对或流言飞语保密，有问题就摆在桌面上，以便大家共同解决。

2.冷淡回应对方

有些人搬弄是非的恶习已成为其性格特点，那么你就干脆不理睬他。不要认为那些把是非告诉你的人是信任你的表现，他们很可能是希望从中得到更多的谈话材料，从你的反应中再编造故事。所以，聪明的人不会与这种人推心置腹。而令他远离你的办法，是对任何有关传闻反应冷淡、置之不理，不做回答。

3.保持一定距离

有时候，尽管你听到关于自己的是非后感到愤慨，表面上你必须努力控制自己的情绪，保持头脑冷静、清醒。你可以这样回答："啊，是吗？人家有表示不满、发表意见的权利嘛。"或者说："谢谢你告诉我这个消息，请放心，我不会在意的。"如此，对方会感到无空子可钻，他也不会再来纠缠不休了。

"嘴紧"往往是一个职场新人在公司建立自己信用，被同事接纳和认可的前提。如果你的上司和同事把你当做"口风不紧"的人，那也就说明你的信誉已经荡然无存。所以，在职场上，一定要养成"嘴紧"的习惯。

按规矩办事

清代红顶商人胡雪岩每做一桩生意时，都履行应该遵守的商业规则，比如绿营兵军官罗尚德上战场之前在胡雪岩开办的阜康钱庄存了一笔银子，当胡雪岩开出存折时，他坚决不要，因为一来他相信胡雪岩的信誉，二来怕自己上战场后，凶多吉少，要不要存折无所谓。但胡雪岩坚持开出存折，称这道手续不能省略。客户存入款项，钱庄必须开出存折，这是照规矩办事。又比如胡雪岩与古应春等人合伙卖蚕丝，一下子赚了十万两银子，但除去必要的开支外，赚来的银子也所剩无几。既然是合伙，胡雪岩仍然坚持分出红利，他说即使自己没有赚到一文钱，红利该分的还是要分。与合作伙伴均分红利，这也是照规矩办事。

正是因为胡雪岩照规矩办事，天下与他打交道的人无不信任他，所以，胡雪岩的生意也越做越大。

按规矩办事的典范当属犹太人了，在他们看来，不按规矩做事的人，是不守信用的，是不值得人信任的。

犹太人以极强的做事能力著称于世，在犹太人看来，契约是神圣不可侵犯的，更不可毁坏。在犹太人的心目中，毁约行为是绝对不允许发生的事情。谁如果毁约，其人格是卑鄙的，他的事业必然失败。契约一旦签订，就是生效了，不但自己遵守，也要求对方严守契约，无论发生什么问题，都是不可以更改的。

许多人在与他人打交道、做生意时，由于对对方不了解，不知道对方在做事过程中是否会守约，所以他们开始不太信任对方，尤其是第二次与不守约的人交往时，他们就根本不会相信所签订的契约。因此，在与犹太人交往中，要想博得信任，第一件要办的事便是按规矩办事，无论发生什么突变，以及在什么特殊的环境之下，都要完全做到这点，否则你便是枉费心机。

良好信誉的建立，与我们能否坚持按规矩办事有着极为密切的关系，只有规规矩矩地按照大家都遵守的规矩做事，才能使人信服，建立起信誉。不顾章法，不按规矩办事的人，是没有人会相信他的。

不要随意跳槽

在现代职场人心中，跳槽已经不需要克服什么心理障碍了，尤其是有着年龄优势的 35 岁以前的人甚至工作一两个月后，就开始兴起这样的念头。但是，有关人力资源的一份调查却给热衷跳槽的人一记当头棒喝：有超过半数的人对当前工作感到不满意，另外还有 12% 的跳槽者在新公司未能通过试用期就"再见"了，有 60% 的跳槽者在跳槽以后产生了挫败感，认为自己的跳槽是失败的。

杰森是一家美国 500 强企业公司的经理，因为 MBA 的高学历和优秀的表现，在公司颇受器重，前途一片光明。但是就在他事业蒸蒸日上的时候，他跳槽了。

在新公司，"蜜月期"还没过，杰森就陷入了困境：新工作与自己专长差距过大，老板对他期望很高，因而交给他许多重要的案子，但他渐渐发现这对他而言，都是一些"不可能完成的任务"，下属因为他并没有像他们预期的那样出色而对他少了尊重，一段美好的"姻缘"很快走到了尽头。

随意"跳槽"的人，不能给人一种安全感和信任感。一个什么工作都做不长久的人，让人想到不会是公司的问题而是他个人的问题。第一，他的工作能力值得怀疑；第二，他对企业的忠诚度值得怀疑；第三，他不会在任何一个公司做得长久。

员工对企业的不忠诚，对企业的负面影响是相当大的，同时也会影响到他个人的道德可信度，没有哪个公司的老板喜欢一个不忠诚，信誉度低的人。

作为一个信誉好的人，即使是在工作中，也会坚守自己的道德准则，追求与公司同舟共济，共同发展。在公司危险或诱惑当前时，也珍视自己的名誉。这样的人，相信任何一个老板都会信任和尊重的。

不能拿"不爱"作借口

芳芳和涛是上大学时相恋的。涛学习很好，而且颇有才气，常往报刊投稿，而芳芳则是男生眼中的系花。当两人宣布在一起时，所有人都不看好他们，家里人也表示反对，可芳芳却铁了心要跟着涛，不顾家人反对，毕业后就和涛结了婚。涛很感动，发誓要一辈子爱护芳芳。

结婚后芳芳放弃了自己的爱好，一心支持涛的工作。涛在外面忙于研究，芳芳总是尽心尽力地侍候他，操持家务，不让他操一点心。开始，涛还有些过意不去，总说，跟了他这样一个穷书生，委屈了。可后来渐渐两人话少了许多。

有一天，涛谈到所里的事时说，所长有心要提拔他，可就是因为他到所里的时间太短。

芳芳一听马上给涛出主意："你还不赶紧给所长送点儿礼，要不我和你一起去。"涛一听便恼怒地说："怎么这样俗气！这几年你在单位待得越来越世俗，我不去。"

"我还不都是为了你！为了你，我不惜牺牲自己的事业，放弃要孩子的打算。现在，你却嫌我俗气，你也不想想我为了谁。"

涛平静地说："你没有必要开口闭口说如何如何为我牺牲了，你想想看，从你第一天工作起，你还求上进吗？尽管你为这个家也受了不少累，但也犯不上每天念叨，我都有心理负担了！上学时你温柔贤淑，可现在整天只会说这些无事生非的事，现在的你，还读书看报吗？你也不必生气，不用我多说，每天我们在一起时，共同的话题有多少，你总是说如何让我快点往上爬，害得我心里都产生了压力，除此之外，你还有什么？我仔细权衡了，趁着咱们都年轻，还是分手的好，也别耽误了你的前程，再强求也没有用，我已经不爱你了！"

芳芳简直不敢相信，这个当初发誓要爱她一辈子的男人，短短两年，就不再爱她了，就要和她离婚了！

人，都是容易推卸责任的动物，在爱情、婚姻中很多人也是一样，婚前信誓旦旦要天长地久，一旦爱人不再完美，感情出了问题，就以"不爱"为借口放弃自己的爱人，放弃曾经许下的诺言，结束彼此的婚姻。

动辄以"不爱"而欲结束感情，这样做公平吗？当你不再遵守自己的誓言，你的配偶也会对你从此失去信任与尊重。

不说没有把握的承诺

在现实生活中讲信用，守信义，是立身处世之道，是一种高尚的品质和情操。这既体现了对他人的尊敬，也表现了对自己的尊重。但是，我们反对那种"言过其实"的许诺，也反对使人容易"寡信"的"轻诺"；我们更反对"言而无信"、"背信弃义"的丑行！

在社会交往中，如果真能主动帮助朋友办点事，这种精神当然是可贵的。但是，我们不要轻易许诺。因为，诺言的能否兑现不仅与自己努力的程度有关，而且受客观条件的制约。有些在正常情况下可以办到的事，后来由于客观条件起了变化，一时办不到，这种情况是有的，这就要求我们在朋友面前，不要轻率地许诺。有的事，明知办不到，就应向朋友说清楚，要相信朋友是通情达理的，是会原谅的，千万不要打肿脸充胖子，在朋友面前逞能，轻率许诺。这样，不但得不到友谊和信任，反而会失去朋友。

百事可乐公司总裁卡尔·威勒欧普就是个信守诺言的人。

快下班时，卡尔·威勒欧普接到市长邀请他参加晚宴的电话，他毫不犹豫地谢绝道："很抱歉，我已经答应今天晚上陪我的女儿过生日，我不想失约。"

走出办公大楼，卡尔给女儿买了生日礼物，驱车直奔市中心新开业的游乐园，去那里与妻子一道为女儿过生日。

卡尔正兴致勃勃地看着女儿吹灭红红的蜡烛并开始切分蛋糕，他的助理急匆匆地赶来了。助理把卡尔叫到旁边，小声汇报——有一个本公司非常重要的客户，很想在这个晚上与他见一面。

"可是，我已答应了女儿，今天整个晚上都陪在她身边。"卡尔面露难色。

"客户此前确实没有约定，他只在此地做短暂的停留，是临时决定要拜见总裁的……"助理委婉地建议道。

卡尔没有犹豫，他转身告诉助理："我觉得我还是应该留下来陪女儿，你去接待一下客户，并替我转达真诚的歉意，跟他约好时间，届时我会亲自登门拜访。"

"卡尔先生，您是不是先去……"助理提醒总裁这个客户实在太重要了，丝毫不能得罪的，要不然就不会匆匆地来找他了。

"不，我已说过，我不想做一个失约的父亲。今天晚上，市长的宴请和客户的约见，确实都很重要，但我一个月前向女儿许下的承诺更重要，谁都不能改变我做出的承诺。"卡尔一脸的坚定，让助理打消了继续劝说的念头。

第二天，卡尔上班做的第一件事，就是打电话向那位客户道歉，客户非但没有生气，反而由衷地赞叹道："卡尔先生，其实我要感谢您啊，是您用行动让我真切地记住了什么叫做一诺千金，我明白百事可乐公司兴旺发达的真正原因了。"此后，卡尔和这位客户竟成了非常亲密的合作伙伴，甚至在公司遭遇最大困难的时候，也不曾动摇彼此的信任。

为人处世，信守诺言是非常重要的。办事要量力而行，许诺也要量力而行。因为诺言的兑现，不仅与自己努力的程度有关，而且受客观条件的制约，我们不可轻率就许下诺言，而一旦许诺就一定要兑现。

即使发现错了，也不要食言

在许多时候，人们对说出的话，做出的决定，过不了多久就会后悔，乃至忘却，不再履行。殊不知，对大多数人来说，一次教训比受一百次鞭挞还深刻。人们总是在食言之后，才会更深刻地记住。

一次，一个猎人捕获了一只能说70种语言的鸟。

"放了我，"这只鸟说，"我将给你三条忠告。"

"你先告诉我，"猎人回答道，"我发誓我会放了你。"

"第一条忠告是，"鸟说道，"做事后不要后悔。第二条忠告是：如果有人告诉你一件事，你自己认为是不可能的就别相信。第三条忠告是：当你爬不上去时，别费力去爬。"然后鸟对猎人说："该放我走了吧。"猎人依言将鸟放了。

这只鸟飞起后落在一棵大树上，又向猎人大声喊道："你真愚蠢。你放了我，但你并不知道在我的嘴中有一颗价值连城的大珍珠。正是这颗珍珠使我这样聪明。"

这个猎人很想再捕获这只放飞的鸟。他跑到树前并开始爬树。但是当他爬到一半的时候，却掉了下来并摔断了双腿。

鸟嘲笑他并向他喊道："笨蛋！我刚才告诉你的忠告你全忘记了。我告诉你一旦做了一件事情就别后悔，而你却后悔放了我。我告诉你如果有人对你讲你认为是不可能的事，就别相信，而你却相信像我这样一只小鸟的嘴中会有一颗很大的珍珠。我告诉你如果你爬不上去，就别强迫自己去爬，而你却追赶我并试图爬上这棵大树，结果掉下去摔断了双腿。这个箴言说的就是你：'对聪明人来说，一次教训比蠢人受一百次鞭挞还深刻。'"

说完，鸟飞走了。

对未知的事物下判断，没有人会有百分之百的把握，在过后发现错了是很正常的。然而，不论你有多么后悔，也要遵守自己做过的承诺。违背诺言只会让自己更加被动，不仅赔了损失还要赔上信誉。记住，已经错了一次，就不要再错第二次了。

准则 8　藏巧高瞻

要大智慧而非小聪明

人们不应对什么事都斤斤计较，该糊涂时糊涂，该聪明时聪明。有句俗语"吕端大事不糊涂"，说的正是小事装糊涂，而在关键时刻，才表现出大智大谋。中国古代这样的大智若愚者是很多的。

宋代宰相韩琦以品性端庄著称，遵循着得饶人处且饶人的生活准则，从来不曾因为有胆量而被人称许过，可是在下面两件事上的大智慧，实在是没有第二个人可比。这才是"真人不露相"的注脚。对于这样的老好人谁会防范呢？他因此而得以在无声无息中做了这两件大事。

宋英宗刚死的时候，朝臣急忙召太子进宫，太子还没到，宋英宗的手又动了一下，宰相曾公亮吓了一跳，急忙告诉宰相韩琦，想停下来不再去召太子进宫。韩琦拒绝说："先帝要是再活过来，就是一位太上皇。"韩琦越发催促人们召太子，从而避免了权力之争。

担任大内都知职务的任守忠很奸邪，反复无常，秘密探听东西宫的情况，离间皇帝和太后。有一天韩琦出了一道空头敕书，参政欧阳修已经签了字，参政赵概感到很为难，不知怎么办才好。欧阳修说："只要写出来，韩琦一定有自己的办法。"韩琦坐在政事堂，用未经中书省而直接下达的文书把任守忠传来，让他站在庭中，指责他说："你的罪过应当判死刑，现在贬官为蕲州团练副使，由蕲州安置。"韩琦拿出了空头敕书填写上，派使臣当天就把任守忠押走了。

要是换上另外爱耍弄权术的人，任守忠会轻易就范吗？显然不会，因为他也相信一贯诚实的韩琦的说法，不会怀疑其中有诈。这样，韩琦轻易除了蠹虫，而仍然不失忠厚。所以大智若愚实在是一种人生的最高修养，也是一种做人的谋略。大智若愚的人总有更多的成功机会。

另一个晋代人谢万，是谢安的弟弟。曾经和蔡系争一个座位，蔡系把谢万从位子上推了下去。谢万慢慢站起来，拍拍衣服，边坐回座位上，边说："你差点儿弄伤我的脸。"蔡系说："本来就没有考虑到你的脸。"后来两人都没有把这件事挂在心上，当时人们都称赞他们。

韩琦、谢万在处理事情的过程中，受侮受损的一方都没有为自己难堪的损失而大发其怒，记恨于心，相反地都表现出宽宏大量、毫不计较的美德和风度。结果得到了大家的敬重，也使伤人者感到无地自容。

大智若愚，从一个角度来说，也可理解为小事愚，大事明。对于个人来说是一种很高的修养。所谓愚，是指有意糊涂。该糊涂的时候，就不要顾忌自己的面子、自己的学识、自己的地位、自己的权势，一定要糊涂。而该聪明、清醒的时候，则一定要聪明。由聪明而转糊涂，由糊涂而转聪明，则必不为烦恼所扰，不为人事所累，这样你也必会有一个幸福、快乐、成功的人生。

客观的经验告诉我们，做人不要过于"精明"，精明过度会遭人讨厌。因为人与人情感的沟通和交流是心的交流，如果做人过于精明露骨，就不能在交际方面获得人心。对人，不必精明；对朋友，傻点更好。交际中的"精明"容易把应该淳朴真挚的关系，人为地弄复杂，使人感到刁钻奸猾，从而对你敬而远之。这样精明的结果，只能以自己成为孤家寡人而告终。

做人精明露骨，实则是一种小聪明。

有一种情况是，聪明反被聪明误，自逞聪明，引火烧身。三国时代的杨修，可谓绝顶聪明吧？他几次"聪明"过了头，结果引起了曹操的忌恨，惨遭杀害。

人和人的正常交往是平等的，如果你举止不讲究，言辞不考究，说话居高临下，只能孤立自己，招致他人的"不屑一顾"。

做人需要精明，但不要过于精明，甚至精明到露骨。

要学会"藏巧"

在大功重赏面前，或身居高位之后，更要善于"藏巧"，切莫锋芒太露，妄自尊大，以免功高震主，引火烧身。

一个人拥有高智商、强能力，固然是件好事。有了它，便可以在竞争社会中如鱼得水，游刃有余。

然而，由于事物的复杂多样，环境的不断变异，在某些时候，利与弊会不知不觉地转换。这样，就要求我们必须随时以清醒的头脑注意了解自己，掌握对方和周围环境，掂量利弊，而不是一味地以一般的经验办事。

《阴符经》说："性有巧拙，可以伏藏。"它告诉我们，善于伏藏是制胜的关键。一个不懂得伏藏的人，即使能力再强、智商再高也难以战胜对手，甚至还会招来杀身之祸。

而伏藏又可分为两层。一是藏拙，这是一般意义上的伏藏，也是最常用的。藏住自己的弱点，不给对方可乘之机。而另一种，则是更高明的"藏巧"。

下面这两个故事就是"藏巧"的范例。

汉高祖时，吕后采用萧何之计，谋杀了韩信。高祖正带兵征剿叛军，闻讯后派使者还朝，封萧何为相国，加赐五千户，再令五百士卒、一名都卫做相国的护卫。

百官都向萧何祝贺，只有陈平表示担心，暗地里对萧何说："大祸由现在开始了。皇上在外作战，您掌管朝政。您没有冒着箭雨滚石的危险，皇上却增加您的俸禄和护卫，这并非表示宠信。如今淮阴侯（韩信）谋反被诛，皇上心有余悸，他也有怀疑您的心理。我劝您辞掉封赏，拿出所有家产去辅助作战，这才能打消皇上的疑虑。"

一语惊醒梦中人。萧何依计而行，变卖家产犒军，高祖果然高兴，疑虑顿减。

这年秋天，黥布谋反，高祖御驾亲征，此间数次派遣使者打听萧何的情况。回报说："正如上次那样，相国正鼓励百姓拿出家产辅助军队征战呢！"

这时有个门客对萧何说："您不久就会被灭族了！您身居高位，功劳第一，便不可再得皇上恩宠。可是自您进入关中，一直得到百姓拥护，如今已有十多年了，皇上数次派人问及您的原因，是害怕您受到关中百姓的拥戴。现在您何不多买田地，少抚恤百姓，来自损名声呢？皇上必定会因此而心安的。"

萧何认为有理，又依此计行事。

高祖得胜回朝，有百姓拦路控诉相国。高祖不但没有生气，反而高兴异常，也没对萧何进行任何处分。

比起萧何来，王翦更胜一筹。战国末期，秦国老将王翦率领六十万秦军讨伐楚国，秦始皇亲自到灞上为王翦大军送行，王翦向秦始皇提出了一个要求，请求秦始皇赏赐给他大量土地宅院和园林。

秦始皇很不明白王翦的意思，不以为然地说："老将军只管领兵打仗吧，哪里用得着为贫穷担忧呢？"

王翦回答说："当国王的大将，往往立下了赫赫战功，却得不到封侯。因此，趁着大王还宠信我的时候，请示大王赏给我良田美宅，好作为我子孙的家产。"

秦始皇听后觉得这点要求微不足道，便一笑了之。

王翦带领军队先进函谷关，心里还惦记着地产的事，接连几次派人向秦始皇提出赏赐地产的要求。

王翦手下的将领们见他率兵打仗还念念不忘田宅，觉得不可思议，便问他说："将军如此三番五次地恳请田宅，不是做得太过分了吗？"

王翦答道："不过分，秦王这个人生性好猜疑，不信任人。现在他把秦国的军队全部让我统领，我不借此机会多要求些田宅，为子孙们今后自立作些打算，难道还要眼看他身居朝廷而怀疑我有二心吗？"

第二年，王翦率领的军队攻下了楚国，俘获楚王负刍。秦始皇十分高兴，满足了王翦的请求，赏给他不少良田美宅、园林湖地，将他封为武成侯。

保存你的能量是一种藏巧。在大多数的情况下，才不可露尽，力不可使尽。即使有知识，也应适当保留。永远保存一些应变的能力，适时救助比全力以赴更值得珍贵。深谋远虑的人总能稳妥地驾驭航向。从这个意义上说，我们亦可以相信这一辛辣的谬误：一半多于全部。

喜怒不形于色

有一定社会阅历的人，多多少少都会练就出点察言观色的本事。于是，他们便会根据你露出的喜怒哀乐调整和你相处的方式，进而顺着你的喜怒哀乐来为自己谋取利益，这本是一件无可厚非的事情。但从你的角度而言，却是对自己的伤害，就算不是伤害，你也会在行动上不知不觉地受到影响，进而受到他们的控制。

一听到别人的奉承就面露喜色的人，有心者便会以奉承来向他接近，提出要求，甚至向他进行"软性"的勒索；一听到某类言语，或碰到某种类型的人就发怒的人，有心者便会故意制造这样的言语，指使这种类型的人来激怒你，让你在盛怒之下丧失理性，迷乱智慧，失去风度；一听到某类悲惨的事，或自己遭到什么委屈，就哀感满胸，甚至伤心落泪的人，有心者便会以种种手段来博取你的同情心，或是故意打击你情感的脆弱处，以达到他的目的；一个易因某事就"乐不可支"的人，有心者便可能提供可"乐"之事，好迷惑他，以遂行其意图……

这样做的目的有：

把喜怒哀乐由情绪中抽离，你便可以理性、冷静地看待它，思索它对你的意义，并进而训练自己对喜怒哀乐的控制，做到该喜则喜，不该喜则绝不喜的地步。

喜怒不形于色，变成一个无缝的"蛋"，是为了免受苍蝇的叮咬。

远见使你洞悉先机

现在，很少有公司能够控制一个产业的所有上下游环节，一个产业的构成，往往是由许多处于不同环节的众多公司共同构成的。比如，国内的彩电公司许多只控制着组装环节，零配件生产都依赖上游厂家；在国外，大名鼎鼎的麦道公司所生产的飞机，所需零部件分布于数百家公司。

行业的这种分散化趋势使得公司必须考虑在整个价值链中要控制利润最大的环节。因为每个环节所能获得的利润是不相同的。

如果公司没有实力控制整个行业中最重要的、也最能获利的环节，那么就应该选择相对更重要、利润最高的环节。如果有了足够实力，就要力图控制行业中所有最具价值的环节，成为这个行业的"龙头老大"。

控制行业的某一重要环节，虽然也可左右这个行业，但自身也会受到行业上下游环节的钳制；而只有做这个行业的"龙头老大"，才能真正控制这个行业的最大利润。

1859 年，美国宾夕法尼亚州发现了石油。4 年后克里夫兰和纽约之间有了直达火车。而克里夫兰变成了一座新兴的石油城。此时，未来的石油大王约翰·洛克菲勒开始密切注视着石油业的发展。由于原油价格很不稳定，很多想赚大钱的人冲向油田，其梦想和愿望都落空了。但是，精明的洛克菲勒却看到，原油只有在精炼后变成煤油才有价值，因为煤油是点灯的好材料。一桶 42 加仑原油售价当时为 10~20 美元，而精炼一桶原油只需 30 美分，煤油售价却可达到 1 美元 1 加仑。洛克菲勒看到了炼油业的前途所在，决定创办炼油厂。1863 年洛克菲勒与他的合伙人创办了"精进油品厂"，由于经营得当，不久，他们的"精进油品厂"就成为该地区最大的炼油厂，每天加工 500 桶原油。

但是，事情不会总是顺利的，兴旺发达的精进油品厂，由于合伙人意见上的分歧而面临分裂，在这生死存亡之际，大家同意把公司拍卖，将公司售给出价最高的人。1865 年 2 月 2 日，拍卖开始，拍卖价从 500 美元一直攀升到 72500 美元，最终又是洛克菲勒获得了公司的所有权。

洛克菲勒如此不惜一切代价要控制炼油厂，是因为他当时发现了石油工业的最大利润所在。

投资油田，有可能因发现不了石油而破产，不但风险大，利润也不高；而投资炼油厂，不但风险小，而且利润高。事实证明，洛克菲勒的眼光十分准确，洛克菲勒石油王国的建立，是以他从炼油厂切入这一行业开始的。

洛克菲勒在投资炼油厂之前，虽然也是一个成功的商人，但尚无缘跻身巨富的行列，自从控制炼油厂之后，全美国的美元开始向洛克菲勒的腰包里流动。

资本雄厚之后，具有远见卓识和深邃洞察力的洛克菲勒认清了产业发展的真正动向。他认为，仅仅靠几座油井和炼油厂是不足以发财的，要想发大财，必须垄断与石油工业相关的其他行业，其中最重要的就是铁路运输。此时的洛克菲勒，已经有足够的财力控制更多的与石油业有关的领域。于是，洛克菲勒用多种手段令美国产油区铁路公司与他达成一项秘密协议，把铁路运输的车皮全部包下，这样，他的那些竞争对手每次运输石油，就等于往他的口袋里白白送许多钱。结果，没多长时间，洛克菲勒就垄断了全美国的石油业。

老约翰于1870年成立了俄亥俄美孚石油公司，后改组成为石油托拉斯，是美国历史上第一个带垄断性的组织。1890年全美90%的石油提炼被美孚公司控制。至1904年，洛克菲勒就控制了全美80%的国内石油市场和90%的石油出口贸易，成为举世闻名的石油大王。

眼光长远成大事

眼光长远的人往往不容易被眼前的得失所迷惑，往往能走在时代的前沿，看见别人所不能看见的东西，掌握事物发展的未来趋势，因而能先行一步。

一个人在成功的道路上要想走远，首先他得站得高，看得远。只有看得长远，他才能对自己以后要做的事情心里有底，才知道自己行进的方向，以及需要为此采取什么样的行动。眼光长远是成功不可或缺的元素。

美国第九位总统威廉·亨利·哈里森小时候曾有一段时间被人认为很傻。为什么呢？邻居们做过这样的试验：拿出一个 5 分的硬币和一个 10 分的硬币，让小哈里森从里头挑选一个，小哈里森每次都拿那个 5 分的。每次都屡试不爽，大家均以此为乐。

一个外地人路过此地，听说这件事后，感到很奇怪，于是亲自试验了一回，果然和大家说的一样。外地人仔细观察小哈里森的言行后，拍拍他的肩膀笑着说："小朋友，你一点也不傻，你很聪明。"小哈里森也笑了。外地人没再说什么就走了，邻居们都感到有些纳闷。

后来，终于有人想明白了为什么：如果小哈里森拿了十分的硬币，下次就不会有人去做这样的试验了，他每次 5 分的收入就将终止。小哈里森原来是弃眼前的小利保留长远的利益，小小年纪，就有这样的长远眼光，可真了不起！邻居们都赞叹不已。

骄傲导致失败

人越是成功，就越容易骄傲，而一旦形成这种习惯，很少有人不失败的。

公元 219 年 7 月，吴将吕蒙来见孙权，建议趁关羽和曹操作战围樊城的时候，偷袭荆州。这建议正合孙权之意，立刻委以重任。

可是，吕蒙发现镇守荆州的蜀将关羽警惕性很高，荆州军马整齐，沿江又有烽火台警戒，互通军情，很难正面攻破。正在苦思偷袭之策，陆逊来访，教给吕蒙一条诈病之计。

陆逊说："关羽自恃是英雄，无人可敌。唯一惧怕的就是将军你了。将军乘此机会可假装有病，解去军职，把陆口的军事任务让给别人，又使接你职务的人大赞关羽英武，使关羽骄傲轻敌。这样，关羽就会把防守荆州的兵调去攻打樊城。假如荆州没有防备，将军只需用一旅的军队，出奇制胜偷袭荆州，便可以重新掌握荆州了。"吕蒙大喜，说："真好计也！"

后来，吕蒙果然请了病假，回到建业休息，并推荐陆逊代他守陆口。关羽得到消息知道吕蒙病重，已调离陆口，新来的陆逊名不见经传，遂有轻敌之心。他还收到了陆逊送来的礼物，附上一封措辞卑谦的信函。信中说："您在樊城一役中，把曹将于禁俘虏过来，水淹七军，远近赞叹，都说将军的功劳足以流芳百世。虽是晋文公大胜楚军的英勇，韩信打败赵兵的谋略，也不及您老人家……这次曹操失败了，我们听到也很高兴。但是，曹操很狡猾，不会甘心失败，恐怕会增调援兵，以求一逞野心。虽说曹军师老，还是很强悍的。况且战胜之后，一般都会出现轻敌的思想。所以古人用兵，胜利之后就应更加警觉。希望将军您多方面考虑计划，以获全胜。我只是一介书生，没有能力担任现职，幸好有您老人家这样强大的邻居，愿意把想到的贡献给将军作参考，希望将军能多加指教！"

关羽看了这信，仰面大笑，命左右收了礼物，打发使者回去。他觉得这个年轻书生人不错，用不着防范，于是，他下命令把原来防备东吴的军队陆续调往樊城前线。

就在这时，曹操用司马懿之计派使来到吴国，要孙权夹击关羽。孙权早已决定要袭取荆州，所以马上复信，表示同意。这样，原来的孙、刘联盟抗曹，一下子变成了曹、孙联盟破刘，形势急转直下。孙权拜吕蒙为大都督，总制江东各路兵马，袭击关羽的后方。

吕蒙到了浔阳，命士兵们穿了白色的衣服扮作商人，借故潜入烽火台，攻取了荆州。事情到了这个地步，关羽才知道自己对东吴的防备太大意。为了重振军威，他带着日益减少的人马准备南下收复江陵。但是，在吕蒙、陆逊的分化瓦解下，他只能步步败退，最后只有困守麦城。在小城既得不到西川的消息，又盼不来援兵，他只好带一部分士兵偷偷地从城北小路逃往西川。但他哪里知道，吕蒙早已派兵埋伏在那里了，一阵鼓响，伏兵四出，关羽被生擒活捉。同年 12 月，关羽被斩首，荆州各郡县皆归东吴。

关羽之死，可谓千古悲歌。其人堪称"武圣"，一生忠义，几近完人。只因为自视清高，不得善终。虽然令人感叹，更为后人敲响了警钟。像关羽这样的英雄，尚且骄傲不得，其他人哪里还有骄傲的理由？

其实，只要脚下的某块石头一松动，就有坠入深渊的危险，而那些不可一世的英雄却浑然不觉，仍然独自陶醉于"一览众山小"的壮志豪情中。殊不知正是这种时候，脚下的石头是最容易松动的。

三国时候，祢衡很有文才，在社会上很有名气，但是，他恃才傲物，除了自己，任何人都不放在眼里。容不得别人，别人自然也容不得他。所以，他"以傲杀身"，被黄祖杀了。

祢衡所处的时代，各类人才是很多的，但他目中无人，经常说除了孔融和杨修，"余子碌碌，莫足数也"。即使对孔融和杨修，他也并不很尊重他们。祢衡 29 岁的时候，孔融已经 40 岁了，他都常常称他们为"大儿孔文举，小儿杨德祖"。

经过孔融的推荐，曹操见了祢衡。见礼之后，曹操并没有立即让祢衡坐下。祢衡仰天长叹："天地这么大，怎么就没有一个人！"

曹操说："我手下有几十个人，都是当今的英雄，怎么说没人？"

祢衡说："请讲。"

曹操说："荀彧、荀攸、郭嘉、程昱机深智远，就是汉高祖时候的萧何、陈平也比不了；张辽、许褚、李典、乐进勇猛无敌，就是古代猛将岑彭、马武也赶不上；还有从事吕虔、满宠，先锋于禁、徐晃；又有夏侯淳这样的奇才，曹子孝这样的人间福将。怎么说没人？"

祢衡笑着说："您错了！这些人我都认识，荀彧可以让他去吊丧问疾，荀攸可以让他去看守坟墓，程昱可以让他去关门闭户，郭嘉可以让他读词念赋，张辽可以让他击鼓鸣金，许褚可以让他牧羊放马，乐进可以让他朗读诏书，李典可以让他传送书信，吕虔可以让他磨刀铸剑，满宠可以让他喝酒吃糟，于禁可以让他背土垒墙，徐晃可以让他屠猪杀狗，夏侯淳称为'完体将军'，曹子孝叫做'要钱太守'。其余的都是衣架、饭囊、酒桶、肉袋罢了！"

曹操很生气，说："你有什么能耐？敢如此口出狂言？"

祢衡说："天文地理，无所不通，三教九流，无所不晓；上可以让皇帝成为尧、舜，下可以跟孔子、颜回媲美。怎能与凡夫俗子相提并论！"

这时，张辽在旁边，拔出剑要杀祢衡，曹操阻止了张辽，悄声对他说："这人名气很大，远近闻名。要是杀了他，天下人必定说我容不得人。他自以为了不起，所以我要他任教吏，以便侮辱他。"

一天，祢衡去面见曹操，曹操特意告诉看门人："只要祢衡到了，就立刻让他进来。"祢衡衣衫不整，还拿了一根大手杖，坐在营门外，破口大骂，使曹操侮辱祢衡的目的没能达到。

有人又对曹操说："祢衡这小子实在太狂了，把他押起来吧！"

曹操当然很生气，但考虑后还是忍住了，说："我要杀他还不容易？不过，他在外总算有一点名气。我把他送给刘表，看看结果又会怎么样吧。"就这样，曹操没有动祢衡一根毫毛，让人把他送到刘表那儿去了。

到了荆州，刘表对祢衡不但很客气，而且"文章言议，非衡不定"。但是，祢衡骄傲之习不改，多次奚落、怠慢刘表。刘表又出于和曹操一样的动机，把他送给了江夏太守黄祖。

到了江夏，黄祖也能"礼贤下士"，待祢衡很好。祢衡常常帮助黄祖起草文稿。有一次，黄祖曾经握住他的手说："大名士，大手笔！你真能体察我的心意，把我心里要想说的话全写出来啦！"

但是，后来在一条船上，祢衡又当众辱骂黄祖，说黄祖"就像庙宇里的神灵，尽管受大家的祭祀，可是一点儿也不灵验"。黄祖下不了台，恼怒之下，把祢衡杀了。祢衡死时才36岁。

曹操知道后说："迂腐的儒士摇唇鼓舌，自己招来杀身之祸。"

祢衡短短一生，没有经过什么大事，很难断定他究竟才高几何。然而狂傲至此，即便有孔明之才，也必招杀身之祸。可见，骄傲自大、目中无人会带来什么样的后果。

不要眼高手低

一些35岁以前的年轻人完成了职业上的培训和学业，不是继续进取，实现自己的抱负，在事业上有所成就，而是躺在原地懒洋洋的无所建树。他们会说，我已经知道该怎么干了，但我可不想只当个受人雇用的小伙计，我要自己干。

"那么，你有启动资金吗？"

"没有，不过我会有的。"

"怎么会有的呢？"

"我告诉你个秘密：我有个年迈的姨妈，非常有钱，她没几天好活了。要是她没能立刻消亡，那我也会再找其他一些富有的老家伙。他们会借给我几千块钱，那我就可以开始了。只要拿到启动事业的资金，我一定会干好的。"

再没有比年轻人相信可以依靠借钱获得成功的更大错误了！为什么？因为每个人的经历都和约翰·雅格布·阿斯托尔多少相似。这位先生说："最初积聚几千块钱，甚至比后来成就巨富滚滚而来的几百万块钱还要困难。金钱是毫无用处的，除非经历告诉你金钱的价值。"假设给一个小男孩20000美元，让他去干一个营生，去投资，很有可能还没等他再长大一岁，所有的钱都已经花光了。就好像让孩子在抽奖活动中买上一张奖券，开奖看一看，反正是来得快去得也快。他并不知道这种金钱的价值，除非获得金钱的过程颇费了一番周折，否则金钱对他来说什么用也没有。如果没有自我约束、纪律、节俭、耐心、毅力，总以别人的钱而不以自己的钱开始创业，那么我们不可能成功，不可能积累财富。那些只会"等着捡死人鞋子"的年轻人，应该从自身努力，从实干起家。今天，我们国家富有的老人里十个有九个是穷人的孩子起家。他们是靠坚定的意志、决心、努力、执著、节俭以及良好的习惯而获得成功的。他们渐渐攒了钱，存了下来，这才是积累财富的最好方法。斯蒂芬·杰拉尔德刚开始的时候不过是个贫穷的小船员，而现在他每年光花在收入税上的钱就有 150 万美元。约翰·雅各布·阿斯托尔曾是个穷苦的农家孩子，可去世的时候已经是身价 2000 万美元。康奈利亚斯·范德比特刚开始也不过是纽约史塔顿岛上摇船的小伙计，如今光是他送给政府的蒸汽船就净值 100 万美元，他的身价更是达到了 5000 万美元。

中国人常说，有本事要让别人去说。一个真正成功的人是不喜欢自吹自擂的，因为别人的眼睛要比你的眼睛亮得多。就像 1999 年举行的那场世纪拳王大赛一样，虽然这场比赛被判为平局，但明眼人一看就知道是刘易斯获胜的，真正的拳王当是刘易斯，霍利菲尔德再怎样吹嘘也是没用的。

美国南北战争时，北军格兰特将军，和南军李将军率部交锋，经过一番空前激烈的血战后，南军一败涂地，溃不成军，李将军还被送到爱浦麦特城去受审，签订降约。

格兰特将军立了大功后，是否就骄奢放肆、目中无人起来了呢？没有！他是一个胸襟开阔、头脑清晰的大人物，他绝不会做出这种丧失理智的行为来！

他很谦恭地说："李将军是一位值得我们敬佩的人物。虽然他战败被擒，但态度仍旧镇定异常。像我这种矮个子，和他那六尺高的身材比较起来，真有些相形见绌，他仍是穿着全新的、完整的军服，腰间佩着政府奖赐他的名贵宝剑；而我却只穿了一套普通士兵穿的服装，只是衣服上比士兵多了一条代表中将官衔的条纹罢了。"

这一番谦虚的话听在人家耳里，远比数次的自吹自擂好得多。唯有对自己的成就发生疑问的人，才爱在人家面前吹牛，以掩饰那些令人怀疑的地方。一个真正成功的人，是不必自我吹嘘自我炫耀的，因为你的成绩，你的成功，别人会比你看得更清楚，而且会记在心上。

格兰特将军的自谦，固然值得赞美，但李将军以败将的身份，昂首挺胸、衣冠整齐，又何尝不让人刮目相看呢？李将军虽然战败，但仍能坦然忍受耻辱，这是他勇敢坚毅的地方。他这样做，是表示他把失败当做一种经验，而非一种耻辱，如果能再给他一次机会的话，他仍能挺身奋战、争取光荣。所以他也可以说是不失为一位伟大军人的风度。他之所以与格兰特持相反的态度，并非不肯谦虚，实在是由于两人所处的环境不同。

格兰特将军不但赞美了李将军的态度，而且也没有轻视他的战绩。他认为自己的成功和李将军的失败，都是偶然的机会造成。他说："这次胜负是由极凑巧的环境决定的，当时敌方军队在维吉尼亚，几乎天天遇到阴雨天气，害得他们不得不陷在泥淖中作战。相反的，我们军队所到之处，几乎每天都是好天气，行军异常方便，而且有许多地方往往是在我军离开一两天后便下起雨来，这不是幸运是什么呢!"

格兰特将军把一场决定最后命运的大胜利，归功于天气和命运，这正表示他有充分的自知之明。理智始终没有被名利的欲念冲昏。有人曾说："愈是不喜欢接受别人赞誉的人，愈表示他知道自己的成功是微不足道的。"

假使你常常为芝麻小事而得意忘形，接受别人的称赞，自己拍自己的肩膀，把它当做一桩了不得的事情，那你无异是在欺骗自己，就像那些被魔术欺骗了的观众一样。从此你将走上失败之路，因为你早已没有自知之明，盲人骑着瞎马乱闯，怎么会有成功的希望呢？

人生处在顺境和得意时，最容易得意忘形，终致滋生败象，乐极生悲。

看过特洛伊战争"木马屠城记"故事的人，都会记得特洛伊是怎样被毁灭的。

特洛伊人与入侵的希腊联军作战，双方互有胜负，后来联军中有人献计，假装全部撤退，留下一匹大木马，并将勇士藏在马腹内，其他的主力部队亦躲在附近。特洛伊人望见远去的舰队，以为敌人真的撤退了，于是在毫无防备下，将木马拖入城内，歌舞狂欢，饮酒作乐。就在他们睡梦时，木马中的敌人纷纷跳出，打开城门，里应外合，于是特洛伊灭亡了。

从这个故事中，可得到两个宝贵的教训：一是得意时不要高兴太早，否则失意马上就到。另外则是，失败也莫灰心，危机即转机，失败后面就是成功，遇到挫折时要咬紧牙根，坚忍自强，逆境便将过去，雨过天晴，前程一片光明。

第二篇

成功的资本

准则 1　顽强的毅力

移山填海要有顽强的意志

约翰尼·卡许年轻时跟所有同龄人一样，有着当一名歌手的梦想。他参军后，买到了自己有生以来的第一把吉他。他开始自学弹吉他，并练习唱歌，他甚至自己创作了一些歌曲。服役期满后，他开始努力工作以实现当一名歌手的夙愿，可他没能马上成功。没人请他唱歌，就连电台唱片音乐节目广播员的职位也没能得到，他只得靠挨家挨户推销各种生活用品维持生计，不过他还是坚持练唱。他组织了一个小型的歌唱小组在各个教堂、小镇上巡回演出，为歌迷们演唱。最后，他灌制的一张唱片奠定了他音乐事业的基础。他吸引了两万名以上的歌迷，金钱、荣誉、在全国性电视节目上露面——所有这一切都属于他了。他对自己坚信不疑，这使他获得了成功。

然而，卡许又接着经受了第二次考验。经过几年的巡回演出，他被那些狂热的歌迷拖垮了，晚上须服安眠药才能入睡，而且还要吃些"兴奋剂"来维持第二天的精神状态。他开始沾染上一些恶习——酗酒、服用催眠镇静药和刺激兴奋性药物。他的恶习日渐严重，以致对自己失去了控制能力。他不是出现在舞台上而是更多地出现在监狱里了。到了1967年，他每天须吃100多片药片。

一天早晨，当他从佐治亚州的一所监狱刑满出狱时，一位行政司法长官对他说："约翰尼·卡许，我今天要把你的钱和麻醉药都还给你，因为你比别人更明白你能充分自由地选择自己想干的事。看，这就是你的钱和药片，你现在就把这些药片扔掉吧，否则，你就去麻醉自己，毁灭自己。你自己选择吧!"

卡许选择了生活。他又一次对自己的能力作了肯定,深信自己能再次成功。他回到纳什维利,并找到他的私人医生。医生不太相信他,认为他很难改掉服用麻醉药的坏毛病,医生告诉他:"戒毒瘾比找上帝还难。"

卡许并没有被医生的话所吓倒,他知道"上帝"就在他心中,他决心"找到上帝",尽管这在别人看来几乎不可能。他开始了第二次奋斗。他把自己锁在卧室里闭门不出,一心一意就是要根绝毒瘾,为此他忍受了巨大的痛苦,经常做噩梦。后来在回忆这段往事时,他说,他总是昏昏沉沉,好像身体里有许多玻璃球在膨胀,突然一声爆响,只觉得全身布满了玻璃碎片。当时摆在他面前的,一边是麻醉药的引诱,另一边是奋斗目标的召唤,结果他的信念占了上风。9个星期以后,他又恢复到原来的样子了,睡觉不再做噩梦。他努力实施自己的计划。几个月后,他重返舞台,再次引吭高歌。他不停息地奋斗,终于又一次成为超级歌星。

人生始终在考验我们战胜困难的毅力,唯有那些能够坚持不懈的人,才能得到最大的奖赏。毅力可以移山,也可以填海,更可以从芸芸众生中筛出成功的人。

1832年,林肯失业了,这显然使他很伤心,但他下决心要当政治家,当州议员。糟糕的是,他竞选失败了,在一年里遭受两次打击,这对他来说无疑是痛苦的。

1835年,他订了婚。但离结婚还差几个月的时候,未婚妻不幸去世。这对他精神上的打击实在太大了,他心力交瘁,数月卧床不起。1836年,他得了神经衰弱症。

1838年,林肯觉得身体状况转好,于是决定竞选州议会议长,可他失败了。1843年,他又参加竞选美国国会议员,但这次仍然没有成功。

林肯虽然一次次地尝试,但却是一次次地遭受失败:企业倒闭、爱人去世、竞选受挫。要是你碰到这一切，你会不会放弃——放弃这些对你来说很重要的事情？

林肯没有放弃，他也没有说："要是失败会怎样？"1846 年，他又一次参加竞选国会议员，最后终于当选。

两年任期很快过去了，他决定要争取连任。他认为自己作为国会议员表现是出色的，相信选民会继续选举他。但结果很遗憾，他落选了。

因为这次竞选，他赔了一大笔钱，林肯申请担任本州的土地官员，但州政府把他的申请退了回来，上面指出："做本州的土地官员要求有卓越的才能和超常的智力，你的申请未能满足这些要求。"

接连又是两次失败。在这种情况下你会坚持继续努力吗？你会不会说"我失败了"？

然而，林肯没有服输。1854 年，他竞选参议员失败；两年后他竞选美国副总统提名，被对手击败；又过了两年，他再一次竞选参议员，还是失败了。

林肯尝试了 11 次，可只成功了 2 次，但他始终没有放弃自己的追求，他一直在做生活的主宰。1860 年，他当选为美国总统。

亚伯拉罕·林肯遇到过的敌人你我都曾遇到。他面对困难没有退却、没有逃跑，他坚持着、奋斗着。他压根就没想过要放弃努力，他不愿放弃，所以他成功了。

持之以恒有两种释意，一种是坚持就是胜利，还是一种是固执地钻进牛角尖而死亡。

嘲笑失败

一天，美国作家拉马斯·卡莱尔的《法兰西革命》一书的手稿被女仆误作为引火材料烧毁了。几年辛劳，付诸东流。一时间，卡莱尔不免捶胸顿足起来。没多久，他那了不起的心理承受力、对灭顶之灾释然一笑的乐观胸襟，使这位作家跨越了危机，重新振作起来。后来，他重新一字一句地写完了这本书。此书被广为认可，成了经久不衰的名著。

一个人要能自在自如地生活，心中就需要多一份坦然：笑对人生的人比在挫折前悲悲戚戚的人，始终坚信前景美好的人较之心头常常密布阴云的人，更能得到成功的垂青。

1914年12月的一天晚上，爱迪生在新泽西州的一家工厂失火，将爱迪生近100万元的设备和大部分研究成果烧得干干净净。第二天，这位67岁的发明家在他的希望与理想化为灰烬之后，来到现场。大家都用同情和怜悯的眼光看着他，而他却镇定自若地对众人说："灾难也有好处，它把我们所有的错误都烧光了，现在可以重新开始。"正是这种超凡脱俗的乐观心态，使这位大发明家在事业上步步迈向成功。

马克·吐温被评论家们称羡为美国最伟大的爱开玩笑的人。其实，他也是美国最深刻的哲学家之一。他从小就接触到生活的种种悲剧：他的两个哥哥和一个姐姐，在他年轻时相继死去；他的4个孩子，在他还活在人世的时候，一个个先他而去。他饱尝了生活的苦楚，可他坚信，如果我们以欢笑为止痛剂来减轻失败的苦痛，我们也能得到乐趣。我们可以适当地使自己处于超然的地位，来观赏我们的生活。

在沉重的打击面前，需要有处事不惊的乐观心态，这样就能战胜沮丧，化坎坷崎岖为康庄大道。你可能一时丢掉了原本属于你的东西，或是弄砸了一次机会，但是，在精神上绝不能失望毁灭。冷静而达观，愉快而坦然，是成功的催化剂，是另辟蹊径、迎接胜利的法宝。

"在生活的舞台上，学着像个演员那样，感受痛苦。此外，也学着旁观者那样，对你的痛苦发出微笑。"微笑，可以使我们和痛苦保持距离，这是一种很高超的修养。

适当地嘲笑我们的失败和使我们身陷其中的困境，可以帮助我们少受失败和困境的伤害，帮助我们保持对自己和未来的信心。

法国有一个普通公民，43 岁时被发现患了癌症。初时怨恨、眼泪、诅咒、孤独、绝望、自杀念头等都有过，但是没过多久，他沉静了下来。他将"泪泉"变为"甘泉"，将"血雨"化成"春雨"，直面人生的厄运。他欣赏远方的落日，沙沙作响的树林，栖息的鸟儿，劳作的农夫……大自然给他增添了生活的勇气。在家庭聚会上，他对妻子和两儿两女说："我要尽可能地活下去，我已从今天起接受化疗。我希望你们帮助我，和我一起面对这个不治之症。我们都不愿意死去，但也不要害怕死亡，我们仍可创造幸福美好的明天。"

他振作起精神，将自己的感觉写成文章："我曾诅咒怎么会有这样一个上帝，他会让如此痛苦的事情在我身上发生。而现在，我再也不会怨天尤人了。当我在夏夜里听到一个孩子的哭声时，当我发现周围人们的善意时，当我把手放在胸前感受心脏的跳动时，我知道，这就是生活。而我就是生活的一部分。我知道自己非常幸运，我有对我体贴入微的妻子和懂事的孩子们，我知道会有美妙的事情在我们之间发生，我知道我们就是生活奇迹的一部分。"

之后，他发起组织一个特殊的集会，商定 18 名癌症患者每月相聚一次，互相帮助摆脱心理上的阴影，愉快地去赢得新的生命。他们共同寻求解决问题的方法；尽可能争取多活些时间。他将这个机构定名为"让今天更有价值"。

其结果呢？这 18 名患者每天都拥有自己的生命价值。

一个人对灾难要有顽强的耐挫折性，耐挫折能力正是成功者的"精神手杖"。一般地说，你追求的层次越高，往往遇到的艰辛、挫折也越大。因此，在你迈开奋争的步伐时，必须准备一根"精神手杖"。

厄运往往是好运的起点

约翰·布伦迪被他的朋友们称作"马拉松人"，这是众人所知的事实。

1973年6月6日，约翰照常做20分钟的晨跑运动，然而他没想到的是，这次晨跑成了他一生中的最后一次跑步。

那天早上跑完以后，约翰依旧到工地去，他和另外3人一同在屋顶上工作。天气非常炎热，工作也很艰苦，这时监工叫约翰拿一样工具给他，约翰便移动双脚，不料房顶水泥尚未凝固，他就从上面掉下去了。

约翰失去了控制，他头朝下坠落下去。

他事后回忆说：

那时候我听到很多杂音和背骨折碎的声音……

现在想起来真是害怕，我整个身体一直往下掉，整个人就像饼干一样，那一瞬间我发现脚一点知觉也没有。

以后的数秒之中，恐怖、愤怒、绝望一一向我袭来，我很想站起来，可是心有余而力不足，能听从脑部指挥的只有头部。

好像有人在上面说："唉哟！约翰掉下去了。"

我心里不断期望，也不断诅咒。我把头转向左边，看到10公分远的地方有穿着鞋子的双脚，脚尖就在眼前，好像是我的脚，可是怎么会在这里呢？

那一刻，我真的好害怕。

好像又有人把我的头抬起，放在像枕头之类的东西上，其实我不觉得痛苦，后来激烈的阵痛不断侵袭我，痛得我几乎想死去，整个头好像被一根绳子吊起来，稍微一动就痛苦不堪。

我猜想如果绳子断了，我的头是不是会扭转不停呢？很奇妙的想法，是不是？我一直努力使自己保持清醒。

急救人员很快就到达了，他们把我抬到担架上，因为痛苦的关系，我非常害怕别人移动我的身体，毕竟是专业的急救人员，他们一面鼓励我，一面尽可能减轻我的痛苦，使我大为放心。

我被抬入救护车后，觉得舒服了一点，可能是心理因素吧！我认为马上就要到医院去治疗，情形不会太严重的。

一到医院，神经外科医生表示要照 X 光，把我放在台上，双手双脚呈八字形分开，为了配合角度，医生不时摆动我的头，一种从未有的痛苦侵袭着我，真的，从未有的。

过了一会儿，医生确定我的头骨断了，这不是一个好消息，我在孩提时代，曾听过头骨折断的故事，没想到竟也发生在我身上。

我开始向上帝祈祷，请它赐给我力量，不管发生任何事。

漫漫长夜，好像永无止境，我不断地回想当天所发生的事，思绪愈来愈乱，就这样痛苦地度过黑夜。

在受伤的昏迷之中，我想起坐在轮椅上的总统——罗斯福和他说过的一句话"应该恐惧的是本身"。

从此以后，我变成一个思想积极的人，我问自己："受伤对我有什么意义呢？"我不断地思考，告诉自己："我将来一定会了解的，现在必须想办法活下去！我一定要努力！"对于一切，我心存感谢。

我真正的奋斗，从现在开始。

醒来时，我发现头部两侧的针头已经取出来，原来我还在医院里。当时我想，只要安静下来，痛苦会逐渐减轻。

令我惊讶的是，我全身竟像木乃伊一样，被白布包裹起来，而且一点知觉也没有。周围都是医疗用的机器，身旁的护士，可以处理紧急事情，在我的眼中，她们是无所不能的神。

我从来没有进过医院，所以对周围的一切都很陌生。

经过几个星期之后，约翰的伤势已被认定终生无法痊愈，可是他依旧充满希望，盼望奇迹出现，使他的脊椎再度恢复健康，他专心致志地接受治疗。

约翰急切地想知道自己的病情，唯一的方法只有向护士打听，有一天他听到护士指着他房间的方向对助手说：

"四肢麻痹就是像他那个样子。"

约翰从来没有见过四肢麻痹的人，他甚至没有想过四肢会同时麻痹，哪里想到自己竟变成这个样子。

简单的一句话揭开了真相。原来他是一个年轻又健康的丈夫和父亲，可是现在从头部以下全部麻痹，完全形同废人。

虽然如此，约翰仍然决定活下去，虽然痛苦不曾减轻，可是他活得比以前还坚强。

他又说："我之所以决心生存下来，是因为有 3 个老师作为我人生的指针，这 3 个老师是愿望、献身、决心。我想活下去，想治好病，想知道自己究竟可以做什么事，我有这些愿望。这 3 个老师经常在心中，我为此而奋斗，并相信有一天我可以得到胜利，所以永不灰心。"

如今约翰坐在轮椅上已经 11 年了，从人生的观点上来看，他实在太伟大了。

他的心中没有仇恨，没有苦恼，也没有憎恨。他认为如果相信命运或憎恨别人，对自己并没有好处，相反的，应该爱护他人，即使自己的身体受到伤害，但是自己的心理却很正常。

事实上，约翰证明了一件事，那就是真正的残疾是那些身体毫无缺陷、心理上却充满障碍的人。

约翰一直这样告诉自己，受伤是无可避免的。

他又这么想，它是自己一生的转折点，自己应该下定决心努力，这种想法是既健康又正确的，所以约翰总是这么鼓励自己，其实他认为自己并不是受害者，自己只是很自然地接受这个安排而已。

当约翰坐电动轮椅进入超级市场，或通过马路时，轮椅不断发出声音，引起许多小朋友的注意，他们有的在笑，有的一脸迷惑，也有的说"蛮不错嘛！"像是很羡慕的样子。遇到这种情形，约翰会作各种鬼脸逗孩子们发笑，但是他并不是整天和孩子们玩，他经营公司，为附近社区做介绍婴儿保姆的工作。

另外，他还在一家教会里，做"新希望电话商谈中心"的服务，他对人生充满新希望，非常愿意帮助那些失意的人找到希望。

约翰胜利了，因为他能生存下去，他曾说过："艰苦的日子总有结束的时候，心中充满希望，并能继续为生活而努力的人，才能享有新生命。"

他不但明白这个道理，也是努力把厄运视为命运重新开始的人。

每个人都会遭遇厄运，但拿起勇气面对厄运比化解厄运更重要。因为厄运并不能置人于死地，相反是另一种命运的起点！

不轻易放弃才有机会

迈克·兰顿生长在不正常的家庭里，父亲是个犹太人 (十分排斥天主教徒)，而母亲却偏偏是个天主教徒 (却又十分排斥犹太人)。在他小的时候，母亲经常闹着要自杀，当火气来时便抓起挂衣架追着他毒打。因为生活在这样的环境里，他自幼就有些畏怯而身体瘦弱。

迈克读高中一年级时的一天，体育老师带着他们班的学生到操场教他们如何掷标枪，而这一次的经验从此改变了他后来的人生。在此之前，不管他做什么事都是畏畏缩缩的，对自己一点自信都没有，可是那天奇迹出现了，他奋力一掷，只见标枪越过了其他同学的成绩，多出了足足有 30 英尺。就在那一刻，迈克知道了自己的未来大有可为。在日后面对《生活》杂志的采访时，他回想道："就在那一天我才突然意识到，原来我也有能比其他人做得更好的地方，当时便请求体育老师借给我这支标枪，在那年整个夏天里，我就在运动场上掷个不停。"

迈克发现了使他振奋的未来，而他也全力以赴，结果有了惊人的成绩。

那年暑假结束返校后，他的体格已有了很大的改变，而在随后的一整年中他特别加强重量训练，使自己的体能提升。在高三时的一次比赛中，他掷出了全美国中学生最好的标枪记录，因而也使他赢得了体育奖学金。

有一次，他因锻炼过度而严重受伤，经检查证实，必须永久退出田径场，这使他因此失去了体育奖学金。为了生计，他不得不到一家工厂去担任卸货工人。

不知道是不是幸运之神的眷恋，有一天他的故事被好莱坞的星探发现，问他是否愿意在即将拍摄的一部电影《鸿运当头》中担任配角。当时这部影片是美国电影史上所拍的一部彩色西部片，迈克应允加入演出后从此就没有回头，先是演员，然后演而优则导，最后成为制片人，他的人生事业就此一路展开。一个美梦的破灭往往是另一个未来的开始，迈克原先有在田径场上发展的目标，而这个目标引导他锻炼强健的体格，后来的打击却又磨炼了他的性格，这两种训练未料却成了他另外一个事业所需的特长，使他有了更耀眼的人生。

坚持不用多，在人的一生中，有一次坚持到底就算是成功，而放弃一旦开了头，就决不会少，放弃过一次，就会一再坚持着放弃。

一定要把困难碾在脚下

我们常常会遇到这样那样的困难，困难会使我们受到挫折和打击，使我们产生失败感、自卑心，这不利于我们实现自己的理想，而应善于激励自己，可以及时地调整精神状态，从困难的阴影里走出来。

激励是一种积极的心理暗示，你不妨试试每天早上朝着镜子对自己说："我是一个有用的人，我有极高的才能和天分，这必须要感谢上天，它使我有健康的身体与坚毅的精神、对他人富有同情心，我具备如此多的优点，绝不可能不成大事的。今天我一定会遇上好运，因为清早起来我就感觉非常愉快，对于工作我一定积极去做。"

假若每天清晨醒来时，能够把以上的话重复3遍，那么你一天的精神就会格外充沛。这些话，你不妨在洗脸的时候，对着镜子说3遍；等到进入办公室时，再在落地镜前有力地重复，并且加上一点身体动作。

你重复说这样的话，一股无形的力量便会激发你心底的潜能，使它充满于你的全身，这是一种非常奇妙的作用。由于镜中呈现的是自己的具体形象，因此更可以感觉出自己的坚强和信心。

古印度莫卧尔皇帝在一生中经历过许多次失败，有一次他不得不在一个马厩里躲避敌军的搜捕。作为一国统帅竟然不得不躲在马厩里，他越想越丧气，简直忍不住要冲出去放弃自己的生命，就在这时他看到马厩里有一只蚂蚁在艰难地拖着一颗玉米粒试着爬过一道看来它不可能过去的坎。已经是第6次了，蚂蚁从坎上翻滚下来，但小小的蚂蚁似乎没有意识到困难的巨大，他又一次衔起玉米粒爬了上去，终于它成功地翻了过去，莫卧尔从中受到了巨大的鼓舞，脱险后他再一次招集军队，不屈不挠地与敌人斗争，最后他建立了中世纪最后一个横跨欧亚非的帝国。

有些人在失败时总归于命运，认为那是命运的安排，实际上，世间并没有神主宰人们浮浮沉沉的命运，人若自败，必然失败。

许多具有真才实学的人终其一生却少有所成，其原因在于他们深为令人泄气的自我暗示所害。无论他们想开始做什么事，他们总是胡思乱想着可能招致的失败。他们总是想象着失败之后随之而来的羞辱，一直到他们完全丧失创新精神或创造力为止。

对一个人来说，可能发生的最坏的事情莫过于他的脑子里总认为自己生来就是个不幸的人，命运女神总是跟他过不去。其实，在我们自己的思想王国之外，根本就没有什么命运女神。我们是自己的命运女神，我们自己控制、主宰着自己的命运。

在每个地方，尽管有一些人抱怨环境这也不行那也不行，自己没有机会施展才华，但是，就是在相同的条件下，也有一些人却设法取得了成就，使自己脱颖而出，闻名天下。

我们的幸运，或是我们自己认为的所谓"残酷的命运"其实与我们自己有莫大的关系，我们经常看到有些能力并不十分突出的人却干得非常不错，而我们自己的境况反不如他们，甚至于一败涂地，我们往往认为有某种神秘的力量在帮他们，而在我们身上却有某种东西总是在拖后腿，但是，实际上却是我们的思想、我们的心态出了问题。

如果你希望自己成为英雄人物，你一定要激励自己使你拥有无所畏惧的思想，你绝不能害怕任何事情，你绝不能使自己成为一个懦夫、一个胆小鬼。

如果你一直胆小怯懦，如果你容易害羞，那就不妨使自己确信——自己再也不会害怕任何人、任何事，那就不妨努力昂起头，挺起胸来，你不妨宣称你的男子汉气概或是你的巾帼不让须眉的气概。一定要痛下决心改变你个性中的薄弱环节。

对畏缩、胆怯和害羞的人来说，如果能展现出另外的状态，如果能表现出自信的样子，对自己往往大有裨益。胆怯、害羞的人不妨对自己说："其他人太忙，不会来操心我或看着我、观察我，即使他们看着我、观察我，对我来说也没什么大不了的。我将按自己的方式行事和生活。"

如果一个人显得孤僻、畏缩和害羞，那么，这种不断地宣称"我是……"的哲学，这种不断地宣称"我是生来就要有所成就的人，我是将会有所成就的人"的态度，和一点点的日常训练——即培养自己承担责任的勇气和自信心的训练，无疑都会使一个胆怯懦弱的人以令人惊讶的速度成长为一个坚强勇敢的人。

如果你的父母和教师说你是一个笨蛋，是一个傻瓜，那么，每当你想到这一说法时，你要坚决否认。你要不断地宣称，你并不愚蠢，你有能力，你将向那些不相信你的人们证明，你能做到其他人能成就的任何事。

无论别人如何评价你的能力，还是面临什么困难，你绝不能容许自已怀疑自己出色的能力，你绝不能对自己能否成为杰出人物心存疑虑。要尽可能地增强你的信心，在很大程度上，运用自我激励的办法可以使你成功地做到这一点；而对喜欢逃避责任的人来说，困难是最好的挡箭牌。

人，只要生活，碰到困难是难免的，其实困难是大是小都不重要，关键要看你直面各种困难的态度是坚强还是脆弱。

反败为胜才有出路

当你在某一刻突然遭受挫败的时候，你不要以为天下就你一个人会"享受"这样的"待遇"，实际上在成大事的过程中，人人皆有失败的可能。如果失败了，需要你迸发出反败为胜的决心。失败只是人生路上的一个小站，休息调整一下，继续向终点——成功前进。

能够反败为胜是一个人立业最突出、最鲜明的标志。也就是说，面对已经失败的局面，成大事者能在失败的地方站起，重塑自我。有人说，反败为胜是一个人成熟的象征，因为这是在绝境中最强烈的求胜欲望的爆发。

伟大的心理学家阿德勒穷其一生都在研究人类及其潜能，他曾经宣称他发现人类最不可思议的一种特性——"人具有一种反败为胜的力量"。

哈里·爱默生·佛斯狄克在20世纪再次重述它："真正的快乐不见得是愉悦的，它多半是一种胜利。"没错，快乐来自一种成就感，一种超越的胜利，一次将柠檬榨成柠檬汁的经历。

我还认识一位丧失双腿的人，他也能"转亏为盈"，他名叫本·佛森。罗克在乔治亚州大西洋城的一家旅馆的电梯中遇到他。罗克步入电梯时，注意到这位表情愉悦的人没有腿，他坐在电梯角落的轮椅上。电梯停在他要去的那层楼时，他和善地请罗克移到角落，以便他更顺利地移动轮椅："对不起！"他说，"让你不方便了！"脸上挂着温煦的笑容。

罗克步出电梯回房时，实在没法不想着这位开心的残疾者。于是罗克找到他，请他告知自己的故事。

"事情是发生在 1929 年，"他面带微笑说，"我到山上去砍伐山胡桃木，我把木材堆在我的车上，开车回家，忽然一根木条滑下来，正在我急转弯时，木条卡在车轴上，我立即被弹到一棵树上，脊椎骨受了伤，双腿因此瘫痪。"

"当时我 24 岁，从那以后，我没有再走过一步路。"

一个 24 岁的青年，就被宣判一辈子要在轮椅上度过！罗克问他怎么能这么勇敢地面对现实。他说："我不能！"他说他当时愤怒抗拒，怨恨命运捉弄。但是年岁渐长，他发现抗拒对自己毫无帮助，只不过使自己变得尖酸刻薄。"我终于体会到，"他说，"别人都和善礼貌地对我，我起码也应礼貌和善地回应人家。"

罗克再问他，过了这些年，他是否仍觉得那次事件是个不幸。他说："不！我几乎庆幸它的发生。"他告诉我，经过了那个震惊与愤恨的阶段，他开始在一个完全不同的世界中生活：他开始阅读并培养出对文学的嗜好。14 年来，他说他起码读了 1400 本书籍，这些书拓展了他的领域，他的人生比以前所能想象的还要丰富。他也开始欣赏音乐，现在令他感动的交响乐以前只会使他打盹。然而，真正最重大的改变，还是他有了思考的时间。"我一生中第一次，真正用心看世界，并体会其价值。我终于体会到以前努力追求的很多事其实都没有真正的价值。"他说。

由于阅读，他开始对政治感兴趣，他研究公共问题，坐在轮椅上发表演说！他开始了解人们，而人们也开始认识他。他坐在轮椅上成了佐治亚州州务卿。

胜利有很多种，但尤以反败为胜为最珍贵，因为那种胜利不是人人都能得到的。

正视挫折，走向成功

有一个非常有名的管理顾问，你一走进他的办公室，马上就会觉得自己好像"高高在上"似的。

办公室内各种豪华的摆饰、考究的地毯，忙进忙出的人潮以及知名的顾客名单都在告诉你，他的公司的确成就非凡。

但是，就在这家鼎鼎有名的公司背后，隐藏着无数的辛酸血泪。

这位管理顾问在创业之初的头6个月就把自己10年的积蓄用得一干二净，并且一连几个月都以办公室为家，因为他付不起房租。他也婉拒过无数的好工作，因为他坚持实现自己的理想；他也被拒绝过上百次，拒绝他的和欢迎他的顾客几乎一样多。

就在整整7年的艰苦挣扎中，谁也没有听他说过一句怨言，他反而说："我还在学习啊。这是一种无形的、捉摸不定的生意，竞争很激烈，实在不好做。但不管怎样，我还是要继续做下去。"

他真的做到了，而且做得轰轰烈烈。

朋友有一次问他："把你折磨得疲惫不堪了吧？"他却说："没有啊！我并不觉得那很辛苦，反而觉得是受用无穷的经验。"

"美国名人榜"上，那些功业彪炳史册的伟人，都受过一连串的无情打击。只是因为他们都坚持到底，才终于获得辉煌成果。

天下哪有不劳而获的事？如果能利用种种挫折与失败，来促使你更上一层楼，那么一定可以实现你的理想。

教授们知道，从学生对于成绩不及格的反应可以推测出他们将来的成就。有一位教授讲过一件这样的事。

几年前，他给了毕业班的一个学生不及格，这件事对那个学生打击很大。因为他早已做好毕业后的各种计划，现在不得不取消，真的很难堪，他只有两条路可走：第一是重修，下年度毕业时才拿到学位，第二是不要学位,一走了之。

在知道自己不及格时,他非常失望,并找到这位教授要求通融一下。在知道不能更改后,他大发脾气,向教授发泄了一通,这位教授等他平静下来后,对他说:"你说的大部分都很对,确实有许多知名人物几乎不知道这一科的内容。你将来很可能不用这门知识就获得成功,你也可能一辈子都用不到这门课程里的知识,但是你对这门课的态度却对你大有影响。"

"你是什么意思?"这个学生问道。

教授回答说:"我能不能给你一个建议呢?我知道你相当失望,我了解你的感觉,我也不会怪你。但是请你用积极的态度来面对这件事吧。这门课非常非常重要,如果不由衷培养积极的心态,根本做不成任何事情。请你记住这个教训,5年以后就会知道,这是使你收获最大的一个教训。"

后来这个学生又重修了这门功课,而且成绩非常优异。不久,他特地向这位教授致谢,并非常感激那场争论。

"这次不及格真的使我受益无穷。"他说,"看起来可能有点奇怪,我甚至庆幸那次没有通过。因为我经历了挫折,并尝到了成功的滋味。"

我们都可以化失败为胜利。从挫折中汲取教训,好好利用,就可以对失败泰然处之。

千万不要把失败的责任推给你的命运,要仔细研究失败的实例。如果你失败了,那么继续学习吧!这可能是你的修养或火候还不够好的缘故。世界上有无数人,一辈子浑浑噩噩,碌碌无为,他们对自己一直平庸的解释不外是"运气不好"、"命运坎坷"、"好运未到",这些人仍然像小孩那样幼稚与不成熟;他们只想得到别人的同情,简直没有一点主见。由于他们一直想不通这一点,才始终发现不了能使他们变得更伟大、更坚强的机会。

马上停止诅咒命运吧!因为诅咒命运的人永远得不到他想要的任何东西。

在普通情形下，"失败"一词是消极的，但我们要赋予这两个字新的意义，因为这两个字经常被人误用，而给不可计数的人带来许多不必要的悲哀与困扰。

这里，先让我们比较一下"失败"与"暂时挫折"之间的差别。且让我们看看，那种经常被视为是"失败"的事，是否在实际上只不过是"暂时性的挫折"而已。还有，这种"暂时性的挫折"实际上是不是就是一种幸福？因为它会使我们振作起来，调整我们的努力方向，使我们向着不同、但更美好的方向前进。

不管是暂时的挫折还是逆境，都不会在一个人的意识中成为失败，只要这个人把它当作是一种有益的积累。事实上，在每一种逆境及每一个挫折中都存在着一个持久性的大教训。而且，通常说来，这种教训是无法通过挫折以外的其他方式获得的。

挫折通常以一种"哑语"向我们说话，而这种语言却是我们所不理解的无形财富。

只有在把挫折当作失败来加以接受时，挫折才会成为一股破坏性的力量。如果把它当作是教导我们的良师，那么，它将成为一个祝福，也帮助你避免再犯同样的错误。

面对挫折，"失败"先生只会躺在地上骂个没完。"平凡"先生会跪在地上，准备伺机逃跑。但是，"成大事者"会汲取这个宝贵的经验，轻装往前冲刺。

挫折只是人生路上的一道坎

一谈到小泽征尔先生，大家都知道，他堪称是日本足以向全世界夸耀的国际大音乐家、著名指挥家，然而，他之所以能够建立今天的地位，乃是参加贝桑松音乐节的"国际指挥比赛"带来的。

在这之前，他不只与世界无关，即使在日本，也是名不见经传。因为他的才华没有表现出来，不为人所知。

他决心参加贝桑松的音乐比赛，来个一鸣惊人，克服重重困难，他终于充满信心地来到欧洲。但一到当地后，就有莫大的难关在等待他。

他到达欧洲之后，先要办的是参加音乐比赛的手续，但不知为什么，证件竟然不够齐全，不被音乐节执行委员会正式受理，这么一来，他就无法参加期待已久的音乐节了！

一般说到音乐家，多半是性格内向而不爱出风头的，所以，绝大多数的人在遇到这种状况时，必是就此放弃，但他却不同，他不但不打算放弃，还尽全力积极争取。

首先，他来到日本大使馆，将整件事说明原委，然后要求帮助。

可是，日本大使馆无法解决这个问题，正在束手无策时，他突然想起朋友过去告诉他的事。

"对了！美国大使馆有音乐部，凡是喜欢音乐的人，都可以参加。"

他立刻赶到美国大使馆。

这里的负责人是位女性，被称为卡莎夫人，过去她曾在纽约的某音乐团担任小提琴手。

他将事情的本末向她说明，拼命恳求对方，想办法让他参加音乐比赛，但她面有难色地表示：

"虽然我也是音乐家出身，但美国大使馆不得越权干预音乐节的问题。"

她的理由很明白。

但他仍执著地恳求她。

原来表情僵硬的她，逐渐浮现笑容。

思考了一会儿，卡莎夫人问了他一个问题：

"你是个优秀的音乐家吗？或者是个不怎么优秀的音乐家？"

他刻不容缓地回答："当然，我自认是个优秀的音乐家，我是说将来可能……"

他这几句充满自信的话，让卡莎夫人的手立即伸向电话。

她联络贝桑松国际音乐节的执行委员会，拜托他们让他参加音乐比赛，结果，执行委员会回答，两周后做最后决定，请他们等待答复。

此时，他心中便有一丝希望，心想，若是还不行，就只好放弃了。

两星期后，他收到美国大使馆的答复，告知他已获准参加音乐比赛。

这表示他可以正式参加贝桑松国际音乐指挥比赛了！

参加比赛的人，总共约有 60 位，他很顺利地通过了第一次预选，终于来到正式决赛，此时他严肃地想："好吧！既然我差一点就被逐出比赛，现在就算不入选也无所谓了！不过，为了不让自己后悔，我一定要努力。"

后来他终于获得了冠军。

就这样，他建立了世界级大指挥家不可动摇的地位，我们可从他的努力中看出，直到最后，他都没有放弃，很有耐心地奔走于日本大使馆、美国大使馆，为了参加音乐节，尽了最大的努力，如此才能为他招来好运——获得贝桑松国际指挥比赛优胜、成为享誉国际的名指挥家，建树现在的地位。

任何困难都只是人生中的一道小坎儿，可真正能跨过坎儿的人却不多，大多数人只会埋怨小坎儿为什么总是缠着他。

准则2 坚强自信

让工作变成兴趣

成功的人士往往把工作当成乐趣。大仲马的写作速度是惊人的。他一生活了 68 岁，到晚年自称毕生著书 1200 部。他白天同他作品中的主人公生活在一起，晚上则与一些朋友交往、聊天。

有人问他："你苦写了一天，第二天怎么仍有精神呢？"

他回答说："我根本没有苦写过。"

"那是怎么回事呢？"？

"我不知道，你去问一棵梅树是怎样生产梅子的吧！"看来大仲马是把写作当作了乐趣，当作了生活的全部。

不仅伟大的人物可以把工作当做生活的全部，平凡的人也完全能够做到这一点，只要他有一个正确的思想。有位美国记者到墨西哥的一个部落采访。这天是个集市日，当地土著人都拿着自己的物产到集市上交易。这位美国记者看见一个老太太在卖柠檬，5 美分一个。

老太太的生意显然不太好，一上午也没卖出去几个。这位记者动了恻隐之心，打算把老太太的柠檬全部买下来，以便使她能"高高兴兴地早些回家"。

当他把自己的想法告诉老太太的时候，她的话却使他大吃一惊："都卖给你？那我下午卖什么？"

卡耐基说："人生的最大生活价值，就是对工作有兴趣。"做同一件事，有人觉得做得有意义，有人觉得做得没意义，其中有天壤之别。做不感兴趣的事所感觉的痛苦，仿佛置身在地狱中。爱迪生曾说："在我的一生中，从未感觉在工作，一切都是对我的安慰……"

成功学专家柯维发现，人们对工作不再兴致勃勃时，就会产生职业倦怠。职业倦怠不是说来就来的，而是由日常工作中的挫折、焦虑、沮丧日积月累而成。职业倦怠和挫折、焦虑、沮丧的差异在于，后者发生频率较高，时间也持续较长。丧失斗志的你对疾病的抵抗力减弱，睡眠时间相同却老觉得不够，注意力也愈来愈不能集中，到最后干脆放弃尝试，什么也不在乎了，工作变得不再有意义。甚至，人生也没有什么价值可言。

想要赶走倦怠而变得兴致勃勃，说要比做容易多了。原因在于大多数人觉得为了工作有效率，他们必须有所激励，但是很少有人了解激励与工作表现互为因果。如果你能强迫自己努力工作，而完成一些初期的成功目标后，就会发现工作愈做愈有兴致。

暂时把只会挑毛病的老板、难伺候的顾客、永远办不完的公事、薪资少、工作无聊和没人肯定自己等不快的事丢在一旁。等你恢复工作意愿，更有能力接受挑战时，这些剥夺你信心和自制力的外力，还是会屹立如昔，等待接受你的挑战。

现在你最需要的是重新掌握你的人生，把过去这几个月或几年中耗尽的精力再找回来。

下面是柯维总结的几个有用的方法。

①先挑一个小目标。

最好先挑一个小目标，因为这样成功的机会比较大。事实上，你应该把自己设定在成功的位置上。所以，你的目标应明确，可量化，并能在一定期间内完成。目标的实现可以令你重拾信心，再朝另一个容易完成的小目标前进。

还有，完成任务时，一定要奖励自己（例如，捶捶背、暂停工作、休息一下或到一家特别的餐厅用餐）。

②控制压力因素。

当动物甚或是人类遇到威胁时，不外有下列两种反应：出击或逃走。身为职业倦怠的受害者，你已经失去了反击或辞掉工作的动机。一方面觉得无聊、沮丧、懒洋洋，另一方面工作压力却不断升高。表面看来，你似乎屈服于现状，但在你体内，压力却不断上升，让你疲惫不堪。

要减少压力，首先须找出焦虑来源。并采取必要步骤，以重新掌握你的人生。

③找朋友帮忙。

你可能不愿意这么做，但是当你产生倦怠时，朋友常能适时伸出援手。找你最信任的朋友，把所有感受和你的恢复计划都告诉他们。如果他们真是你的知己，就会提醒你多加运用自己已遗忘的重要特质，来增强你的自信。

他们也可能提出过去处理类似状况的经验，供你参考。如果他们没有提供什么建议（因为有些人会认为，只要专心倾听就好），不妨开口问他们的意见，你的朋友会觉得受到重视，而你则会有更多意见可以参考，至于你们的友谊，就更加稳固了。

④转移焦点。

许多工作内容都是因主事者而定的。而新人通常被要求依照前人的方式来工作。时时提醒自己，你不是被雇来复制别人的行为，而是来解决问题的。找出问题，看看你是不是能想出不同的解决办法。也许这份工作的弹性比你想象的大；或许你可以把工作变得更符合你自己。

⑤设定优先顺序。

把你的工作内容全部列成清单，然后把这些工作按"很重要"、"重要"、"较不重要"分级。接下来再看看哪些"较不重要"的工作可以删除不做，或授权给更适合的人来做。再将"很重要"及"重要"的工作分出优先顺序。不要死板地认为"很重要"的工作更为优先，把"重要"的工作紧紧摆在后面。开始可以从"很重要"的工作做起，接下来就可挑一个喜欢的工作来做，而将后者视为完成第一项工作的奖励。

⑥接受新的责任。

如果工作已经变得无聊，你大概就不再愿意迎接什么挑战了。把因为删除或转移"较不重要"的工作而多出来的时间，拿来从事职责之外或目前没有专人处理的工作。找一些对你有挑战，而且你极有兴趣的责任来承担。不要让别人捷足先登，而且要适时向相关主管展现绩效。

⑦继续工作。

许多专家建议面临职业倦怠的上班族辞去现有工作，另找一份更适合自己的工作。但是如果你得靠那份薪水养家糊口，就知道这个建议不是那么容易做到了，就算你真的找到另一份工作，也无法保证它一定比目前的工作好。

比较合理、实际、负责的做法是，找出目前这个工作让你产生倦怠的原因。假使问题能加以改善，也许你就不需要另栖良枝了。不过，如果你已经换了另一个工作，那就努力避免类似问题的再度发生吧！

记住，保持信心永远是你扭转困境时最重要的。

坏牌不一定就是坏运气，既然拿到了坏牌，你就要面对对手，只要你的点不是一点，对手就有可能比你的点小。

设定自己的成功标准

麦克斯先生讲述了自己的一段经历。

在富兰克林·罗斯福当政期间，我为他太太的一位朋友动过一次手术。罗斯福夫人邀请我到华盛顿的白宫去。我在那里面的黄厅中过了一夜，据说隔壁就是林肯总统曾经睡过的地方。我感到非常荣幸。岂止荣幸？简直受宠若惊。那天夜里我一直没睡。我用白宫的文具纸张，写信给我的母亲、给我的朋友，甚至还给我的一些冤家。

小时候，我曾经在一些脏乱街道上玩耍过。"麦克斯，"我在心里对自己说，"你来到这里了，这是白宫。"

早晨，我下楼用早餐，总统夫人是那里的女主人，她是一位可爱的美人，她的眼中流露着特别迷人的神色。我吃着盘中的炒蛋，接着又是满满一托盘的鲑鱼。我几乎什么都吃，但对鲑鱼一向讨厌。我畏惧地对着那些鲑鱼发呆。

罗斯福夫人向我微微笑了一下。"富兰克林喜欢吃鲑鱼。"她说的是总统先生。

我考虑了一下。"我何人耶？"我心里想，"竟敢拒吃鲑鱼？总统既然觉得很好吃，我就不能觉得很好吃吗？"

于是，我切了鲑鱼，将它们与炒蛋一道吃了下去。结果，那天午后我一直感到不舒服，直到晚上，仍然感到要呕吐。

我说这个故事有什么意义？

很简单。我看歪了我自己的心像。

我并不想吃鲑鱼，也不必去吃。为了表示敬意，我勉强效颦了总统。我背叛了我的自我心像。那是一次小小的背叛，好在它的恶果很小，没有多久就消失了。

不过，这件事确也指出走向成功之道最常碰到的陷阱之一。

别人眼中的成功——你不想把它视作你的欲望，在你的自我心像中，那并不是成功。那是一种失败。

你必须提醒你自己：别人眼中的成功不一定使你快乐，你可以尝试成功与快乐的滋味，并且，你还必须设定你的成功标准。

生存在现代社会里，要把自己经营得很好，第一项必备的绝技就是要相信自己。

名作家杏林子有本《现代寓言》，里面有个故事挺好的。话说有一只兔子长了三只耳朵，因而在同伴中备受嘲讽戏弄，大家都说他是怪物，不肯跟他玩。为此，三耳兔很是悲伤，时常暗自哭泣。

有一天，他终于作了决定，把那一只多出来的耳朵忍痛割掉了。于是，他就和大家一模一样，也不再遭受排挤，他感到快乐极了。

时隔不久，他因为游玩而进入另一片森林。天啊！那边的兔子竟然全部都是三只耳朵，跟他以前一样！但由于他已少了一只耳朵，所以，这里的兔子们嫌弃他，不理他，他只好怏怏地离开了。从此，他领悟到一个真理：只要和别人不一样的，就是错！

这个寓言提醒了人们，现代人的自信就如同这只兔子一样，相当薄弱，对很多事也有太多担心，因此经常处于不快乐中。事实上，这皆起因于自我认知的不足。

前些年的一部电影《宋氏王朝》讲述宋家三姐妹蔼龄、庆龄与美龄的故事，姑且不论其历史真实性与批判性如何，倒是其中三姐妹的一句话令人感到相当震撼。她们说的："我们将来一定要做一个不平凡的人。"试想，这是个多么伟大的理想啊！

的确，每个人对生活的品质都有不同的期望，你是否也有些期望呢？而这些期望的实现就有赖你的自信了，相信自己是对的，它可以让你在险恶的环境中胜出。

在心中拔河，恐怕每个人都不愿成为失败者，那么何不在平日里就为美好的愿望多多加油鼓劲。

坚信自己的理想

蒙提·罗伯兹在圣思多罗有座牧马场。他常借用自己宽敞的住宅举办募款活动，以便为资助青少年的计划筹备基金。

上次活动时，他在致词中提到：我让杰克借用住宅是有原因的。这故事跟一个小男孩有关，他的父亲是位马术师，他从小就必须跟着父亲东奔西跑，一个马厩接着一个马厩，一个农场接着一个农场地去训练马匹。由于经常四处奔波，男孩的求学过程并不顺利。初中时，一次老师让全班同学写报告，题目是《长大后的志愿》。

那晚小男孩用心地写了7张纸，描述他的伟大志愿，那就是想拥有一座属于自己的牧马农场，并且仔细画了一张200公顷农场的设计图，上面标有马厩、跑道等的位置，然后在这一大片农场中央，还要建造一栋占地4000平方英尺的巨宅。

他花了好大心血把报告完成，第二天交给了老师。两天后他拿回了报告，第一页上批了一个又红又大的"F"，旁边还写了一行字：下课后来见我。

脑中充满幻想的他下课后带着报告去找老师："为什么给我不及格？"

老师回答道："你年纪轻轻，不要老做白日梦。你没钱，没家庭背景，什么都没有。盖座农场可是个花钱的大工程，你要花钱买地、花钱买纯种马匹、花钱照顾它们。你别太好高骛远了。"老师接着又说："你如果肯重写一个比较不离谱的志愿，我会重新给你分数。"

这男孩回家后反复思量了好几次，然后征询父亲的意见。父亲只是告诉他："儿子，这是非常重要的决定，你必须拿定主意。"

再三考虑好几天后，他决定将原稿交回，一个字都不改。他告诉老师："即使不合格，我也不愿放弃梦想。"

蒙提此时向众人表示："我提起这故事，是因为各位现在就坐在200公顷农场内，坐在占地4000平方英尺的豪华住宅中。那份初中时写的报告我至今还留着。"他顿了一下又说："有意思的是，两年前的夏天，那位老师带了30个学生来我的农场露营一星期。离开之前，他对我说：'说来有些惭愧。你读初中时，我曾泼过你的冷水。这些年来，我也对不少学生说过相同的话。幸亏你有这个毅力坚持自己的梦想。'"

人的毅力原本是弹簧，你越压得紧，得到的弹力就越高。而那些压紧了弹簧而弹不起来的人，不是没有毅力，而是属于他的毅力弹簧生了锈。

初逢一女子，憔悴如故纸。她无穷尽地向我抱怨着生活的不公，刚开始我还有点不以为然，但很快就沉入她洪水般的哀伤之中了。你不得不承认，有些人就是特别的倒霉，女人尤多。灾难好似一群鲨鱼，闻到人伤口的血腥之后，就成群结队而来，肆意啄食他的血肉，直到将那人的灵魂吃成一架白骨。

"从刚开始，我就知道自己这辈子不会有好运气的。"她说。

"你如何得知的呢？"我问。

"我小时候，一个道士说过——这个小姑娘面相不好，一辈子没好运的。我牢牢地记住了这句话。当我找对象的时候，一个很出色的小伙子爱上了我。我想，我会有这么好的运气吗？没有的。就匆匆忙忙地嫁了一个酒鬼，他长得很丑，我以为，一个长相丑陋的人，应该多一些爱心，该对我好。但霉运从此开始。"

我说："你为什么不相信自己会有好运气呢?"她固执地说："那个道士说过的……"

我说："或许,不是厄运在追逐着你,是你在制造着它。当幸福向你伸出双手的时候,你把自己的手掌藏在背后了,你不敢和幸福击掌。但是,厄运向你一眨眼,你就迫不及待地迎了上去。看来,不是道士预言了你,而是你的不自信引发了灾难。"

她看着自己的手,迟疑地说："我曾经有过幸福的机会吗?"我无言。有些人残酷地拒绝了幸福,还愤愤地抱怨着,认为祥云从未飘过他的天空。

幸福很矜持,光临的时候,它不会夸张地和我们提前打招呼;离开的时候,也不会为自己说明和申辩。幸福是沉默着的。

你是否有胆量嘲弄自己呢?你能否从某个逆境中发觉某种幽默呢?

巴顿是第二次世界大战中美军的著名将领。1942年11月,他指挥盟军两栖特遣部队在北非强行登陆。由于美军刚刚参战,部队新兵多,加上德军在北非的神奇传闻,使部队士气十分低落,几乎达到了草木皆兵的程度。巴顿看到这种情况,便决定利用幽默的力量来振奋士气。

他搞了一次阅兵式,与以前不同的是,他头上戴的是刚刚从德军缴获的双鹰白钢盔。他还声称,要戴着这顶钢盔打进柏林。士兵们在阅兵式上看见了自己的指挥官头戴缴来的德军钢盔,顿时士气大振,纷纷请战。

幸福是一种力量,运用"喜剧式的方式",就能超越眼前的处境。

不屈的斗志靠精神

在漫长的人生道路上,我们会选择真诚与磊落——对终会到来的生命终点,时刻保持一份坦然。这样的危机感,这样的"身后意识",对于生命来说,是沉重还是轻松?

"文革"时期,有一个青年每天早出晚归,响应"联合指挥部"的号召,兴致勃勃地"转战"在一个个批斗会场。

那天早晨,一字不识的老人叫住了急匆匆又要出门的青年,忧心忡忡地对他说:"男娃是该什么事风光就干什么。可除了风光,还得想想自己干的事亏心不亏心。出门前你问三回:干下这事了,10年之后怕不怕见人,百年之后怕不怕见鬼?问三回心里不犯嘀咕,就大胆干去。"

这青年就是我的父亲,这老人就是我的奶奶。

我的哲人一般的奶奶!正如她所料,恰恰是10年,所有被颠倒了的是非,又被纠正过来。在拨乱反正的年代问心无愧的父亲无数次对我们提起这件事,无数次念叨这句话。我便在心里无数次感激着一字不识的奶奶——她用极朴素的良知,感悟到了"身后"的事情。

借这份认知,可以少干很多日后追悔莫及的事情。把"身后"二字放在嘴里嚼一嚼,确定对错,辨别是非,并不比捶胸顿足、大哭一场多费力气。

一部影片有这样一幕:一位老人弥留之际,紧握着女儿的手说:"我如果知道死亡会这样突如其来,我一定善待所有的人。"

假如人们能常怀一种对生命的危机感,也许我们会少一些遗憾。你看踢加时赛的足球队员,哪一个不是竭尽全力地拼命冲杀?因为他们非常清楚,一旦闪失,就会"突然死亡"。所以,要常揣着一份危机感往前迈步。

正像歌词中唱的那样:"有多少爱可以重来……"人生本来就是在重复着一个个失败,成功……只有从不屈的斗志中你才能感觉到那不是重复,那是在超越。

社会很容易抹杀人的特质。一旦进入社会,很多人都觉得自己的棱角很快被磨平了,以前所拥有的那些期望和志向,不知不觉中就完全放在心灵的深处藏了起来。

李扬是中国著名的配音演员,被戏称为"天生爱叫的唐老鸭"。李扬在初中毕业后参了军，在部队当一名工程兵，他的工作内容是挖土，打坑道，运灰浆，建房屋。可是李扬明白，自己身上潜在的宝藏还没有开发出来：那就是自己一直喜爱的影视艺术和文学艺术。

在一般人看来，这两种工作简直是风马牛不相及。但李扬却坚信自己在这方面有潜力，应该努力把它们发掘出来。于是他抓紧时间工作，认真读书看报，博览众多的名著剧本，并且尝试着自己搞些创作。退伍后李扬成了一名普通工人，但是他仍然坚持不懈地追求自己的目标。没有多久，大学恢复招生考试，李扬考上了北京工业大学机械系，成为了一名大学生。从此，他用来发掘自己身上宝藏的机会和工具一下子多了起来。经几个朋友的介绍，李扬在短短的 5 年中参加了数部外国影片的译制录音工作。这个业余爱好者凭借着生动的、富有想象力的声音风格，参与了《西游记》中的美猴王的配音。1986 年初，他迎来了自己事业中的巅峰，风靡世界的动画片《米老鼠和唐老鸭》招聘中文配音演员，声音独特的李扬一下子被迪斯尼公司相中，为可爱滑稽的唐老鸭配音，从此一举成名。李扬说，自己之所以成功，是因为一直没有停止过挖掘自身的长处。

明日复明日，明日何其多，许多人感慨人生，纵然有积极的人生目标，也不知如何去把握。

生命的魅力在于生命像一盒巧克力糖，你永远不知道盒里乾坤。不是每一个民族的生命都像一盒漂亮的巧克力糖，没有方向，就没有巧克力。

找个"冤家"做搭档

海湾战争之后，美军方提出了战争状态下士兵的"生存能力"比"作战能力"更为重要的全新理念。于是一种被称之为"埃布拉姆式"的 M1A2 型坦克开始陆续装备美陆军，这种坦克的防护装甲目前是世界上最坚固的，它可以抵抗时速超过 4500 公里、单位破坏力超过 13500 公斤的打击力量，而这种打击力量用美武器专家的话来说是"可以轻易地将一只球奉送上月球"。那么，M1A2 型坦克这种品质优异的防护装甲是如何研制出来的呢？

乔治·巴顿中校是美国陆军最优秀的坦克防护装甲专家之一，他接受研制 M1A2 型坦克装甲的任务后，立即找来了一位"冤家"做搭档——毕业于麻省理工学院的著名破坏力专家迈克·马茨工程师。两人各带一个研究小组开始工作，所不同的是，巴顿带的是研制小组，负责研制防护装甲；迈克·马茨带的则是破坏小组，专门负责摧毁巴顿已研制出来的防护装甲。

刚开始的时候，马茨总是能轻而易举地将巴顿开进试验场地的坦克炸个稀巴烂。但随着时间的推移，巴顿一次次地更换材料，修改设计方案，终于有一天，马茨使尽浑身解数甚至直接将高爆炸药裹在防护装甲上引爆也未能奏效，于是，世界上最坚固的坦克在这种近乎疯狂的"破坏"与"反破坏"试验后诞生了，巴顿与马茨这两个技术上的"冤家"也因此而同时荣膺了紫心勋章。

巴顿中校事后说："尽可能地找出问题，是为了更好地解决问题。事实上，问题并不是最可怕的，最可怕的是不知道问题出在哪儿，于是我找了马茨做搭档，因为马茨是最棒的'找问题专家'。"

巴顿与马茨的搭档的确是珠联璧合，前者的这一段经验之谈是放之四海皆适用——不管你是干大事业也好，做小买卖也罢，找个优秀的"冤家"做搭档，你一定会取得意想不到的绝佳效果——哪怕就是卖牛肉面，你也会成为最棒的"牛肉面大王"！

找个"冤家"做搭档，不需要冤家路窄的独木舟，需要的是借用冤家的能力来个珠联璧合。

尽早习惯他人的批评

历史上许多成就卓越的著名人物都被人骂过。美国的国父乔治·华盛顿曾经被人骂作"伪君子"、"大骗子"和"只比谋杀犯好一点"。《独立宣言》的撰写人托马斯·杰费逊曾被人骂道:"如果他成为总统,那么我们就会看见我们的妻子和女儿,成为合法卖淫的牺牲者;我们会大受羞辱,受到严重的伤害;我们的自尊和德行都会消失殆尽,使人神共愤。"……这些人非但没有被批评、辱骂所吓倒,反而更加保持乐观和自信的态度,作出了影响深远的成就。

其实,一个人名望或地位越高,骂他的人就越容易从中得到满足。英国国王爱德华八世(即温莎公爵)年轻时在一所海军军官学校读书。有一天,一位海军军官发现年仅 14 岁的温莎王子在哭,就上前问他什么事情,他开始不肯说,后来迫不得已才说了真话,他被军校的学生踢了。指挥官把所有的学生都召集起来,向他们解释尽管王子没有告状,但他很想知道为什么这些人要这样虐待温莎王子。

这些学生推诿拖延了半天之后,终于承认:等他们将来成了皇家海军的指挥官或舰长的时候,他们希望能够告诉人家,他们曾经踢过国王的屁股。

因此,无论你是被人踢还是被人恶意批评,请记住,他们之所以做这种事情,是因为这件事能使他们有一种自以为重要的感觉,这通常也就意味着你已经有所成就,而且值得别人注意。很多人在骂那些教育程度比他们高的人,或者在各方面比他们成功得多的人的时候,都会有一种满足的快感。正如哲学家叔本华说过的那样:"庸俗的人在伟大的错误和愚行中,得到最大快感。"

马修·希拉绪指出:"只要你超群出众,你就一定会受到批评,所以还是趁早习惯的好。"

入庖丁之市久而不闻其臭，什么原因呢？

习惯了。

一位名叫奥齐的中年人，对于现代社会的各种重大问题都有着自己的一套见解，如人工流产、计划生育、中东战争、水门事件、美国政治等等。每当自己的观点受到嘲讽时，他便感到十分沮丧。为了使自己的每一句话和每一个行动都能为每一个人所赞同，他花费了不少心思，他向别人谈起他同岳父的一次谈话。当时，他表示坚决赞成无痛致死法，而当他察觉岳父不满地皱起眉头时，便几乎本能地立即修正了自己的观点："我刚才是说，一个神志清醒的人如果要求结束其生命，那么倒可以采取这种做法。"奥齐在注意到岳父表示同意时，才稍稍松了一口气。

他在上司面前也谈到自己赞成无痛致死法，然而却遭到强烈的训斥："你怎么能这样说呢？这难道不是对上帝的亵渎吗？"奥齐实在承受不了这种责备，便马上改变了自己的立场："……我刚才的意思只不过是说，只有在极为特殊的情况下，如果经正式确认绝症患者在法律上已经死亡，那才可以截断他的输氧管。"最后，奥齐的上司终于点头同意了他的看法，他又一次摆脱了困境。

当他与哥哥谈起自己对无痛致死的看法时，哥哥马上表示同意，这使他长长地出了一口气。

他在社会交往中为了博得他人的欢心，甚至不惜时时改变自己的立场。就个人思维而言，奥齐这个人是不存在的，所存在的仅仅是他人做出的一些偶然性反应；这些反应不仅决定着奥齐的感情，还决定着他的思维和言语。总之，别人希望奥齐怎么样，他就会怎么样。

现实生活中，这样的人和事也不少。有一个做秘书的人，领导让他看一篇报告写得如何。他看过来汇报，说："我认为写得还不错。"领导摇了摇头。秘书赶快说："不过，也有一些问题。"领导又摇摇头。秘书说："问题也不算大。"领导又摇摇头。秘书说："问题主要是写得不太好，表述不清楚。"领导又摇摇头。秘书说："这些问题改改就会更好了。"领导还是摇头。秘书说："我建议打回这个报告。"这时领导说了："这新衬衣的领子真不舒服。"

一旦寻求赞许成为一种需要，做到实事求是几乎就不可能了。如果你感到非要受到夸奖不行，并常常做出这种表示，那就没人会与你坦诚相见。同样，你不能明确地阐述自己在生活中的思想与感觉，你会为迎合他人的观点与喜好而放弃你的自我价值。

人在生活中必然会遇到大量反对意见，这是现实，是你为"生活"付出的代价，体现了你的存在价值，是一种完全无法逃避的现象。

毫无疑问，你要在生活中有所作为，就必须完全消除需要得到赞许的心理！它是精神上和思想上的死胡同，它绝不会给你带来任何益处。

全力以赴，你就是"第一"

几年前，许多人喜欢看 NBA 的夏洛特黄蜂队比赛，特别喜欢看 1 号博格士上场打球。

博格士身高只有 1.6 米，在东方人里也算矮子，更不用说在即使身高两米都嫌矮的 NBA 了。

据说博格士不仅是现在 NBA 里最矮的球员，也是 NBA 有史以来破纪录的矮子。但这个矮子可不简单，他是 NBA 表现最杰出、失误最少的后卫之一，不仅控球一流，远投精准，甚至在高个队员中带球上篮也毫不畏惧。

每次看到博格士像一只小黄蜂一样，满场飞奔，心里总忍不住赞叹。我想他不只安慰了天下身材矮小而酷爱篮球者的心灵，也鼓舞了平凡人内在的意志。

博格士是不是天生的好手呢？当然不是，而是意志与苦练的结果。

博格士从小就长得特别矮小，但他非常热爱篮球，几乎天天都和同伴在篮球场上玩耍。当时他就梦想有一天可以去打 NBA，因为 NBA 的球员不只是待遇奇高，而且也享有风光的社会评价，是所有爱打篮球的美国少年最向往的梦。

每次博格士告诉他的同伴"我长大后要去打 NBA"时，所有听到这话的人都忍不住哈哈大笑，甚至有人笑倒在地上，因为他们"认定"一个 1.6 米的矮子是绝不可能打进 NBA 的！

他们的嘲笑并没有阻断博格士的志向，他用比条件好的人多几倍的时间练球，终于成为全能的篮球运动员，也成为最佳的控球后卫。他充分利用自己身材矮小的优势，行动灵活迅速，像一颗子弹一样，运球的重心最低，不会失误；个子小不引人注意，抄球常常得手。

博格士不怕人嘲笑，能够巧妙地把自身的"劣势"转换成"优势"，所以，他创造了自己的奇迹！

听说拿破仑奇矮，可几百年过去了，他依然站在人们的心里。

贝多芬学拉小提琴时，技术并不高明，他宁可拉他自己作的曲子，也不肯做技巧上的改善，他的老师说他绝不是个当作曲家的料。

歌剧演员卡罗素美妙的歌声享誉全球。但当初他的父母希望他能当工程师；而他的老师则说他那副嗓子是不能唱歌的。

发表《进化论》的达尔文当年决定放弃行医时，遭到父亲的斥责："你放着正经事不干，整天只管打猎、捉狗捉耗子的。"另外，达尔文在自传上透露："小时候，所有的老师和长辈都认为我资质平庸，我与聪明是沾不上边的。"

沃特·迪斯尼当年被报社主编以缺乏创意的理由开除，建立迪斯尼乐园前也曾破产好几次。

爱因斯坦 4 岁才会说话，7 岁才会认字。老师给他的评语是"反应迟钝，不合群，满脑袋不切实际的幻想"他曾遭受到被迫退学的命运。

法国化学家巴斯德在读大学时表现并不突出，他的化学成绩在 22人中排第 15 名。

牛顿在小学的成绩一团糟，曾被老师和同学称为"呆子"。

　　罗丹的父亲曾怨叹自己有个白痴儿子,在众人眼中,他曾是个前途无"亮"的学生,艺术学院考了3次还考不进去。他的叔叔曾绝望地说"孺子不可教也"。

　　《战争与和平》的作者托尔斯泰读大学时因成绩太差而被劝退学。老师认为他"既没读书的头脑,又缺乏学习的兴趣"。

　　如果这些人不是"走自己的路",而是被别人的评论所左右,怎么能取得举世瞩目的成就?

　　人生的成功自然包含有功成名就的意思,但是,这并不意味着你只有做出了举世无双的事业,才算得上成功。世界上永远没有绝对的第一。看过马拉多纳踢球的人,还想一身臭汗地在足球队里混吗?听过帕瓦罗蒂歌声的人,还想修炼美声唱法吗?——其实,如果总是担心自己比不上别人,只想功成名就,那么世界上也就没有帕瓦罗蒂、马拉多纳了。

　　俄国作家契诃夫说得好:"有大狗,也有小狗。小狗不该因为大狗的存在而心慌意乱。所有的狗都应当叫,就让它们各自用自己的声音叫好了。"

　　小狗也要大声叫!实际上,追求一种充实有益的生活,其本质并不是竞争性的,并不是把夺取第一看得高于一切,它只是个人对自我发展、自我完善和美好生活的追求。那些每天一早来到公园练武打拳、做健美操、跳迪斯科的人,那些只要有空就练习书法绘画、设计剪裁服装和唱戏奏乐的人,根本不在意别人对他们的姿态和成果品头论足,也不会因没人叫好或有人挑剔就停止练习、情绪消沉。他们的主要目的不在于当众展示、参赛获奖,而是自得其乐、自有收益,满足自己对生活美和艺术美的渴求。

　　说走自己的路很简单,可事实上有很多人是活在别人的路里,生下来是父母、长辈,长大后是老师,以后是妻子、孩子、家庭。

信念助你登上巅峰

有时候，你可能会听到这样的话："光是像阿里巴巴那样喊：'芝麻，开门！'就想使山真的移开，那是根本不可能的。"说这话的人把"信心"和"想象"等同起来了。不错，你无法用"想象"来移动一座山，也无法靠"想象"实现你的目标，但是只要有信心，你就能移动一座山。只要相信你能成功，你就会赢得成功。

罗宾指出：关于信心的威力，并没有什么神奇或神秘可言。信心起作用的过程是这样的：相信"我确实能做到"的态度，产生了能力、技巧与精力这些必备条件，每当你相信"我能做到"时，自然就会想出"如何去做"的方法。

全国各地每年都有不少年轻人开始新的工作，他们都"希望"能登上最高阶层，享受随之而来的成功果实。但是他们绝大多数都不具备必要的信心与决心，因此他们无法达到顶点。也因为他们相信自己达不到，因此找不到登上巅峰的途径，他们的作为也一直停留在普通的水准。

但是还是有人真的相信他们总有一天会成功。他们抱着"我就要登上巅峰"（这并不是不可能的）的积极态度来进行各项工作。他们仔细研究高级经理人员的各种作为，学习那些成功者分析问题和做出决定的方式，并且留意他们如何应对进退。最后，他们终于凭着坚强的信心达到了目标。

人生的法则就是信念的法则。那些你所接受的理性法则和你认为正确的信条都被你实现了吗？了解印在你潜意识里的一切，它们以后将会从你的经验之中显现出来。请你学习去相信自身潜在意识的功能，然后沉思一下，你心底真实的感受是否全面地支配着你的人生。

希尔指出：你可以有选择地学习、训练和吸收一些技巧，然后再去运用它们。你可以极大地提高你的魅力，并最终梦想成真，即成为一个自信而敏感的、生机勃勃而又气势不凡的人。

乔治绝不会忘记"用四个手指代替五个手指"的信条。这对他说来意味着希望。每当他由于生理的障碍而感到沮丧的时候，他就用这个信条作为自己的座右铭，激励自己。这成了他自我暗示的一种形式，在需要的时候，它会从下意识心理闪现到有意识心理。

他发觉母亲是对的。如果他能应用他所有的四种感觉，他的确能够抓住完美的生活。

但是乔治的故事并未到此结束。在这个孩子读高中低年级期间，他病了，进了医院。当乔治逐渐康复的时候，他父亲给他带来一个喜讯：科学已经发明了先天性白内障的疗法。当然，这种疗法有失败的可能，但成功的可能性大大超过了失败的可能性。

乔治渴望能看见光明，他愿为获得视觉而冒失败的危险。

在以后的 6 个月期间，医师给乔治作了 4 次精心的外科手术。每只眼睛各做了两次手术。乔治的眼睛蒙着绷带，他在阴暗的病房里躺了好些日子。

终于，揭开绷带的日子到来了。医生慢慢地、小心地解去缠绕乔治头部和盖住乔治眼睛的纱布。他躺在那儿心潮澎湃！过了好一会，他听到医师在他的床边走动，什么东西放到了他的眼睛上。"现在你能看得见东西吗？"医师问道。乔治从枕头上稍稍抬起头，觉得眼前模糊地出现了一个有色彩的形象。"乔治！"一个声音说。他熟悉这种声音，这是他母亲的声音。乔治·康贝尔在他 18 年的生命中第一次看见了母亲。她有着疲倦的眼睛、62 岁的起了皱纹的脸、多瘤结的手。但是，在乔治看来，她是最美丽的。

对他说来，母亲是一个天使。乔治所看到的是多年的辛劳和忍耐、多年的教导和计划、多年来为了要使他的眼睛明亮而表现的挚爱和母性。直到今日，他还珍惜他第一次所见到的景象——见到母亲的情景。他从这第一次的视觉经历中就学会了珍惜他的视觉。他说："没有一个正常人会理解到视力的奇迹，如果没有视力我们的生活是多么困难。"

与其天天在嫉妒别人的财富，认为别人的成功是对自己的侮辱，不如牢记自己的失败是活在没有自我的日子里，更不用说自信。

准则 3　勤奋求知

求知不分早晚

晋平公晚年的时候，常常反省自己的过去，他觉得自己没读太多的书，知识不够渊博，感到很遗憾。

有一回，晋平公和一位叫师旷的臣下聊天，深觉师旷才学深厚，甚是羡慕，想到自己，不免慨叹起来："年龄不饶人啊！"师旷听到后不明何意，便问："主公身体如此健康，根本不像年龄这么大的人啊，缘何发此感慨啊？"晋平公说："我不是这个意思，我是说自己已经 70 多岁了，想要再看点书，长点学问就很难了。"师旷说："主公为一国之君，想做什么只要发命令就行了。"晋平公说："我是想自己再学点东西，长点学问，怕是时间来不及了。"说完后，摇摇头，一脸的失望和无奈。师旷看到后，说："主公说时间太晚了，那没有关系，只要主公想学，尽管把蜡烛点起来就是了。"晋平公有些不高兴，说："我说的不是指天色已晚，需要点什么蜡烛啊。我这般和你说心里话，你还取笑于我！"师旷立即毕恭毕敬地站起来，连连行礼，道："主公错怪我了，臣从来不敢忘记自己的身份，怎敢取笑于您！我的意思是年轻人学习就像是初升的太阳，会有光明的前途；如果中年人想要学习，就好比太阳到了正午，前途也像到了正午；到了老年想学习，只要是好学的人，就像点燃蜡烛照亮前面的路一样，使自己不必在黑暗中摸索。"晋平公听到后，非常满意，连连夸奖师旷。晋平公因师旷一席话大受鼓舞，打消了自己年龄大无法学习的思想，从此开始安心读书了。

古代有晋平公这样的将相王侯年老但求知之心不老，当代的普通百姓也不乏刻苦求学的"老人"。看看 50 岁的钟道隆先生是怎么样学英语口语的，作为年轻人的你我又有几个能赶得上这位老先生？钟先生原来是一个工厂的普通干部。一次厂里要从国外引进一台设备，厂领导苦于无人能翻译英文说明书急得一筹莫展，钟先生主动请缨承担了这个任务。厚厚的一本英文说明书，钟先生拿着字典一个字一个字地"啃"了下来，这只是他艰苦学习的第一步。正式引进设备的谈判在一年后就要开始了，凭借对设备的熟悉程度钟先生理所当然地成为厂方的谈判代表，但此时他的听说基础几乎为零。为了能顺利地与外商实现语言交流，他为自己定下了一个必须完成的目标——每天练习听力 4 小时，会话 4 小时。一年下来，他听烂了数十盘英文磁带，听说水平也由原来的一句话也不会说发展到有条不紊地与外国人讨论专业问题，实现了一个语言上的飞跃。

顺利完成谈判任务后，他学习英语的信心更增强了。凭着一股子韧劲与吃苦精神，别人花十几年功夫也未必能达到的英文水平他用了仅仅三年时间就达到了。他自己总结说：我不是什么英文天才，我这三年每天都用 10 小时来学英文，从不间断，三年时间看起来短，但实际上纯学习时间一点不比学十几年外语的人少。50 岁"高龄"的钟先生是凭自己的意志与决心完成了一次对自己的超越。他的成功无疑是对那些慨叹求学黄金时间已逝的人的最大的鼓舞。

有人把求知当作苦役，认为从学校毕业之后就再不必受寒窗之苦了；也有人把对知识的获取仅仅当作一种谋生的工具，追求知识的目的无非是为了获取一份不错的薪酬，而非发自内心地真正想学到点东西，这样对待求知实在是狭隘了点。对知识的积累应该贯穿人的一生，不要说自己"已经过了读书的年龄，记忆力也下降了，理解力也不如从前了"，这些冠冕堂皇的理由不过是惰性的反映，一旦你确定了要掌握一门知识的目标，应该理性而积极地为自己制定一个计划，向古往今来的前辈们学习，对知识的渴求不是年轻人的专利。在求知的路上，永远没有终点，也永远不会太迟。在学习的殿堂里不用讲先来后到。

求知贵在全面

有这样一首诗：

为爱杭州弄小吟

不图马骨值千金

每因堤柳忆苏白

曾对岭梅怀陆林

景物重辉新解放

溪山无恙旧登临

淡妆浓抹西湖面

俯仰人间感慨深

看到这样清秀的诗篇你是否会以为是哪一位大诗人所作，如果你这样想，那你就大错特错了。这首诗是我国著名的数学家苏步青先生在游西湖时即兴所作的。苏先生酷爱文学，喜欢诗词歌赋。他写过一百多首诗、词。他能流利地背出《左传》、《古文观止》等很多书。苏先生是以他的数学才能而闻名学界的，但了解他的文学功底的人就少之又少了。而且，苏先生还是一名语言的奇才，他所会的语言达七八种之多，这些是普通人倾其几辈子的精力也学不来的。苏先生对音乐也十分喜爱。苏先生是以数学而闻名，但何以又对这么多数学以外的领域都有深入的涉猎呢？

苏先生从小在学习知识上就从不偏科，对任何一门他接触的学科都认真对待，付出相当的努力和细心。他说："读书，第一遍可先读个大概；第二遍、第三遍再逐步加深体会。我小时候读《红楼梦》、《西游记》、《三国演义》都是这样。《聊斋》我不知读过多少遍，起初，有些地方不懂，又无处查，我就读下去再说；以后再读，就逐步加深了理解。读书不必太多，要读得精。"苏先生自己回忆上小学时的事，一年级时，他用《左传》的笔法写了一篇作文，老师把他的作文展示给同学们，但老师无论如何也不相信这是他自己完成的，因为对于一个小学生来说，连理解《左传》都很困难，就更别提用《左传》的手法写文章了。苏先生说："是我自己写的，我会背《左传》。"老师随便挑了其中的一段让他背，他流利地背下来了，老师很吃惊也很佩服他。正因为苏先生对很多知识类别都有研究，所以后来他在专攻数学时能触类旁通，很轻松地深入进去。苏先生后来还告诫年轻人："青少年时期的教育很重要。人在这个时期精力最旺盛，记忆能力、吸收能力都很强，不论学什么，进步都比较快。要充分利用这个特点。"

你也许常听到身边的人这样为自己不知道的事情开脱，"我是学文科的，哪懂什么数理化啊！"或"我一个搞工程的，没有艺术细胞，欣赏不了那些玄妙的艺术"。似乎在他们眼里各门类知识如水火一样不可相容，能学好其中一个门类便万事大吉了。实际上，知识都是相通的，历史上文理兼修和文理俱佳的人不胜枚举。大科学家爱因斯坦是演奏小提琴的好手，古希腊学者毕达哥拉斯既是哲学家又是数学家，物理学诺贝尔奖获得者杨振宁在中国古典艺术上的造诣也颇深。正是这样全面而开放的思维令他们在研究与学习过程中，不拘泥于某一固定形态与观念，往往从旁人看来"风马牛不相及"的学科中借鉴经验与启发灵感，在广博的学习中遍采众家之长，在此基础上发展自己特有的专项学习。

在他们眼中，求知不仅是一种手段，更是一种完善，是自我进行人生修养的过程。正是抱着这样一种全面发展的态度，他们的求知态度乃至人生态度才一如既往地表现为积极与进取。如果仅抱着功利性的目的，片面地学习某些知识，无异于盲人摸象，管中窥豹，是领悟不到系统性知识的精华与真谛的，也无法做到让知识融会贯通的。

求知贵在领悟

齐桓公非常喜欢读书，读书的时候也不愿意受人打扰。一天他在厅堂读书，外面传来一阵阵嘈杂声，吵得他看不下去，他有些不悦，于是走出去想看个究竟。到了外面看到是一位两鬓斑白的老人在修车，老人见齐桓公出来，很不好意思，忙上前施礼道："对不起，国君，一定是影响您读书了，我尽量小点声，活也快干完了。"齐桓公见是一位这样年近古稀的老人还在干着粗活，不免心生怜悯，忙说："没关系，你继续修吧。"齐桓公刚要进屋，想不到老人竟主动与他搭话："国君，您看的是什么书啊？""书中写的尽是先贤留下的至理名言。"齐桓公耐心地回答他。老人见齐桓公待他很是和颜悦色，就大胆地接着说："这些先贤如今都在什么地方，为什么不请来当面请教？"齐桓公笑了，说："他们都早不在人世了，要不怎么能叫'先贤'呢？""如此说来，这书里记下的东西也不是什么精细的东西了，大概都是些粗理吧。"一向很尊重先贤的齐桓公听了这番话，有些不悦，说："你们这些粗人怎么能随便指责先贤的著述呢？再说你又没看过，真是胆大包天！你说说你的话怎么来的，到底有什么依据。"老人见齐桓公生气了，有些惊恐，但想想自己也没说错什么，就说："国君，请不要动怒，我是以我自己的感受才说这些话的。就比如我修车吧，削木轮的活我干了一辈子，只要木轮拿在手上就知道如何修它才能好用，但是要让我把修车的技巧全部讲出来，我也讲不好，但心里很明白是怎么回事。若不是这样，这手艺早就传给儿子了，我也一直在教他，但我讲给他听的他学得差不多了，还有很多我讲不出来的东西，他就怎么也学不会了。他是不能领悟这其中的奥秘。这大概就是'只可意会，不可言传'吧。先贤们的书我想大概也是同样的道理，精华的部分是说不清楚也写不出来的，能写出来传给后人的也只是普通的道理吧。"齐桓公听后，也微微点头赞许老人能用简单的事讲出如此深刻的道理。

勤学与苦读不是目的而是手段，学习的真正目的是将知识融会贯通，变为自己的东西。所谓"深入浅出"说的正是这个道理。我们不妨注意那些哲学大师的言行，其思想可谓深邃，其理论可谓艰深。但他们口中说出的为人处世之道都是很直白浅显的。原因正是他们充分理解了抽象的理论所代表的意义，领悟了其中的奥妙，因而才能以生活的感悟对理论进行极其生动的阐述。对知识的理解只有进入这一层次，才能称得上学有所得。佛家提出对佛教教义的理解有三个层次，不妨借鉴于此。其一，见山是山，见水是水。意思是学习佛经初级阶段是一种直接的观感；其二，见山不是山，见水不是水。意思是透过现象发掘出新意义；其三，见山还是山，见水还是水。此为学习佛法的最高境界。象征着真正参透与领悟，实现了对佛法本质的回归。对知识的求索也需经过由浅入深、深入浅出数个步骤，进而使自己成为知识的主人。

唯有如此，才能将理论转化成自己的学识与素养，才能做到应用知识时得心应手。求知忌四面出击贪图求全，那样极可能造成不求甚解的后果，而在某项知识的"精"与"深"上下工夫，做到彻底领悟，便足以令你受用无穷。

求知要勤奋

求知注定要以勤奋为伴。古人为了求取功名，刻苦读书，经常是废寝忘食。但人毕竟是人，需要休息，也有天生的惰性。古人想出个办法，把自己的头发用绳子拴在房梁上，绳子的长度刚好是人看书时头抬的高度，只要自己想要趴在桌上打盹的时候，头上的绳子就会把自己拽疼，以提醒自己该勤奋读书。还有的古人，在书桌边准备一把锥子，一旦自己偷懒，就用锥子扎自己的大腿，以惩罚自己，并警示自己要努力。这样的方式我们现代人不一定效法，但其勤奋的精神却是值得我们认真学习的。

我国古代勤奋求学的事例不胜枚举。晋代大书法家王羲之，7 岁就跟书法家卫夫人学习书法，他练字的刻苦程度在今天我们看来是难以想象的。他苦练 20 年，由于他每天都把用完的墨倒在池塘里，将整个池子都染黑了。当他的儿子王献之问他写字的秘诀时，他指着家里的 18 口水缸说："学字的秘诀就在这 18 口水缸里，你把 18 口水缸的水写完了，自然就知道写字的秘诀了。"王献之听从父亲的教诲，真的把 18 口水缸的水用完了，也最终练出了一手好字。

宋代的科学家燕肃潜心研究潮汐规律。为了掌握潮汐的规律，他走遍广东的沿海，花了 10 年的时间，实地考察，详尽记载，最后终于掌握了潮汐的涨退规律，写成了专著《海潮论》，还编绘了《海潮图》。

顾炎武先生是我国明末清初著名的爱国主义思想家和杰出的学者。他七岁进私塾，十几岁就跟着祖父读《资治通鉴》和《孙子》等兵书。他从小到老，几乎没有一天不读书的，许多著名的历史巨著他甚至能够背诵下来。他还阅读各朝的实录、笔记、天文、地理、诗词等等，甚至连一些地方的县志、乡志也都做过仔细的研究，并在旁边写下读书心得。顾炎武先生读破万卷书之后方成为一代著名的学者。

大到那些在社会上卓有成就的人，小到像沧海水滴的平常人，每一个想要学习知识的人，都不是在嘴上说说就真能学到东西的，除非他有"特异功能"。而事实上特异功能是根本不存在的，真正存在的是踏踏实实地付出努力，经过一番"寒彻骨"，方闻"梅花扑鼻香"。

不论是要学一门手艺，还是要掌握一种生存的本领，都必须得有勤奋的态度和决心。切不可因为刚刚开始学时不见什么效果，就放松对自己在"勤"字上的要求。对知识的求索始终需要持久的毅力、勤奋的态度。如果你自认为不是天才，那么更应在"勤"字上下一番苦工夫，以勤补拙，笨鸟先飞。

求知要持之以恒

东汉时期，河南郡有一位贤惠的女子，人们都不知她叫什么名字，只知道她是乐羊子的妻子。一天，乐羊子在路上拾到一块金子，回家后把它交给妻子。妻子说："我听说有志向的人不喝盗泉的水，因为它的名字令人厌恶；宁可饿死也不吃别人施舍而来的食物，更何况拾取别人失去的东西呢，这样会玷污品行。"乐羊子听了妻子的话，非常惭愧，就把那块金子扔到野外，然后到远方去寻师求学。一年后，乐羊子归来。妻子跪着问他为何回家，乐羊子说："出门时间长了想家，没有其他缘故。"妻子听罢，操起一把刀走到织布机前说："这机上织的绢帛产自蚕茧，成于织机。一根丝一根丝地积累起来，才有一寸长；一寸寸地积累下去，才有一丈乃至一匹。今天如果我将它割断，就会前功尽弃，从前的时间也就白白浪费掉。"妻子接着又说："读书也是这样，你积累学问，应该每天获得新的知识，从而使自己的品行日益完美。如果半途而归，和割断织丝有什么两样呢？"乐羊子被妻子说的话深深感动，于是又去完成学业，一连七年没有回过家。

在求学的过程中，会遇到很多问题阻碍着我们继续走下去，可能这样的阻力有来自家庭的、社会的、经济上的、自身的或其他不可测的重大变故。本来求知的路就是一条很艰苦的道路，没有一定毅力和耐心的人很难坚持到底。再加之这么多的阻力，也许你也很容易像乐羊子一样有中途放弃的想法，但好在乐羊子有一位贤惠而明智的妻子，她知道什么是最重要的，她知道如何劝导丈夫继续自己的学业，她知道想要完成学业不是一朝一夕的事，必须得有足够的心理准备，也就是说必须得做好打持久战的决心，持之以恒。而且她知道，求知只是一个人生命中要做的一件事而已，做其他的事情也都需要持之以恒，没有这样的精神是什么也做不好的。

想要取得成功，需要具备很多条件，比如要有本领、机会、经验、能力、时间等等，在这些条件当中最基础的就是首先要武装自己的头脑——学习本领，掌握知识，像乐羊子那样先去完成学业。这里说的学业是广义的概念，并不是专指在学校里读指定的课本，而是做什么事之前要先学会这些事情里所蕴含的丰富的知识和技能。

当你看到一个很有成就的人的时候，你会羡慕他的地位和成绩，也会佩服他渊博的学识，如果你也想尽快变得和他一样，那么你就得从头学习。

一个没有韧劲与耐力的人，也许一生真的会一事无成。我们都听说过"水滴石穿"，小水滴的力量是多么的弱小，但它日久天长的积累就能穿透坚硬无比的石头。知识的积累也是这样一个积少成多、集腋成裘的过程，持久的努力必须靠持久的恒心与耐心做后盾。始终如一的求知态度是学有所成的保证。

在求知的问题上，切不可急躁，不要急于求成，时间的积累是必不可少的。也许你开始学的时候感觉不到什么效果，但坚持下去你就会慢慢感觉到自己在进步，而且你的进步会越来越快。只要你坚持不懈，你就能学业有成。

求知要甘于寂寞

管宁和华钦年轻时是很要好的朋友，有一次，两个人坐在炕席上一同读书，忽然外面鼓乐喧哗，有一位达官贵人的马车队从门前经过，管宁丝毫不予理睬，仍专心读书，就像外面什么也没发生一样。但华钦听到声音，马上跑到门前去看热闹了。当华钦回来后，管宁用刀子把炕席哗啦一分为二，正色说道："道不同，不相谋。从今以后，你不再是我的朋友了。"虽然管宁割席分坐，断然绝交有些不近人情，但这个故事足以说明，若要求知必须得有耐得住寂寞的精神，要能经受得住各种诱惑的挑战。

毛主席年轻时为了能在夜晚读书，便跑到戏台子底下去看。到那不是为了能顺便看点戏，而是为了借戏台上的那点灯光。台上锣鼓喧天，主席却毫不为所动。如果换了别人，谁能不被那热热闹闹的表演吸引，再说台下还有那么多观众，那个场面和气氛谁还有心思读书学习呢？但"不吃苦中苦，难为人上人"，不比别人多付出努力，又怎么能学到更多的知识，能在激烈的竞争中立于不败之地呢？看来没有舍弃享乐甘于寂寞的精神是难以修成正果的。

英国的物理学家牛顿，为了做实验，平时基本没有娱乐和社交活动。他工作起来真可以说得上废寝忘食，很少深夜两三点钟以前休息，通宵达旦地工作是常有的事。有一次，他请一个许久未见的朋友吃饭。他热情地端出了一盘烧鸡请朋友吃，忽然想到应该给朋友拿瓶酒助兴，就说："我去酒窖拿瓶酒，稍等一下。"对客人打了个招呼就走了。过了好一阵，也不见牛顿回来。这位朋友和牛顿倒也都是老相熟了，并不见外，就自顾自吃起来，吃完就自己走了。过了很久，牛顿回来看见烧鸡被吃完了，居然说："我还以为我没吃饭呢，这不是吃了吗？"原来，他去取酒的途中，想到一种新的实验方法就直接去做实验了，完全忘了朋友和拿酒的事。牛顿正是这样一心扑在他的科学实验上，终日潜心研究，甘于寂寞甚至枯燥的生活，才最终取得了举世瞩目的成就。恩格斯评价他说："牛顿由于发明了万有引力定律而创立了科学的天文学，由于进行了光的分解而创立了科学的光学，由于创立了二项式定理和无限理论而创立了科学的数学，由于认识了力的本性而创立了科学的力学。"这样辉煌的成就，从古至今的科学家很少有人能与之媲美。

伟人们所达到的高度和巅峰，都不是一朝一夕完成的。当他们的同伴沉浸在甜蜜的梦乡中时，他们还在孤灯下奋斗。正是他们能尝常人不能尝之苦，体味常人不能忍受的孤寂，他们的心灵才得以深入到他们执著探寻的远大目标中去，正所谓"天将降大任于斯人也，必先苦其心志，劳其筋骨"。

在知识求索的路上，没有鲜花与掌声，有志者依靠的是远大的抱负和明确的目标，而那些意志不坚定半途而废的庸人往往经受不住种种俗世的诱惑或急功近利，忍耐不住求知路上的寂寞而最终自暴自弃。真正的求知者心静如水的境界来源于他们远大的目标，正是其内心力量的强大使他不为外界的浮华所动，孤身行路，直指理想的前程。

求知要知难而进

先来看一个古代的小故事。有一位叫纪昌的人非常想学射箭。经人介绍他去拜见一位非常有名的神箭手飞卫。纪昌找到飞卫后，十分诚恳地说他非常想学好射箭，飞卫并不说同意不同意收他做徒弟，只是语重心长地说："学射箭不是看着那么容易的，首先要从基本功开始，你现在连基本功都不会，怎么办？"经纪昌再三恳求，飞卫说："那你先学会眼功吧，你要练到无论出现什么事情都绝对不眨眼睛。"纪昌听了这话如获至宝，跑回家，但真到练的时候就犯难了。平时眼睛几乎是隔几秒就自然地眨眨，怎么才能不眨眼睛呢？正好妻子在旁边纺织，就说："何必为了学东西这么发愁呢，要不咱们不学不就成了吗？"纪昌说："不行，我既然求了师傅，师傅也指点了，再难也得想办法。"这时，纪昌盯着织布机上穿梭的织布梭子，有了主意：可以利用织布梭子练习不眨眼的工夫。他每天仰面躺在织布机下面，双眼对着织布机，尽量控制着不眨眼。很多时候，眼睛疼得流下了眼泪，他也不敢擦，时间久了，眼睛又红又肿。但功夫不负苦心人，两年转瞬而去，他终于练成了盯着一个地方看很长时间不眨眼的本领。他高高兴兴地找到飞卫,以为能得到飞卫的夸奖,但飞卫很平淡地说:"这不算什么,这才刚刚开始,光学会不眨眼不够,还得学会把小的东西看大,把模糊不清的东西看清楚了,这样才能瞄得准,把这功夫学会然后再来找我吧。"纪昌回去后又开始想办法,妻子给他一个好主意,用牛尾巴的细毛系上一只小虱子,让他每天挂在窗口上盯着练。纪昌就这样天天练习,虽然其中的过程是那么的枯燥乏味,而且开始时好长时间没有任何进展,但他没有丧失信心,坚持练习,不分寒暑,终于在一年以后他发现自己确实能把小虱子看大了,过了三年这样的日子后,他几乎能将所有的东西都看大好几倍。飞卫听说后,专程跑来祝贺他,说:"你已经成功了!"纪昌非常激动,老师能亲自登门祝贺,足以证明自己的努力得到了承认,另一方面就是自己学习射箭没有惧怕困难,否则就不会有今天的成功了。

对已经攀爬了数个小时的人来说,那可是个极大的心理和生理上的考验。不少人在此望而却步,驻足不前,更有甚者望山兴叹,转而坐了登山缆车。只有那些做好了思想准备,越险越要上的敢于挑战自己心理与体力的人,才能做到知难而进。在登顶成功的人中,他们的笑声无疑是最爽朗的。为探寻到知识的奥秘,求学者不辞辛苦,殚精竭虑,当他们战胜了自我,就会像登上顶峰的胜利者一样有理由享受成功的愉悦。

求知途中的困难就如一只只拦路虎,妄图阻止求知者的行进。真正的求知者是勇于成为"武松"的,因为他们清楚,不征服求知路上的困难,无法迈向掌握知识的终点。真正的求知者可贵之处是其斗志不会因困难对其发出的挑战而削减,相反,他们始终保持着积极的心态去笑迎困难,征服困难。求知者知道学习不可能是一帆风顺的,他们的信条是"路漫漫其修远兮,吾将上下而求索"。

求知的过程是一次接一次的奋斗,当他攻克了一个困难之后,便会向终点又近了一步。求知路上虽荆棘密布,却阻挡不住进取的步伐!

准则4　高效善为

计划好某项工作该花多长时间

做一件事或一项工作，不仅要有一个标志性的开始，还要计划好此项工作花费的时间，有一个日期的限制，会提高你完成这件事的效率。

如果你决定收拾一下杂物，你怎么知道自己何时就可以被认定为做完清洁和整理的工作？从理论上来说，一间非常洁净的屋子就是一间空屋。但是这样的想法自然是不切实际的。扔掉不想要的东西，把书整齐地摆放到架子上，把衣服折叠好，放进合适的柜子里，把纸张归类好，放进文件夹里，铅笔、夹纸用的夹子以及软盘都各归各位。接下来，你进行打扫、擦洗、掸灰等步骤。如果你能把这些做得很好，那就说明你有整理杂物的系统能力。你把剩余的空间分配给了你的杯子、钥匙、钱包，还有拖鞋，这样，你就可以方便地找到它们；你把琐碎的东西都放到一个地方；你将自己经常用的东西放在容易拿到的地方；你在抽屉上贴上标签，标明里面是什么东西；你把衣服按颜色分类。最后，你环顾一下四周，非常满意，每一样东西都放在了适当的位置上，整间房子显得有条有理，并且十分温馨。

这种感觉，多多少少就是该让事情停止时的感觉。没有忽略的地方，没有杂乱的东西，工作中需要的东西都在恰当的位置上。这样做不会让你一直忙乱到晚上，并且得到的结果也是相当不错的。

当下次你不能决定一件事情是否该停止的时候，记住这一点吧。如果你没有已经收拾好一间凌乱的屋子的那种感觉的话，就继续工作吧。

做任何一件事情都要考虑效率，同样完成任何一项目标和计划都不能不考虑效率。在所有提高工作效率的技能中，没有一个比组织时间的能力更重要了。很多人都担心自己没有充足的时间尽最大努力完成每个项目。若是不遵守控制时间的计划，就会使事情无限期地延迟下去。所以，我们要看着日历并尽力把它全部做出打算。从某种程度上看，这是基本的计划。决定你需要多少时间和你有多少时间，并相应地做计划。该做的时候就做，该停的时候就停。最重要的事情不是作者或者艺术家头脑中一开始的想法，而是他决定在哪一点上停下来。

"一首诗从来没有完成的情况，只有被放弃修改的状况。"一件事总要有完成的一天，做事时计划好该花费多久，会让你提高做事的效率，防止无限期地延迟。

24 小时怎样变成 48 小时

时间就是上天赐给你做事的资本。每个人拥有的时间都是相同的。只有懂得利用时间的人，才有可能得到成功女神的青睐。以下是有效利用时间，将 24 小时变为 48 小时的小技巧。

1. "效能"重于"效率"

现今，老式的"效率专家"的时代早已经过去了。今天的管理专家多从"效能"来入手，因为"效能"是一个含义更广、更有用的概念。

"效率"重视的是做一件工作的最好方法。"效能"则重视时间的最佳利用。例如，为了即将召开的一项会议，你有一份必须打电话通知的人员名单。如果你从效率观点来看，你就会想什么时候打电话给他们是最好的时机，是不是要把他们的名字放入自动拨号卡片上以节省时间，这张名单是否是最新的正确资料，等等。但是，如果你从效能观点来看，你就会问自己，打电话给这些人，是不是把时间做最佳的运用？你也许会考虑另一种联络方法；你也许考虑把打电话的事派给别人去做；或把会议完全取消掉，好把时间用在更有用的地方。

健全的时间管理，应该以效能优先、效率次之的观念为出发点。

2.少说废话

名人之所以能成为名人，伟人之所以能成为伟人，有一个共同点，那就是：他们都能很好地运用自己的时间，他们都懂得一切从现在做起的道理。

在时间的运用上，成功人士非常认真地对待每一分每一秒，尤其是当前的时间利用，而不是将时间用在说许多的大话、空话或者是无期望达到的计划上。

一位青年人向爱因斯坦询问道："先生，您认为成功人士是如何成功的，有无秘诀？"爱因斯坦非常认真地告诉他："成功等于少说废话，加上多干实事。"

爱因斯坦的意思很简单，细想一下，就不难明白，爱因斯坦其实是想告诉这位青年人，不要把时间浪费在一些无聊的闲扯之中，而要抓住现在的每分每秒，做一些确实有用的事情，坚持下去，成功就不远了。

时间对每个人都是公平的，只要你方法得当，就完全可以放开地去挖掘，将24小时变为48小时，用挤出来的时间来实现梦想。

用同样的时间做更多的事

为了有效地利用时间，用同样的时间干更多的事情。必须掌握以下三条基本原则：

1.诊断自己的时间

诊断自己的时间，目的在于知道自己的时间是如何耗用的。为此，要记录时间的耗用情况，并要掌握用精力最好的时间干最重要的事。

如果你把最重要的任务安排在一天里干事最有效率的时间去做，你就能花较少的力气，做完较多的工作。

2.排除浪费的时间

效率专家特德·特纳在接受电台记者采访时，告诉对方说自己很忙，仅能给他 5 分钟时间。对方尽可能快地提出自己的看法，但是 5 分钟飞快地过去了。当记者想继续说下去时，特纳打断了他的话："你的 5 分钟完了。我喜欢你，但我不得不走了。圣诞快乐。"这次会见就这样结束了。

此外，培养速记的技巧和速读的能力也是避免浪费时间的有效方法。

3.分析无效的时间

大多数人都认为，给自己很多时间完成一件事，可以改善工作的质量，但实际情况并非如此。帕金森的结论是："一份工作所需要的资源与工作本身并没有太大的关系，一件事情被膨胀出来的重要性和复杂性，与完成这件事花的时间成正比。"

这一基本原则的含义是，要确定哪些事根本不必做，哪些事做了也是白费工夫。我们要时刻提醒自己：把时间留给特别有意义的问题，不可把大量宝贵的时间耗费在与工作关系不大的问题上。

大凡做事效率高的人，都会利用或学习利用时间，懂得用同等的时间做更多的事的技巧。

把握重要的少数

在工作和日常生活中，我们要达到化繁为简、提高做事效率的目的，就必须知道如何去把握住那些重要的少数。

在"把握重要的少数"这个原则方面，有一位叫帕累托的意大利经济学家兼社会学家提出了一个非常著名的理论——"80/20 法则"，并得到了广泛应用。这个理论更科学的描述是："在任何特定的群体里，重要的因素总是占据少数，而不重要的因素则往往占了大多数。只要你能够控制得了具有重要性的那些少数因素，你就可以控制整个群体或全局。"后来这个理论演变成为"80/20法则"，它在经济管理领域的描述是："80%的价值来自于20%的因素，剩下20%的价值则来自于80%的因素。"

一个具有判断力的人，做事时一定会考虑优先顺序，先做最重要的事，然后才做比较次要的工作。万万不可先做自己认为好做或自己喜爱的事，那样，可能会将重要的事耽搁，造成不必要的损失。

那么该如何决定工作的优先顺序呢？

一般说来，可以依据工作期限、重要程度，以及性质来判断。所以，在做事之前，应该制定一个紧密且可行的流程才是。

另外，做事一定要坚持一个重要的原则，就是"把握重要的少数"。不能凡事都亲自抓起，不论大事小事，如果每天都要将所有的事做完，就会累积一大堆工作。

避免擅自做主而出差错。不过，也不可什么事都去麻烦别人，最好是自己先衡量后再去请求人家。

做事的关键之一，就是懂得运用"80/20法则"，把握住少数重要的事情，抓住事情的关键。这样，才能切实把有限的精力用在最有效的时间上，才可能提高做事的效率。

不一味求多

工作量应该有多少，是不是越多越好？做事应该做多少，是不是越多越好？下面这个例子，或许能给你答案，并带来启发。

IMG有一位精力充沛的女业务代表，负责在高尔夫球及网球场上的新人当中，发掘明日之星。她非常赏识美国西岸的一位年轻网球选手，遂决定招揽对方加盟本公司。

从此，纵使每天在纽约的办公室要忙上 12 个小时，她依然不忘时时打电话到加州，关心这个选手受训的情形。他到欧洲比赛时，她也会趁着出差之便，抽空去探望探望，帮助他打理一切。有好几次，她居然连续一周未睡一个好觉，忙着飞来飞去，追踪这个选手的进步状况，而她的手边还有一大堆积压已久的报告。

一次，那位年轻选手参加法国公开赛。照原定日程，这位女业务代表不需出席这项比赛，但是她说服主管，为了维持与那位年轻选手的关系，她应该到场。主管勉强应允，但条件是，她得在出发前把一些紧急公务处理完毕。结果她又是几个晚上没合眼。

抵达巴黎当天，在一个为选手、新闻界与特别来宾举行的晚宴上，她依旧盯着那位美国选手，并且像个称职的女主人，时时为他引见一些要人。当时是瑞典网球名将柏格独领风骚的年代，他刚好是她的客户，又是那名年轻选手的偶像，自然地就介绍让他俩认识。柏格正在房间一角与一些欧洲体育记者闲聊，她与年轻选手迎上前去。对方望向这边时，她说："柏格，容我介绍这位……"天哪！她居然忘了自己最得意的这位球员的姓名！

后来，那位年轻选手成了世界名将，但他与 IMG 再也没有关系。

不要认为事情做得越多就越好，恰恰相反，做事的最佳境界是有效。只有将每一件事都做扎实，切实做好，方能收到事半功倍的效果。

每天抽出一定时间安排工作

大部分人总感觉时间不够用，白天一整天都要忙忙碌碌地工作，却经常杂乱无序。其实，这是由于我们不会有效地利用时间。

早晨，来到公司之后，先把电子邮件、传真、信箱检查一遍，然后不要忙于着手做手头的工作，而应该先把今天这八小时怎么度过在头脑中预先描绘一个蓝图。今天应该做的工作有哪些，哪项工作比较困难，哪项工作比较容易，困难的工作用多长时间、怎么做，简单的工作用多长时间、怎么做，这样在头脑中整理一遍后，工作起来就会很流畅。这样做还可以防止工作遗漏。

不管多么远大的目标，都必须通过每天一点一滴的努力才能实现。这和登山是一个道理，必须一步一步地走，不可能从山脚下一步就登上山顶。另外，这每一步都必须是朝着山顶的，否则也是徒劳。如果走错了方向，那不管走得多么稳健，也无法到达目的地。因此，我们在迈出每一步之前都得思考一下，不能走错了方向。

所以，不要仅仅把每天的工作视为独立的部分，而要从整体上把握。今天的工作是在昨天的基础上做的，而今天又是在为明天打基础，为了防止出现工作上的短视，有必要在每天开始工作之前，抽出几分钟时间，好好做一个计划。

真正忙于工作的人，每天的工作都排得满满的，浪费一点点时间都有可能造成巨大的损失，所以他们更有必要在早晨抽出两三分钟时间将今天一天的工作从头到尾思索一遍。别小看这短短的两三分钟，如果合理利用的话，可以使你一天的工作效率高、质量好。

时间就像海绵里的水，只要善于挤，总会有点滴还可用。而一日之计在于晨，在每天工作的开始，抽几分钟计划当天的工作，也许短时间你感觉不到它的功效，时间一长，你就会获益匪浅。

养成使用"日常备忘录"的习惯

在每一个公司，老板都会喜欢工作用心而细致的员工，因为在老板看来，这样的员工工作态度好，所以对他们做事比较放心。而那些做事不用心的员工就时常不知道下一步将怎样开展工作，即使他们记住了开会时上司安排的工作内容，也容易给上司留下应付差事的坏印象。

如果平时不记"备忘录"，只用脑子去记，突然要用的时候却要花很长时间才能想起来，或者根本就想不起来了。有时候，不做"备忘录"，你会忘记上司安排你做的工作，当上司问你做得如何时，你才猛然想起，可这时已经晚了。类似的事情你一定经历过。很多事不记下来，就必须在脑子里想着不能忘！不能忘！这样一来，你累都累坏了，还能干好什么工作！

养成做"日常备忘录"的习惯，会给你带来不少好处。

比如，当你每天早上打开当天的"备忘录"，就可以找到你想要的东西，避免因遗忘而造成工作上的损失。你会因为没有把事情或工作忘了而心安；你可以把苦思冥想的时间省下来，用在其他的工作上；你总能知道你的约会、计划和文书工作，你因用不着分心于其他事而工作起来相当有效率。同时，它还能记录你的工作状况，让你能看清楚自己在某段时间里的变化，从而引导你采取正确的工作方法与技巧达到新的目标；它还能提醒你在适当的时候发个邮件、打个电话，与同事、朋友保持联系……

要养成使用"日常备忘录"的习惯，它能让你用最少的时间，以充沛的精力去提高工作效率。当你使用"日常备忘录"时，你就能亲身体验到它带来的积极变化，为你的成功提供有力的保证。

使用"日常备忘录"，是有效利用时间，提高工作效率的方法之一。多向有此习惯的人学习，逐渐养成使用"日常备忘录"的习惯，工作效率就会大大提高。

不轻易放过空当时间

凡在事业上有所成就的人，都有一个成功的诀窍：变"闲暇"为"不闲"，也就是不偷清闲，不贪逸趣。

爱因斯坦曾组织过享有盛名的"奥林比亚科学院"，每晚例会，与会者总是手捧茶杯，边饮茶，边议论，后来相继问世的各种科学创见，有不少产生于饮茶之余。据说，茶杯和茶壶已列为英国剑桥大学的一项"独特设备"，以鼓励科学家们充分利用余暇时间，在饮茶时沟通学术思想，交流科技成果。"闲不住"的人们还在闲暇时间里积极开创自己的"第二职业"。在概率论、解析几何等方面有卓越贡献的费尔马，他的第一职业是法国图卢西城的律师，而数学则是他的"第二职业"。哥白尼的正式职业是大主教秘书和医生，而创立太阳系学说却成为他"第二职业"的研究课题。富兰克林的许多电学成就是在当印刷工人时从事"第二职业"的成果。"闲不住"的人们还在闲暇时间里虚心向社会上的能人贤者求教。托尔斯泰曾在公路上不耻下问，请教有丰富生活经验的农民。达尔文曾在科学考察途中，拜工人、渔民、教师为师。不甘悠闲，不求闲情，已被科学家视为生活的准则。

琳达受聘于一家顾问公司，她平均每年要负责处理130宗案件，而且她的大部分时间都是在飞机上度过的。琳达以为和客户保持良好的关系非常重要，所以，在飞机上她就给她的客户们写邮件。她说："我已经习惯如此了，这有什么坏处呢？"一位等候提行李的旅客对她说："在近三个小时里，我注意到你一直在写邮件，你一定会得到老板的重用的。"琳达则笑着说："我早已是公司的副总了。"

懂得利用时间，善于利用时间的人，都是惜时的人。积少成多，零星时间累加起来，可以产生很大的效率。不轻易放过空当时间，不知不觉，工作的效率与成绩就会增加。

准则 5 善总结重积累

要善于总结经验教训

有个打鱼人有着一流的捕鱼技术，被人们尊称为"鱼王"。然而"鱼王"年老的时候非常苦恼，因为他的三个儿子的捕鱼技术都很平庸。

于是他经常向人诉说心中的苦恼："我真不明白，我捕鱼的技术这么好，我的儿子们为什么这么差？我从他们懂事起就传授捕鱼技术给他们，从最基本的东西教起，告诉他们怎样织网最容易捕捉到鱼，怎样划船最不会惊动鱼，怎样下网最容易请鱼入瓮。他们长大了，我又教他们怎样识潮汐，辨鱼汛……凡是我长年辛辛苦苦总结出来的经验，都毫无保留地传授给了他们，可他们的捕鱼技术竟然赶不上技术比我差的那些渔民的儿子！"

一位路人听了他的诉说后，问："你一直是手把手地教他们吗？"

"是的，为了让他们学到一流的捕鱼技术，我教得很仔细、很耐心。"

"他们一直跟随着你吗？"

"是的，为了让他们少走弯路，我一直让他们跟着我学。"

路人说："这样说来，你的错误就很明显了。你只传授给了他们技术，却没有让他们体验教训，总结经验和失败。"

渔王虽然一直在潜心教授儿子们打鱼的技巧，但他忽略了很重要的一点，那就是他只是独自体会教训的痛苦，而儿子们对父亲所遭受到的教训却因为不曾经历而没有丝毫感性的认识。

我们每个人在生活和工作中，都遇到过失败和教训，而且在当时都给我们带来了不同程度的打击与失落，同时也引起了我们的警醒，因为有着前面这样那样的教训，所以在下次做同样的事时，一般人都会注意不再犯同样的错误，不再让痛苦折磨自己第二次。这样看来，很多时候有了失败并不是坏事，因为我们对教训的记忆尤其的深刻，反而让我们更快地进步和改善了，坏事在这种意义上就变成了好事。经验是我们日常积累总结出来的，经过反复应用，使我们做事得心应手，起到事半功倍的效果。如果在实践中，只一味地蛮干，不动脑思考自己做得好和不好的地方，不总结经验汲取教训，结果只能是再次犯同样愚蠢的错误。

爱迪生为了发明电灯做了无数次的实验，但仍然找不到一个理想的方案。此时，有记者采访他，问道："爱迪生先生，您已经做了一万次实验了，仍然一无所获，难道您不认为自己很失败吗？"面对如此的责难，爱迪生坦然地回答："不，恰恰相反，因为我知道了至少一万种做不成电灯的方法。"从中我们可以深刻感受到科学家话中对待失败的理性心态，那就是总结经验教训，以利再战。在向未知领域进军的过程中，摸着石头过河是必要而务实的策略。那么，跌倒与走偏都是很可能出现的情况，出现问题并不可怕，关键是从中找到失败的症结，及时修补完善自己的行动计划。从某种程度上说，我们应该感谢那些失败，正是它们使我们从其中找到了迈近成功的方法。

俗话说："吃一堑，长一智。"如果说失败是我们达到成功前必须付出的代价，那么由失败得来的经验与教训，便是一种回报。谁珍视并充分利用这些回报，谁就是成功的智者。

要懂得付出才有回报

爱迪生生前唯一的合伙人巴纳斯是一个意志坚强、刻苦努力的人，但当初他一无所有。他决心要成为爱迪生的合作者而非雇员，他来到了爱迪生的工作室。当他说明自己的来意是要做爱迪生的合伙人时，引得在场的人不停地嘲笑，因为爱迪生从来就没有过什么合伙人，好像也不大需要合伙人。巴纳斯在爱迪生这里谋到了一份普通的工作。巴纳斯起初一直在爱迪生这里做设备清洁工和修理工。几年时间过去了，他的机会终于来了。当时，爱迪生发明了口授留声机，但公司的销售人员不能把它卖出去，巴纳斯这时挺身而出，他说："我能把它卖出去。"于是他成了爱迪生的专职销售员，虽然他拿的还是清洁工那份微薄的薪水。

巴纳斯用了一个月的时间，终于带回了好消息。他跑遍了整个纽约城，卖出了7部留声机。他冥思苦想制定了留声机的全美销售计划，然后把计划拿到爱迪生那里。爱迪生看过后，为他的努力和细心而感动。这时巴纳斯再次提出成为他合伙人的建议，爱迪生非常高兴，欣然同意。从此，巴纳斯成了爱迪生一生中唯一的一位合伙人。巴纳斯的成功印证了"付出才有回报"的道理。他在工作中不是先向老板要求我要得到什么，或是得到后我才能为你做什么，而是默默无闻地去做去付出，而且在他付出的时候他也并没有抱怨自己的付出没有得到别人的认可或酬谢，因为他相信他的努力终有一天会为他带来收获。他把老板的事业当成是他自己的事尽心尽力去做，他所做的一切的价值已经远远超过了他的薪水，所以他能获得爱迪生的赏识是不言而喻的。

付出才有回报并不是仅针对那些已经成功的人士而言的，这个浅显的道理中蕴藏的深刻的人生哲学可以为我们任何人所用。一个面临高考的高三学生，他一定知道如果他不起早贪黑地复习功课，不管他有多聪明，也不会进入一流的大学读书。一个销售员，他一定知道，他的销售业绩是要靠他的辛苦努力一家家推销和宣传去赢得的，只坐在办公室里幻想自己的销售额提升那是个天方夜谭。一个想从事文学创作的人，他知道自己必须大量地阅读和学习前人的经验，才能厚积薄发。他如果只在口头上标榜自己要成为作家，那他是永远也不会成为作家的。拿破仑·希尔曾说过，如果你愿意提供超过所得到的服务时，迟早会得到回报。

在人的一生中，每天都有产出：当你是一个学生时，你的产出是背熟几个单词，学会几个公式；当你工作后，你的产出或是一份报告或是一份报表。无论你做的是什么，都要记住，要多付出一点点。如果你想与众不同，那么从现在起你的观念就要发生变化，你不能再像以往那样"宽容"自己，每时每刻多付出一点点努力，集腋成裘，最终你会有丰厚的回报。

当然，多付出一点点在某种程度上意味着辛苦，当别人在看电视喝咖啡时，你还要坐在书桌前研读；当别人周末轻松购物时，你还要埋头苦干，但正是这一点一滴的多付出会成就你日后的成功。别人要求你10分，你就给他12分；如果别人付出10分，你就付出12分的努力。如果多付出一点点成为你的习惯、你的工作作风，那么你的成功是指日可待的。

要愿意从小事做起

有一位留洋的计算机博士，他毕业后在国外找了好多工作，但都没有成功。最后他想出了一个办法，抱着试试看的态度，他收起了自己的所有学历和学位证书，以最低的姿态去应聘。很快，他被一家电脑公司录用为最普通的程序录入员。这样的工作连一般的本科生都不屑于去做，但这个博士感到自己的工作来之不易，很用心地工作。没多久，老板发现他居然能找到程序中的错误。这是个人才啊！这不是一般的程序员能够发现得了的。于是，给他换了工作，这时他拿出了自己的本科毕业证书。又过了一段时间，老板发现他在新的岗位上也做得得心应手，还有很多建设性的好意见，于是找到他与之谈心，他这时又拿出自己的硕士学历给老板看。老板提升他做了部门的副总。后来，老板发现他对专业知识的了解程度竟然不是一般的硕士生所能比拟的，又找到他。他拿出了博士学位，老板恍然大悟，听他说了自己这样做的理由后更是非常敬佩他，这个博士从此得到了重用。博士能从小事做起的精神和策略是很值得我们学习的，老子说："千里之行，始于足下。"无论你想成就什么样的伟大事业，没有小事的积累都是不可能完成的。这个博士能放下自己"高贵"的架子和令人艳羡的学习背景去干最基础的工作，比那些刚出校门还什么都没经历过就吵嚷着非高薪不去、非好职位不干的大学生不知要明智多少倍，现实多少倍。

观察力、判断力、耐心、控制情绪的能力等等这些素质往往是在小事中，在不经意间显露无遗。我们不是常评价某类人"大事做不成，小事不愿干"嘛，实际上，让这种人去做一件小事也许他们也会干得一无是处。古语云："一屋不扫何以扫天下？"同样说的是这个道理。

还需要提醒的是，在我们努力提高自己的能力去追求成功时，良好的行为品德也需要从小事上得到考验和锤炼，不要因小失大葬送了美好的前程。有两个女孩子经过层层考试，终于在同一家公司被试用，两个人都很努力用心地工作着。一天其中一个女孩看到桌上有很多闲着的打印纸，她想拿回家用不是挺好的嘛，于是就将纸装进了自己的背包里，没想到这一幕正好被公司的经理看在眼里，但经理并没有说什么。到了试用期结束的时候，这个女孩被辞退了，而另一个女孩却留了下来。不知道这个被辞退的女孩，在离开公司的时候是否醒悟到了个中缘由，如果真的不明白，真难保她以后会遭到同样的命运。

没有踏踏实实把眼前小事理清弄顺的能力，又何以奢谈宏图大志呢；而且，即使再大的目标也需要分成阶段性的众多小目标来一步步完成，最终大事件也要变成无比琐碎的小事件，我们一切实实在在的努力也都是付诸于这些被细化的小事上的。那些轻视小事的大而无当的思想与做法，恰如在建造一栋空中楼阁，没有从小事中得来的经验与能力的储备，所谓做大事的目标最终也会沦为一句笑谈。

要防止"纸上谈兵"

公元前 262 年，秦昭襄王派大将白起进攻韩国，占领了野王。廉颇接受赵孝成王命令去救上党。但他们才到长平，上党已经被秦军攻占了。廉颇连忙守住阵地，叫兵士们修筑堡垒，跟远来的秦军对峙，准备作长期抵抗的打算。

秦将王龁几次三番向赵军挑战，廉颇说什么也不跟他们交战。王龁想不出什么法子，只好派人回报秦昭襄王，秦昭襄王请范雎出主意。范雎说："要打败赵国，必须先叫赵国把廉颇调回去。"范雎想出了一条计。

过了几天，赵孝成王听到左右纷纷议论，说："秦国就是怕让年轻力强的赵括带兵；廉颇不中用，眼看就快投降啦！"

他们所说的赵括，是赵国名将赵奢的儿子。赵括小时爱学兵法，谈起用兵的道理来，头头是道，自以为天下无敌，连他父亲也不放在眼里。

赵王听信了左右的议论，立刻把赵括找来，问他能不能打退秦军。赵括说："要是秦国派白起来，我还得考虑对付一下。如今来的是王龁，他不过是廉颇的对手。要是换上我，打败他不在话下。"

赵王听了很高兴，就命赵括为大将，去接替廉颇。

赵括的母亲向赵王上了一道奏章，请求赵王别派他儿子去。赵王把她召了来，问她什么理由。赵母说："他父亲临终的时候再三嘱咐我说，赵括这孩子把用兵打仗看做儿戏似的，谈起兵法来，就目中无人。将来大王不用他还好，如果用他为大将的话，只怕赵军断送在他手里'。所以我请求大王千万别让他当大将。"

赵王根本不理会，这样赵括领兵 20 万到了长平，让廉颇回邯郸去了。

赵括把廉颇规定的一套制度全部废除，下了命令要把秦军杀得片甲不留。

那边范雎得到赵括替换廉颇的消息，知道自己的反间计成功，就秘密派白起为上将军，去指挥秦军。白起一到长平，故意打了几阵败仗。赵括不知是计，拼命追赶。白起把赵军引到预先埋伏好的地区，派出精兵25000人，切断赵军的后路。赵括这才知道秦军的厉害，只好筑起营垒坚守，等待救兵。秦国又发兵把赵国救兵和运粮的道路切断了。

赵括的军队，内无粮草，外无救兵，守了40多天，兵士都叫苦连天，无心作战。赵括带兵想冲出重围，秦军万箭齐发，把赵括射死了。赵军听到主将被杀，也纷纷扔了武器投降。40万赵军，就在纸上谈兵的主帅赵括手里全部覆没了。

赵括的故事在当今生活中一点也没有过时，时下不是总有人热衷于获得某某证书，某某资格认证吗？那种速成式的学习由于只对几本有限的教材做填鸭式的教学和学习，根本无条件去培养学生实际应用能力与动手能力，其含金量是很值得怀疑的。

不过，有些所谓"人才"却偏偏对"只动口不动手"的工作方式情有独钟，谈起理论他可以滔滔不绝，讲起道理他也可以引经据典，但你让他拿出解决问题的具体方案，他就哑口无言了。这样的"人才"实在于成事无益，靠这样的人出谋划策不越帮越忙才怪呢。

要懂得实践出真知

李时珍医生就是这样一个实践者。中国传统的药物学称为本草学，本草的本义指植物。然而中医的药物除了植物以外，还包括动物以及广泛存在于自然界中的各种有机物与无机物。因此，李时珍研究的对象存在于广阔的天地之间，这就需要极强的科学性与实践性。李时珍在他的巨著《本草纲目》中所体现出来的精神，正是一种追求真知、实事求是、实地考察的科学精神。用他自己的话来说，他具体的研究方法是"通考据"与"询野人"。也就是说他认真研究、继承前人的著作与经验，详尽地钻研文献资料，以科学的方法进行整理考证，纠正旧说的错误，求得正确的认识；并且一向提倡走出书斋，到社会中去，到大自然中去，进行实地实物的考察，进行社会调查和科学试验。

数十年间，李时珍研读了近千家的著作，从事的科学考察，从地域方面说，除了自己家乡外，足迹遍及河北、河南、山东、山西、安徽、福建、浙江、江苏、湖南、广东和广西等省区，还深入穷山僻壤、荒山野岭，到过许多少数民族地区。

为了考证一种被描绘得很神奇的仙果，李时珍多次爬上武当山，采集标本，亲自咀嚼品尝，最终确定这不过是普通梅子的一种。在山里，他还亲手解剖了一只穿山甲，从胃中翻出一升多蚂蚁，从而证明了穿山甲吞食蚂蚁的特性。在西南地区，他见到一种少数民族使用的"不灰木"火把，经过仔细研究它的结构材料，发现它实际上是由草叶束成，中间夹裹松脂一类耐燃物，一夜只燃一两寸，十分耐用。

在对药物进行考察和试验时，李时珍往往不顾个人的安危。曼陀罗花是一种有毒的植物，前人本草书上说，此花能麻醉人，使人发笑，华陀的麻沸散可能就是以此花籽为主要原料制成的。李时珍真的用曼陀罗花籽泡了酒，亲自喝下去，验证了这种说法。

实地考察使李时珍获益匪浅：一是结识了许多为他提供实践知识的朋友，如樵夫、渔夫、猎人、士兵、医生等；二是实地辨识了药物，纠正了前人多年没有认识到的疑误；三是发现了一批新的药物，如三七等。这些考察研究为李时珍日后写出科学巨著《本草纲目》打下了坚实的基础。

从书本中获取知识固然重要，但那毕竟是抽象的、片面的、宏观的，要想切实领悟知识与技能的真谛，在实践中的摸索与锻炼是必不可少的。再深奥的理论也是从实践与实验中得来的，像李时珍那样敢于亲自品尝毒果，以确定其是否具有毒性，实在是"实践出真知"的楷模。历史告诉我们，有很多当时认为是真理的东西，在经过人类的反复实践检验后，"真理"就变成了谬误。最典型的例子就是伽利略在比萨斜塔上所做的实验，推翻了统治人们思想几千年的错误"真理"。所以，实践既是真理的源泉又是真理的试金石。

圣贤书与经典论述是一笔重要的财富，学习它们是我们求知路上不可或缺的必修课，但切莫忘记实践同样是一位伟大的老师，从实践中得出的见解可能更有针对性、更有说服力、也更有实用性。

严谨务实的学风会令我们在求知时不至于迷失在理论的丛林中，实践犹如一盏灯，在它的照耀下，理论的价值才能得以熠熠生辉。

要培养良好的习惯

1978 年，75 位诺贝尔奖得主在巴黎聚会。有记者问其中一位获奖者："您认为您在哪所大学或哪所实验室里学到的东西是最重要的?"这位老者的回答让在场的人都感意外："在幼儿园。"老者说："在幼儿园里，我学到了很多最基本的东西，比如把自己的东西分一半给小朋友们；不是自己的东西不能拿；东西要放整齐；做了错事要道歉；学习要多思考，要仔细观察大自然。从根本上说，后来我学到的东西全部都是这样的道理。"

靳羽西，从一个电视人，到一个全球闻名的企业家，从致力于把中国的文化介绍到西方，到把自己的化妆品介绍给中国乃至世界的女性，她处处展示着自己与众不同的成功之路。她自己总结无论是从事电视业还是后来经营公司，都是良好的习惯帮助了她。

她自己将业已形成的良好习惯总结出来与公司员工共勉，希望能让他们个个都成为受欢迎的人和合格的员工。比如她要大家培养自己这样的习惯：（1）实事求是、严于律己、宽以待人，不搬弄是非，要总是寻找别人身上的优点；（2）不在公共场合有意或无意地贬低他人；（3）做任何事情都要有信用，哪怕是很小的事情；（4）宁可慷慨，不要小气。及时归还你借的东西，并在恰当的时机，口头或书面向对方表示感谢；（5）不要夸耀你的过去或现在以及诸如此类的话题……（19）有团队合作精神，永远感激集体与你一起所做出的努力；（20）永远不要期待或要求别人去遵守连你自己也无法遵守的原则。她把这些良好的习惯视为是与她的品牌一样重要的无形资产。

英国唯物主义哲学家培根说："人的思考取决于动机，语言取决于学问和知识，而他们的行动则多半取决于习惯。"习惯就像人的皮肤一样附着于人，好的习惯人们不会轻易抛弃，但坏习惯一旦养成，也同样不容易改掉。小到刚懂事时妈妈教我们的饭前便后要洗手，睡觉前要刷牙洗脚，大到仔细读书、认真做事的习惯，这些都不是天生就具备的，都是后天有意培养出来的。所以，在习惯的问题上就不存在谁先天好的问题，大家都站在同一起跑线上。谁能在生活中时时注意约束自己，谁就能在这个环节上取得先机。习惯看似微小，但在一生中坚持良好的习惯却不是人人都能做得到的。应该把习惯当作一个朋友来看待，益友能让你如虎添翼，事半功倍；而损友却只会让你做事捉襟见肘，一塌糊涂。良好的习惯意味着秩序、条理与效率。

一个拥有良好习惯的人必是一个有自己办事原则的人，他会按照自己的成熟的想法来面对事物，他知道如何开始、如何进行、如何结束。良好的习惯赋予了他思维清晰行动迅速的才能，而做事没有章法或被坏习惯缠身的人往往是办事效率低下的拖沓鬼。一位哲人说：好的习惯能加强诺言与天性的力量。如果你自认为有过人的才智，请用良好习惯做车轮装备它们吧！

要明白"熟能生巧"

魏惠王有一个厨师叫庖丁，非常擅长杀牛。他解牛的技术远近闻名，据说他解牛不像是在解牛而像是在舞蹈一样，动作优美而熟练，整个过程轻柔而顺畅，不会发出任何不雅的声音来。

魏惠王很喜欢他，他一直在魏惠王身边干了许多年。有一回，魏惠王问他是怎么达到现在这个水平的，庖丁平静地说："因为我非常喜欢这个工作，所以我干起来一点也不觉得辛苦或乏味，经过了长期的锻炼和摸索，我才能做到今天这样。"他接着说："第一次解牛的时候，因为是生手，拿着刀根本不知道该往哪里下手，而且刀也使得很不顺手，经常刀没用几天就断了或磨坏了。但几年的经验积累下来，我对牛身上的各个关节、肉、皮、内脏的样子和位置都烂熟于心，下刀的时候也不再碰到骨头了，所以就没有什么声音发出来，即使闭上眼睛我照样能和睁眼干得一样好，这就是熟能生巧嘛！所以做起来也随意多了。我的这把刀现在用了十几年了，还是像新的一样，那是因为我熟练以后再也碰不到牛骨头了！"

人有时真是奇怪的动物，他不因掩饰自己的无知而感到羞愧，却因暴露自己的无知而感到难为情，于是我们身边就有了很多"不懂装懂"的人，虽然对所谈问题一知半解，甚至一无所知，却摇头晃脑做出一副什么都明白的专家派头，而且越被质疑越要理直气壮，一副自信十足的架势。细想想，这种人虚假的自信正是建立在他们强烈的自卑感之上的，为了保存他那点可怜的"自尊心"，怕被别人识破而出丑就不惜以谎言示人。这种掩饰其丑的行为在明眼人眼里实际上自暴其丑。孔夫子有一句名言："知之为知之，不知为不知，是知也。"求知过程中，犯错误甚至出洋相都是难免的，第一次犯了错误、出了丑要从中总结教训，第二次再遇到同样的问题就有了经验，而且记忆也深刻得多，会小心谨慎地做得准确无误，这样的"出丑"便有了价值，成为成功前的预演与前奏。

　　诚然，出丑总是会令人难堪与尴尬，受挫感也难免会令人感到沮丧，但仍应当培养良好的心态去面对"出丑"的经历：至少我们比那些不敢尝试的人要多迈出了一步。

第三篇

成功的技巧

准则 1　随机行事

<h2 align="center">巧言化解面试中的"危机"</h2>

菲菲在学校学的是刑法学专业，应聘法院的书记员工作。面试中，考官问完了关于菲菲的个人情况之后，开始问专业问题："请你谈一下你对撤销权的认识。"由于紧张，菲菲只听清了"认识"两个字，重点根本就没有听到。菲菲很有礼貌地说："真的很对不起，刚才您问的问题我没有听清楚，您能不能再说一遍呢？"考官重复了一次问题，可是由于菲菲的专业是刑法，对民商法上的知识知道得很少，这个问题根本就不知道，于是说："对不起，这个问题我不懂，我能向您请教吗？"菲菲这种谦虚大方、坦然相对的态度，给考官留下了诚实、坦率的好印象。

国家公务员面试中，采用的一般是结构化面试方式。一个面试者要面对一排考官，而且还有摄像机。在这种氛围中，面试者很容易因为紧张而闹出笑话。毕业生孙某在面试中就出现了这样的情况。用人单位考官问："阁下认为我部的发展前景如何，发展动力又是什么？"孙某由于太紧张，听完提问后，不假思索地说："我阁下认为………"话刚说完，孙某就意识到自己犯了错误，连忙说："真对不起，我太紧张了，讲错了话，闹了笑话。我真正想说的是……"由于孙某能够在紧张的情形下保持冷静，弥补自己的过失，考官们很欣赏他的坦白态度和应变能力，孙某因此博得好感，一个小小错误并没有使他在面试中受到影响。

发挥自如、博取对方好感是成功办事的无价之宝。事情往往是这样，如果人们欢迎你，那么，无论你做错什么事，他们都会原谅你；如果别人不欢迎你，那么，尽管你慎之又慎，万无一失，也无济于事。

面试就是在推销自己。这种推销就是要在众目睽睽的舞台上发挥自如，博取对方的好感。然而，谁也不能确切地告诉你讨人喜欢是怎么回事。不过，那些讨人喜欢者所禀赋的某些品质却是可以解释清楚的。我们对此可以列出许多条来：乐观豁达、充满自信、得体的风度、幽默的谈吐、笑以待人，等等。

灵活机智，发挥自如，在面试中及做事的过程中，都是非常重要的。在做事过程中，常会有意想不到的状况发生，这时，就需要你发挥你的机智来巧妙化解危机，以求获得成功。

根据对方的眼神决定你的行事方式

"眼睛是心灵之窗"，眼睛的奥秘在于它会毫无保留地反映出人的喜、怒、哀、乐，反映人的思维活动。

人们的欲望和感情，首先反映在视线上，视线的移动、方向、集中程度等都表达不同的心理状态，观察视线的变化，有助于人与人之间的交流。爬上窗台就不难看清屋中的情形，读懂人的眼神便可知晓人们的内心状况，就可以根据对方的眼神，决定自己下一步该怎样做。

如果对方眼神沉静，便表示他对于你着急的问题，早已成竹在胸，稳操胜券。只要向他请示办法，表示焦虑，如果他不肯明说，这是因事关机密不必要多问，只静待他的安排便是。

如果对方眼神散乱，你便可知他也毫无办法，徒然着急是无用的，向他请示也是无用的。你得平心静气，另想应付办法，不必再多问，这时是你显示本领的机会，快快自己去想办法吧！

假若你见对方眼神横射，仿佛有刺，便可明白他异常冷淡。如有请求，暂且不必向他陈说，应该从速借机退出，即使多逗留一会儿也是不适的。退而研究他对你冷淡的原因，再谋求恢复感情的途径。

如果他眼神呆滞，唇皮泛白，便可明白他对于当前的问题惶恐万状，尽管口中说不要紧，他虽未绝望，也的确还在想办法，但却一点也想不出所以然来。你不必再多问，应该回去考虑应付办法。如果你已有办法，应该向他提出，并明确表示有几成把握。

你见他眼神似在发火，便可明白他此刻是怒火中烧，火气极盛，如果不打算与他决裂，就应该适时妥协，速谋转机。否则，再逼紧一步，势必就要引起正面的剧烈冲突了。

如果他的眼神恬静，面有笑意，则说明他对于某事非常满意。你要讨他的欢喜，不妨多说几句恭维话，你要有所求，这也是个好机会，相信他一定会比平时更容易满足你的愿望。

要是对方眼神四射，神不守色，便可明白他对于你的话已经感到厌倦，再说下去必无效果，你应该赶紧告一段落，或乘机告退，或者寻找新话题，谈谈他所愿听的事。

若要办事顺利，察言观色是必不可少的。仔细解读对方的眼神，可发现其中蕴藏的情绪等信息，再据此决定下一步的行事方式，才可保证办事顺利。

说话需要分对象和场合

与不同身份、地位的人打交道要用不同的方式，如果不明白这一点，对什么人都是一视同仁，则可能会被对方视为无大无小、无尊无长，引起对方的不满。若对方身份地位比你高，会认为你这样做没有教养，不懂规矩，因而他不喜欢听你的话，不愿帮你的忙，或者有意为难你，这样就可能妨碍你做事，使本来顺利的事情一波三折。

宋朝知益州的张咏，听说寇准当了宰相，对其部下说："寇准奇才，惜学术不足尔。"张咏与寇准是多年的至交，他很想找个机会劝劝老朋友多读些书。因为他身为宰相，关系到天下的兴衰，理应学问更多些。

恰巧时隔不久，寇准因事来到陕西，刚刚卸任的张咏也从成都来到这里。老友相会，格外高兴，寇准设宴款待。在郊外临分手时，寇准问张咏："何以教准？"张咏对此早有准备，正想趁机劝说寇准多读书。可是又一琢磨，寇准已是堂堂的宰相，居一人之下，万人之上，怎么好直截了当地说他没学问呢？张咏略微沉吟了一下，慢条斯理地说了一句："《汉书·霍光传》不可不读。"当时寇准没有明白张咏的话是什么意思，可是老友不愿就此多说一句，言讫而别。回到相府，寇准赶紧找出《汉书·霍光传》，他从头仔细阅读，当他读到"光不学无术，暗于大理"时，恍然大悟，自言自语地说："此张公谓我矣！"（这大概就是张咏想要对我说的话啊！）书中记载，当年霍光任过大司马和大将军要职，地位相当于宋朝的宰相，他辅佐汉朝立下大功，但是居功自傲，不好学习，不明事理。这与寇准有某些相似之处。寇准读了《汉书·霍光传》之后很快明白了张咏的用意，感到从中受益匪浅。

寇准是北宋著名的政治家，为人刚毅正直，思维敏捷，张咏赞许他为当世"奇才"。所谓"学术不足"，是指寇准不大注重学习，知识面不宽，这就会极大地限制寇准才能的发挥，因此，张咏要劝寇准多读书加深学问的意思既客观又中肯。然而，说得太直，对于刚刚当上宰相的寇准来说，面子上不好看，而且传出去还会影响其形象。张咏知道寇准是个聪明人，给了一句"《汉书·霍光传》不可不读"的赠言让其自悟，何等婉转曲折，而"不学无术"这个连常人都难以接受的批评，通过教读《汉书·霍光传》的委婉方式，使当朝宰相也愉快地接受了。"借它书上言，传我心中事"，张公辞令，高明至极！

聪明人都是懂得看对方的身份、地位来做事的，这也是自己做事能力与个人修养的体现。平常我们所说的"某某人会来事"，很大程度上就体现在"见什么人说什么话"的才智上。这样的人不只是当领导的器重他，做同事的也不讨厌他，这样的人做事的成功率当然高。

不同身份、地位的人自我感觉是不同的，懂得随机应变的人，自然懂得"见什么人说什么话"的道理。做事灵活机变的重要一点，就是对不同的人要区别对待。

要因环境而变

做事成功很关键的一点就是要会变换做事的手段与方法，要能够随不同的环境而调整自己的方式。做事因环境而变，才会成功。

1.根据社会环境

人类社会是在不断发展中前进的。科学技术水平随着人类的不断发展而提高，而不断提高的科学技术水平又促使人们产生出更高的生活要求。所以，一个人只有不断地进步才能跟上社会的发展，不可墨守成规而被固定的形式所束缚。

2.把握地理环境

皖南山区有座石头山，山上的石头奇形怪状。20世纪80年代，当地村民把它开采下来，送到城里去卖，一家的年收入高达1.8万元，村民心里乐开了花。80年代末，村民们发现，城里人用他们开采的石头垒成假山，售价也很高。于是，这些村民也学着垒假山出售，赚了不少钱。几年后，家庭年收入翻了几番。村民们更乐了，他们同时也明白了靠山吃山、靠水吃水这个道理。随着山上的石头越开采越少，村民们认识到，他们不能轻易盲目地出售山石了，而应该有计划、有步骤地开发家乡资源。如今，山里的人正在利用山石资源积累起来的资金，办起了各种乡镇企业，使整个地区的农民很快走上富裕的道路。

3.把握特殊环境

在现实生活中，经常会被莫名其妙置于尴尬境地，让人不知所措。

倘若你没有思想准备，不具备临场应变的经验，你就不能从容、洒脱地应付意外的窘境，打破僵局。

诗人严阵和作家铁凝访问美国时，参观了一家博物馆。由于正值开馆时间，他们在广场上碰巧遇到两位美国老人在此休息。见他们是中国人，两位美国老人便主动上来交谈，说他们尊敬中国人，其中有一位老人为表达这种崇敬的感情，还热烈地拥抱了铁凝，并亲吻了一下。这使铁凝十分尴尬，不知所措。而对方就像犯错误的小孩一样，呆立在一旁。严阵赶紧走上前去微笑着说："呵，尊敬的老先生，你刚才吻的不是铁凝，而是中国对吧?"一句话打破了僵局。那老人马上笑答："对，对！我吻的是铁凝，也是中国！两种成分都有。"尴尬气氛在笑声中化解。

具体问题具体对待，做事时懂得融原则性与灵活性为一体，许多难办的事就容易解决了。

巧妙回避不宜直言的问题

生活中有许多问题，是我们无法正面回答的。面对这样的问题，聪明的人通常会想办法巧妙地避开。

汉高祖刘邦非常熟悉这种"回避"的技巧。

项羽自封霸王后，曾经想谋杀刘邦。范增出主意说："等刘邦上朝，大王就问他：'寡人封你到南郑去，你愿不愿意去?'如果他说愿意，你就说他意图养精蓄锐，有谋反之心，可以绑出去杀掉；如果他说不愿意去，你以其违抗王命杀掉他。"

刘邦上殿后，项羽一拍案桌，高声问道：

"刘邦，寡人封你到南郑去，你愿不愿意去?"

刘邦答道：

"臣食君禄，命悬于君。臣如陛下坐骑，鞭之则行，收辔则止。臣唯命是听。"

项羽一听，无可奈何，只好说：

"刘邦，你要听我的，南郑你就不要去了。"

刘邦说：

"臣遵旨。"

刘邦的聪明之处，就在于巧妙避开了项羽问话的前提，故意说对项羽忠心耿耿，"唯命是从"，从而使项羽找不到借口杀自己，为自己日后卷土重来保留了机会。

许多时候，为了保全自己的某种利益，你可以随机应变、见机行事，设法避开这类难于应付的问题。有时候为了照顾自己的面子，你也必须学会避开别人的提问。

巧妙回避不宜直言的问题，可利用"模糊"语言，也可弹性地拒绝回答。总之，方式很多，关键是要掌握随机应变的能力。

准则2　把握机遇

在别人说"不"的时候说"是"

我们常常一次又一次地错失机会，就是由于我们总是在自己原本对的时候，向反对意见妥协。原本觉得自己是正确的，只要有人反对，就心生退缩，沉默不言了。

哈里·盖瑞讲了一个他小时候的故事。

一天，他的老师让他站起来背诵一篇课文。当他背至某处时，响起了老师冷漠平静的声音："不对!"

他犹豫了一下，又从头开始背起。当背到相同的地方时，又是一声斩钉截铁的"不对"阻断了他的背书进程。

"下一个！"老师叫道。

哈里·盖瑞坐了下来，觉得莫名其妙。

第二个同学也被"不对"声打断了，但他继续往下背，直到背完为止。当他坐下时，得到的评语是"非常好"。

"为什么？"哈里向老师埋怨道，"我背得和他一样，你却说'不对'！"

"你为什么不说'对'并且坚持往下背呢？仅仅了解课文还不够，你必须深信你了解它。除非你胸有成竹，否则你什么都没学到。如果全世界都说'不'，你要做的就是说'是'，并证明给人看。"

在别人都说"不"的时候说"是"，说起来容易，做起来的确需要勇气。大部分人都需要其他人的附和才会坚持自己的意见，很少有人敢于坚持自己的个性。于是大多数人都只是普通人，而那些卓尔不群、不为大多数人意见所左右的人则成为少数的成功者和明星。

不敢坚持自己的人，常常向权威求教，比如参考书、上司、顾问、专家，等等，就是不敢相信自己。有独立意志的人则会利用人人具备的常识和事实进行探究，做出合理的假设，然后得出自己的答案，并且敢于坚持。他们自己进行思考和创造，自己制订计划并付诸实施。

如果一个人不相信自己所做的事是正确的，屈服于来自外界的意见与批评，那么，他将错过很多成功的机会。别人的意见未必是正确的，一个坚持自己的人，才能赢得机会的青睐。

敢于走进某些禁区

阻碍我们成功的往往不是不知道的事，而是一些司空见惯的事情，自身固有的观念、前人的经验、世俗的眼光，这一切都会成为枷锁套住我们的思想，让我们不敢跨出一步。成功、创新首先要做的就是拿出打破一切常规的勇气。

成功的人往往是那些能够摆脱条条框框的束缚、在工作中有所突破的人，这种人是各个公司都急于网罗的对象。

在一家公司里，总经理总是对新来的员工强调一件事："谁也不要走进 8 楼那个没挂门牌的房间。"他没有解释原因，也没有员工问为什么，他们只是牢牢地记住了这个规定。

又有一批新员工来到公司，总经理又重复了上面的规定。这次有个年轻人小声嘀咕了一句："为什么?"

"不为什么。"总经理满脸严肃地说，依旧没有任何解释。

回到岗位上，年轻人一直思考着总经理这个令人费解的规定。其他人，劝他别瞎操心，遵守这个规定，干好自己的工作就行了，但年轻人却执意要进入那个房间看个究竟。

他轻轻地敲了一下门，没有反应，再轻轻一推，虚掩的门开了，只见屋里有一个纸牌，上面写着——把这个纸牌送给总经理。

闻知年轻人擅闯"禁区"的同事劝他赶紧把纸牌放回房间，他们会替他保密的，但年轻人拒绝了。他拿着纸牌走进了 15 楼总经理的办公室。

当他把那个纸牌交到总经理手中时，总经理宣布了一项惊人的决定："从现在起，你被任命为销售部经理。"

"就因为我拿来了这个纸牌吗?"年轻人诧异地问。

"对，等这一刻我已经等了快半年了，相信你能胜任这份工作。"总经理自信地说。

果然，销售部在年轻人的带领下，工作搞得有声有色。

勇于走进某些禁区，打破条条框框的束缚，突破常理的限制，往往会得到许多意想不到的机会。因循守旧、循规蹈矩的人，只能拥有芸芸众生的生活。

及时抓住有用信息

犹太商人认为有了宝贵的信息，得到了好的主意，还需要有切实可行的措施，才能使愿望变成现实，把信息变为金钱，否则一切都只是空想。

美国佛罗里达州有个犹太小商人，注意到家务繁重的母亲们常常临时急急忙忙上街为婴儿购买纸尿片，于是灵机一动，想到可以创办一个"打电话送尿片"公司。

送货上门本不是什么新鲜事，但送尿片则没有商店愿意做，因为大家都嫌它本小利微。

这个小商人发现在校大学生是全美国最廉价的劳动力。于是，他雇大学生去送，让他们使用最廉价的交通工具——自行车。他又把送尿片服务扩展为兼送婴儿药物、玩具和各种婴儿食品，随叫随送，只收15%的服务费。

如今，他的生意越做越兴旺。

经营者获取市场信息，制定经营策略，为的是把握机会。所谓机会是指一时一地出现的某种特殊条件，它带有一定的偶然性，往往稍纵即逝。精明的人，一旦顺手"牵"着机会，就会以最快的速度利用它。正是快一步天高地阔，慢一着满盘皆输。

靠信息发财，是办实业做买卖必不可少的法宝，没有信息，经营者就像盲人，面对四通八达的交叉路口不知如何起步。

俗话说，信息灵，百业兴。在瞬息万变的市场上，经营者必须具备极强的应变能力，随时做出正确的决策，而决策的基础在于耳聪目明，能获取大量及时、准确的信息。市场上常常出现这样一些情况，一方面消费者持币观望，抱怨买不到满意商品；另一方面商店、个体摊位、生产厂家的产品因卖不出去而大量积压，其根本原因就是产品不适销对路，产品生产与市场需求脱节。

信息满天下，专寻有心人。一条有价值的信息，一个准确的情报，会使一大笔生意成功。

1973年，日本东京三菱公司总部收到了驻卢萨卡情报人员的报告，说扎伊尔发生了军事叛乱，叛军正向赞比亚的铜矿区移动。他们经过分析，认为叛军一定会切断交通。那里出产的铜在世界市场上占有重要地位，交通一旦被切断，必然要影响国际市场上铜的价格。而这种情况尚未引起新闻界的注意，伦敦五金交易所铜的价格仍维持在每吨860英镑。于是，三菱公司决定立即大量购铜。不久，叛军果然切断了交通，使铜价迅速上涨至每吨921英镑。三菱公司抛出大量库存，因此赚了一大笔钱。

生活中许多人缺乏信息意识，不做调查，仅凭主观愿望就盲目去做，结果导致在激烈的竞争中一败涂地；而有些人尽管重视信息，但常常由于不能对得来的信息做出快速决策而错失良机。成功的秘诀，就是随时随地把握时机。

先下手为强

某年9月底，我国某市技术改造办公室的同志正在德国考察，并从一位德国朋友处得知，有家名叫"能达普"的摩托车厂即将倒闭。我方表示，欲买下该厂，但须一周时间商讨，一周后答复。与此同时，还有几个国家的商人也准备购买该厂。

回国后，某市政府领导拍板即决定通知德方，我方全部购买。随即组成专家团，准备赴德进行全面技术考察，商谈购买事宜。与此同时，联系人从联邦德国发来急电：某国人先行一步与德方签署了购买"能达普"的合同，合同上规定付款期限为 10 月 24 日，也就是说，如果 24 日下午 3 时，某汇款不到，合同便告失效。

事情的发展出乎意料，某市领导分析了整个情况后认为，国际贸易竞争中也存在偶然因素，虽然某国商人在签订合同方面抢先，但能否按时付款还不能确定。这也说明，我方还有争取主动的机会。在得知某国未能按时付款后，某市做出决定，立即派团出国，从某国人手中抢回这条生产线。中国人的突然出现，德方人员甚感吃惊，但依旧热情地接待了我方代表。德方代表说："如果你们要购买，请现在就谈判、签订合同。因为，债权委员会已规定，'能达普'的财产必须于 10 月 30 日前出售完毕，以保证债权人的利益。"我方意识到对方急于出卖的迫切心理，但又不能干闭着眼睛买外国设备的蠢事。经过几个回合的交涉，终于达成了中国专家先进行全面技术考察后再谈判的协议。

25 日早晨，中国专家来到"能达普"厂，对全厂的设备、机械性能、工艺流程进行全面考察，正式决定全部买下该厂设备。25 日下午 2 时整，合同谈判在中国专家驻地正式举行。经过紧张的讨价还价，在 26 日凌晨签订了合同。某专家团以 1 600 万马克（合 500 多万美元）的价格，买下了"能达普"厂的 2 229 台设备和全套技术软件。后来得知，这个价格比某国商人所要支付的价格低 200 万马克，比另一些竞争对手准备支付的价格低 500 万马克。

我方能够买下摩托车厂，很大程度上是因为我们尽快出手，签订合同先付了款项，从而打赢了这场国际贸易的战役。

先下手为强，机会的争夺也是激烈的，你若不善于把握先机，就很有可能空留遗恨。

紧紧抓住灵感

1947 年的冬天，在密歇根州的卡索波里斯，爱德华·洛厄正帮着他的父亲做木屑生意。这时，有一位邻居过来，问他们有没有木屑，她说她的猫房里的沙给冻住了，她想换一些木屑铺上去。当时，年轻的洛厄就从一只旧箱子里拿出一袋风干了的黏土颗粒，建议对方试试这玩意儿，因为这种材料的吸附能力特别强，并告诉她当年他父亲卖木屑的时候，就是采用这种材料清除油渍的。结果他的邻居试了以后，燃眉之急果然解除了。

几天以后，这位邻居又来了，她想再要一些这样的黏土颗粒。这时，洛厄突然意识到自己的机会来了。他马上又弄了一些黏土颗粒，分成五磅一袋，总共装了十袋。他把自己的新产品命名为"猫房铺"，打算以每袋 65 美分的价格卖出去。但是，大家都笑话他，因为一般铺猫房用的沙子才多少钱一磅呀？

但出人意料的是，洛厄的十袋黏土很快就卖出去了。而且，当这十个用户再次找上门来，指明要买"猫房铺"的时候，这一下轮到洛厄高兴了。一笔生意，一种品牌，一种使命，就这样创始了。

采用黏土颗粒作为猫房铺，反倒促使猫变成更受人欢迎的宠物了，同时，洛厄也因此而变得富有了。仅仅在两三年时间内，"猫房铺"的销售就达到了两亿美元。也许可以说，正是洛厄的发明所带来的生存条件的改善，最终使猫取代狗成为在美国最受欢迎的宠物。

把握机会其实很简单，只要你抓住一时的灵感，许多事情就会迎刃而解，与此同时也许还会给你带来很多的财富。

许多灵感往往就是财富的源泉、成功的先机，紧紧抓住转瞬即逝的灵感，也就抓住了成功的机会。

迅速而准确地行动

凡是懂得做事之道的人都善于把握时机，机遇来时当机立断。一旦对事情考察清楚，并制订了周密计划后，他们就不再犹豫、不再怀疑，而能勇敢果断地去做。因此，他们对任何事情往往都能做到驾轻就熟，马到成功。

英国当代著名军人基钦纳就是这样一个人。这位沉默寡言、态度严肃的军人勇猛如狮、出师必胜，一旦他制订好计划，确定了作战方案，就会集中心思运用他那惊人的才干，镇定指挥，而绝不会三心二意地去与人讨论、向人咨询。在著名的南非之战中，基钦纳率领他的驻军出发时，除了他的参谋长外谁也不知道要开赴哪里。他只下令，要预备一辆火车、一队卫士及一批士兵。此外，基钦纳声色不动、滴水不漏，更没有拍电报通知沿线各地。那么，他究竟要去哪里呢？士兵们也不知道。战争开始后，有一天早晨六点钟，他忽然神秘地出现在卡波城的一家旅馆里，他翻开这家旅馆的旅客名单，发现了几个本该在值夜班的军官的名字。他走进那些违反军纪的军官的房间，一言不发地递给他们一张纸条，上面签署了自己的命令："今天上午十点，专车赴前线；下午四点，乘船返回伦敦。"基钦纳不听军官们的解释和辩白，更不听他们的求饶，只用这样一张小纸条，就给了所有的军官一个警告，起到了杀一儆百的作用。

这位驰骋沙场、百战百胜的名将非常自信，做起事来专心致志，富有创意和魄力，也极富判断力，行动果断，为人机警，反应敏捷，每遇机会都能牢牢把握、充分利用。他的确是一个向往获得全面成功者的最好典范！

不能准确而迅速地做出判断的人，通常很难决定真正开始做一件事。他们大部分的时间和精力，都消耗在犹豫和迟疑当中，这种人也往往会错失许多良机。

把握住第二次机会

现实生活中，太多的人因各种原因，不能够实现自己的美好梦想。然而，如果你能够怀着一颗勇往直前的心去实践，那么，生活中其实处处都是第二次机会。

阿姬尔·摩尔多一直梦想着能完成自己的学业。14 岁时，她不得不辍学回家，去照顾弟妹们。16 岁结婚后，她生了 6 个孩子，这使得她的梦想变得更为遥远了。1983 年，52 岁的阿姬尔在密苏里州堪萨斯市的一所小学校里重新当起了学生。在她重新入校学习时，她的 4 个孩子已经从这所学校里毕业。两年后，她从这所学校毕了业，并攻读了中学的有关课程。她说："重新返校求学使我有了自信心，现在我感到自己能做任何自己想做的事情。"

斯蒂福·理查森 30 岁就当上了世界上最大的一家计算机公司的高级顾问。他长时间埋头于工作，难得回家一次。天长日久，他开始怀念起他那充满田园情趣的家乡，那抚育他长大的故土——新英格兰。新泽西州嘈杂的生活环境使他感到厌倦。于是他辞去高位，回到小镇上去生活。

在佛蒙特州的诺威奇，他成了该地工艺拼板玩具公司的董事长。虽然他赚的钱并不多，只是公司收益中的一小部分，他却愿意这样做，他说："有些东西比金钱更重要。"

那么，我们怎样才能察觉并把握住生活中的第二次机会呢？以下几点值得借鉴：

（1）要使你追求的愿望更加强烈。

（2）绝不要说"已经太晚了"。

(3) 要能看到转机。

(4) 要立志改变自己。

(5) 不要说自己不行。

在我们生活中的一些重要关口，大家都希望能有第二次机会去实现梦寐以求的目标。然而，却很少有人把他们一直孕育着的理想从幻梦中分离出来，使之付诸行动。对我们来说，重要的不是我们是否曾遇到挫折，或将会失败，而是我们为自己的理想都做了些什么。

不要被过去的经验所限制

你是否经常感慨自己错失了太多机会？一个人最令自己感到痛惜的就是由于被过去的经验所束缚，让触手可及的机会随风而逝。当恍然察觉时，却只能自卑自泣了。

古希腊的一位哲人在风烛残年之际，知道自己时日不多了，就想考验和点化一下他那位平时看来很不错的助手。他把助手叫到床前，说："我的蜡所剩不多了，得找另一根蜡接着点下去，你明白我的意思吗？"

"明白，"那位助手赶忙说，"您的思想光辉是得很好地传承下去……"

"可是，"哲人慢悠悠地说，"我需要一位最优秀的传承者，他不但要有相当的智慧，还必须有充分的信心和非凡的勇气……你帮我寻找一位好吗？"

"我一定竭尽全力。"

哲人笑了笑。

那位忠诚而勤奋的助手，不辞辛劳地通过各种渠道开始四处寻找。可他领来一位又一位，都被哲人一一婉言谢绝。一次，当那位助手再次无功而返时，病入膏肓的哲人硬撑着坐起来，说："真是辛苦你了，不过，你找来的那些人，其实都不如……"

"我一定加倍努力，"助手恳切地说，"找遍五湖四海，也要把最优秀的人选挖掘出来。"

哲人笑笑，不再说话。

半年之后，哲人眼看就要告别人世，最优秀的人选还是没有眉目。助手非常惭愧："我真对不起您，令您失望了！"

"失望的是我，对不起的却是你自己，"哲人很失意地闭上眼睛，停顿了许久，才又不无哀怨地说，"本来，最优秀的就是你自己，只是你不敢相信自己，才把自己给忽略、给丢失了……其实，每个人都是最优秀的，差别就在于如何认识自己、如何发掘和重用自己……"一代哲人就这样永远地离开了他曾经深切关注的世界。

那位助手后悔莫及，以致整个后半生都在自责。

这位助手败就败在被过去的经验所限制，畏缩不敢向前迈出一步，同时，也白白舍弃了尝试的机会。

机会在手，要懂得牢牢抓住，不要被过去的经验所限制，产生丝毫的迟疑和懈怠。好的机会，抓住一次就足够受用一生了，没有勇气打破老套经验的限制，就永远也不会有机会。

准则3 说话技巧

巧妙应对别人的刻意刁难

生活中，难免会和别人存在不同的见解，这无可厚非，但是有一些人就会因此对你心怀不满，很可能在一些场合有意刁难你。如果大发雷霆，很可能对自己的名誉产生影响，那么，面对别人的刁难，如何做到巧妙应对呢？

巧用反问是应对尖酸刻薄之人的一个很普遍、实用的技巧。当对方的问题很难回答或发问的角度很刁，你回答肯定、否定都可能出差错时，那就不要回答。你可以把问题再还给对方，巧用反问，将对方一军。

比如，有一个国王故意问阿凡提："人人都说你聪明，不知是真是假？如果你能数清天上有多少颗星星，我就认为你聪明。"阿凡提说："如果你能告诉我，我骑的毛驴有多少根毛，我就告诉你天上有多少颗星星。"

化被动为主动。先有意放松，解除对方的戒备心理，为能牢固地把握主动权打好基础，等到对方上钩了，再予以反击，让对方措手不及、哑口无言。

卡特竞选总统时，一位爱找碴儿的女记者来采访他的母亲："你儿子说如果他说谎，大家就不要投他的票，你敢说他从未说过假话吗？"卡特的母亲平静地说："不，我儿子说过。""那说过什么谎话呢？"女记者喜出望外地追问。"善意的谎话。""什么善意的谎话？""你记不记得几分钟前，当你跨进我家的门时，我儿子说你很漂亮，见到你很高兴？"

请君入瓮。巧用话语把对方也引入这种局面中，然后自身撤退，让对方作茧自缚、自食其果。

一天，英国剧作家萧伯纳正坐在沙发上沉思，坐在他旁边的一位美国金融家对他说："萧伯纳先生，如果您让我知道您正在思考什么的话，我愿意给您1美元。"金融家的话明显是在嘲笑萧伯纳的穷困，只听萧伯纳回答："啊，可我的思考1美元也不值，我所思考的正是你！"

萧伯纳就是巧妙地"接过"了刁难者的话题，设计了一个圈套，将刁难者与话题中的事物联系起来，从而使自己全身而退，反倒让对方成为被要弄的笑料。

如果有人在不是什么大是大非的原则问题上刁难你的话，你大可一笑了之、大智若愚，全当不懂对方的话，而让对方自讨没趣。

1992 年的美国大选，克林顿的对手在电视竞选上，说他"不过是夫人的一个木偶"，言外之意是克林顿做不了一家之主，更无资格做一个国家的领导人。但克林顿却回答："不知你是竞选总统还是竞选克林顿夫人?"一句妙答，让对方无言以对。

克林顿这种带点傻气的话，其实是大智若愚，既回避了他人对自己不能胜任一个大国总统的怀疑，又打击了对方对其夫人干政的担忧。

在别人刁难的时候，如果我们恼羞成怒，对刁难者进行指责，这样只会激起对方的反唇相讥，由此陷入进一步的言语大战。而如果太过于温和，会让对方觉得你是一个软弱易欺负的人，没准还会找机会再刁难你。

远离是非之地

是非几乎存在于社会的每一个角落里。轻易招惹是非，自己很可能甩也甩不掉。明智地采取相应措施，及早脱身离开才可以避免祸及自身。

下面介绍几种远离是非的方法：

方法一：区别对待，步步为营。如果平日很要好的两个人，最近竟然分别在你跟前，数落对方的不是，然而两人表面上依然友好。这时候，你该怎么办呢? 左右为难是一方面，除此之外，你更应该小心，因为有可能两人都是在试探你。

这时，你这个"夹心人"可以对两人都冷处理，对方发现没有人同情，必然会掉头另找他人，那么你就自动脱身了。如两人是别有用心，旨在试探你对他俩的喜恶程度，这时，你亦不必过分慈悲，不妨还以颜色，分别跟他们说："对不起，我不愿听你说朋友的坏话，因为我根本不想批评你俩！其实，我的看法对你们并不重要呀！"利用这一招，他们必然会知趣而退。

方法二：适可而止，全身而退。工作中各级平行领导之间，有太多的微妙关系存在，大部分是亦敌亦友的，无论私交如何要好，在上级领导面前，他们还是有数不完的斗争。不过，关系不好之后，某些人可能为了某些目标，希望化干戈为玉帛，以方便日后好做事，但亲自出面又太唐突，于是便找来"和事佬"。本来使人家化敌为友，是一件好事。但做好事之余，你得做些保护自己的工作，适可而止。

最好对双方的对与错，均不予置评，更不宜为某人去解释，告诉他俩"解铃还需系铃人"，你的义务到此为止。对领导不满、对单位不满，永远大有人在，遇上有同事来诉苦，指责某人有意为难他，或单位某方面对他不公平，你应该做到既关心同事的利益，又要适可而止，置身事外，让自己全身而退。

方法三：不沾上是非最典型的莫过于"走为上"计。主动脱离尴尬的是非处境，待时机成熟，情况有所转机后，再去积极处理，以图重新打开自己的人生局面。如：

晋公子重耳由于国王献公昏庸，听信骊姬的谗言，逼迫太子自杀，为此，他出走流亡在外，这样他既避免了骊姬的迫害，又能留得余生待国家有转机时回朝主持朝政。在他流亡期间，也渐渐变得成熟干练，而且他也充分利用"走"来寻找他的同盟者。这样他就在"走"的同时来促使晋国内外发生有利的变化，最后，他终于在秦国大军的护送下归晋，受到众人的欢迎。

这是滞留与走的一个鲜明对比：留则无生路，走后得王位。走是为了远离是非，以等待时机，创造条件，最终实现美好人生。

面临是非之境，逃离是最佳之策，切忌老是充当"和事佬"和"夹心人"，不幸充当，也要谨慎待之。

怎么说话不伤人

会为人处世的人，与人交往会避其锋芒，即使觉得他做得不好，也不会直言相对。那些忠直的人如果实话实说，虽然在特定的场合显示了自己的魄力，但是如果太过，不仅会刺伤别人，也会损伤自己。

罗斯福曾经说过这样一段话："假如我的邻居失火了，在四五百英尺以外，我有一截浇花园的水管，要是给邻居拿去接上水龙头，我就可能帮他把火灭掉，以免火势蔓延到我家里。这时，我怎么办呢？我总不能在救火之前对他说：'朋友，这条管子我花了 15 美元，你要照价付钱。'这时候，邻居刚好没钱，那么我该怎么办呢？我应当不要他 15 美元，我要他在灭火之后还我水管。要是火灭了，水管还好好的，那他就会连声道谢，原物奉还。假如他把水龙带弄坏了，他答应照赔不误的话，现在我拿回来的是一条仍可用来浇花园的水管，那我也不吃亏。"的确，这样，一方面成全了自己的愿望，另一方面也不至于让别人心里觉得不舒服。

有句话叫"不看你说什么，只看你怎么说"。同样一个意思，不同的人有不同的说法，不同的说法有不同的效果。与人交流时，不要以为内心真诚便可以不拘言语，我们还要学会委婉地表达自己的想法。

当别人的言谈举止令你很厌恶，并想力图摆脱，但基于当时的气氛和情境或碍于对方的面子，不好表达时，最好采用风趣的方式。只要你运用得当，你所处的困境就会随之得到轻松解脱，而对方也不会因此受到伤害。

一次，著名的德国作曲家翰内斯·勃拉姆斯参加一个晚会。不曾想，晚会上他遭到一群厚脸皮女人的包围，他边礼貌地应付，边想解脱的办法。忽然，他心生一计，点燃了一支粗大的雪茄。不久，他与那群女人便被一团团淡紫色的烟雾包围了，很快，有几个女人忍不住咳嗽起来，勃拉姆斯照样泰然地抽他的雪茄。

终于有人忍不住了，对勃拉姆斯说："先生，你不该在女人面前抽烟啊！"

"不，我想，有天使的地方不该没有祥云！"

勃拉姆斯用风趣的语言，使自己从无奈的纠缠中解脱了出来。

生活中，真诚并不等于不加修饰地说出自己的想法。也许在交流某事上，你的想法与旁人正好相反，而你又要将此种想法坚持到底，但只要你将这种想法表达出来就会伤害到这些与你持相反想法的人。这时，你千万不要强硬地将你的想法直接表达出来，不妨采用曲线表达，这样可能会取得更好的沟通和说服效果。

总之，千万不要以为人际交往中的真诚就等于双方直接、毫无保留地相互袒露，它所要求的是，我们要本着善意和理性，把那些真正有益于双方的东西系上美丽的红丝带送给对方。

背后说好话是一种策略

有人曾说过："只要一句赞美的话，我就可以充实地生活上两个月。"喜欢听好话、受赞美是人的天性之一。每个人都会因为得到社会或他人的得当赞美，自尊心和荣誉感得到满足，不免会对说话者产生亲切感，使彼此之间的心理距离缩短。赞美是一种学问，其中的奥妙无穷，但最有效的赞美则是在第三者面前赞美对方。

假如你当着上司和同事的面说你上司的好话，同事会觉得你是在讨好上司，容易招致周围同事的轻蔑。正面的歌功颂德，产生的效果很小，甚至会起到相反的作用。

不过，在背后说一个人的好话比当面恭维说好话要好得多，效果也会不一样，你当面说，别人虽然也会高兴，但会觉得你不过是在奉承他、讨好他。当你在别人背后说好话时，别人会认为你是出于真诚，并心生感激。

有一个员工在与同事们午休闲谈时，顺便说了上司的几句好话："经理这个人很不错，办事公正，对我的帮助尤其大，能为这样的人做事，真是一种幸运。"没想到这几句话很快就传到经理的耳朵里去了，这免不了让经理心生欣慰和感激。而同时，这个员工的形象也上升了。连那些"传播者"在传达时，也顺带对这个员工夸赞了一番：这个人心胸开阔，人格高尚，真不错。

在背后说别人的好话，能极大地表现你的"胸怀"和"诚实"，如果别人了解到你对任何人都一样真诚时，对你的信赖就会日益增加。

在背后说人好话，不仅仅使别人对你产生好感，更重要的是能使对方因为觉得你的赞美毫不虚伪，也会在今后用实际行动来报答你。假如这个人是你的下属，他可能会因此更加努力地工作；如果是你的上司，很可能会在今后的工作中提拔你。

郑然是一家公司的管理阶层，在一年前他刚刚毕业，他的成功就在于他善于人后赞美别人。和同事聊天的时候，他赞美老板的兢兢业业，在与老板谈话的时候夸同事能干，人品好。久而久之，大家都知道郑然在背后夸自己，心生感激，当老板提拔他的时候，谁也没有反对意见。

可见，一个人背后赞美别人也会对自己产生巨大的影响。

德国的铁血宰相俾斯麦，为了拉拢一个敌视他的议员，便有计划地在别人面前赞美这位议员，他知道那些人听了之后，肯定会把他的话传给那个议员。后来，两人成了无话不说的政治盟友。

事实上，在我们的周围，可把这种方法派上用场之处不胜枚举。例如父母希望孩子用功读书时，如果整天教训孩子，也很难说有多大效果；假如孩子从别人嘴里知道父母对自己的期望和关心，父母在自己身上花的心血，自然会产生极大的动力。当然，我们评价别人时，也可以经常使用这种方法。例如有意在他的家人或者朋友面前赞美他，这些方法都能收到相当好的效果。

在背后说人好话，并经由第三者"传达"。这种方法不仅能使对方愉悦，让人舒坦，更能让你自身的交际面越来越广。

听懂弦外之音，传达言外之意

一个人要拥有好的人缘，不仅要善于听出别人的弦外之音，同样，还要会巧妙地传达你的言外之意。有经验的人都善于话里有话、一箭双雕，让听者心知肚明。更有高明者会笑里藏刀、含沙射影，让你不知不觉就走进他的"圈套"。

那么，如何学会说话含而不露呢？

首先，可以在提醒对方的时候，避免一定的冲突，可以借用另一种说话方式表达自己的不满。

丽莹是某单位局长的掌上明珠，她和该单位的小张谈恋爱时，总是显示出她在某方面的优越感。小张出生在小山村，大学毕业时被分配到该单位当科员，也没有什么人际关系。丽莹总在这方面压倒小张。

一次，丽莹到小张家做客，对小张家人的某些生活习惯她流露出看不惯的情绪，而且还不断地在小张耳边嘀咕。特别是吃过晚饭后，把小姑子使唤得团团转，一会儿让沏茶，一会儿又让泡咖啡，可以说是当做一个仆人用了。小张心里很不是滋味。但也不宜直接说，他就借助机会笑着对妹妹说："要当师傅先当徒弟嘛！你现在可得加紧训练一下呀，将来你要嫁到别人家里时，也可以享受一下做师傅的滋味。"丽莹似乎听出了他的话外音，以后在小张面前就再没有表现自己的某些过分行为了。

小张就是在恰当的时机用委婉的方式来表示对丽莹的不满，一句"要当师傅先当徒弟"的俗话提醒了丽莹，这就避免了一些直接冲突。

其次，可以采取幽默的回驳。当你与对方的沟通陷入僵局时，幽默可以缓和气氛，既不得罪对方，又不失自己面子，还能让对方欣然接受。幽默的回驳是拓展人脉时不可或缺的一种策略。

再次，对鸡毛蒜皮的小事，作为第三者，就应该懂得"和稀泥"的技巧。"和稀泥"有三种技巧：

技巧一：巧借理由支开一方。如果双方火气正盛，大有剑拔弩张之势，这里第三者即可采取果断形式，借口有什么急事，或有电话把其中一人支开，让双方不要正面接触。等他们消了火气，头脑平静下来了，争端也就容易解决了。

技巧二：有些事太当真了，反而惹是生非。碰到这种情况，第三者就可灵活一点，以假掩真，然后顺水推舟，变紧张的场合为活跃、融洽的场面。

技巧三：为朋友卖个面子。第三者可以拿双方过去的情分来打动他们，使他们主动"撤退"。或者以自己与他们每个人之间的情谊作为筹码，说："你们都是我的好朋友，你们闹僵了，让我很为难，就看在我的面子上，握手言和吧。"一般说来，双方都会领第三者的情，握手言和。

最后，可以通过侧面点拨。所谓的侧面点拨，就是指从侧面委婉地点拨对方，不要直言不讳，要让他能够更容易接受自己的不满，从而打消他不当的想法。这个技巧往往会借助于一些问句表达出来。

总之，在人际交往的过程中，一个很会打圆场的人会让众人心里都舒服，也会让他的人脉关系越来越好。

听人说话，会听人说话

倾听是通向对方心灵的捷径，是另一种动听的语言。善于倾听的人往往会因此拥有非凡的人脉，从而使自己在事业上拥有意想不到的收获。

我们总是认为能说会道的人才是善于交际的人，其实，善于倾听的人才是真正会交际的人。

一个善于倾听的人会因此受益。蒲松龄因为虚心听取路人的述说，记下了许多聊斋故事；唐太宗因为兼听而成明主；齐桓公因为细听而善任管仲；刘备因为恭听而鼎足天下。

人际关系专家研究发现，人际关系失败的原因，很多时候不在于你说错了什么，或是应该说什么，而是因为你听得太少，或者不注意倾听所致。比如，别人的话还没有说完，你就打断别人，讲出些不得要领、不着边际的话；别人的话还没有听清，你就迫不及待地发表自己的见解和意见；对方兴致勃勃地与你说话，你却心荡魂游、目光斜视，手上还有小动作。有谁愿意与这样的人在一起交谈？有谁喜欢和这样的人做朋友？

人际交往中，专心地听别人讲话，是我们所能给予别人的最大的赞美。

倾听是一门良好的沟通艺术，如果你想改善自己的聆听能力，就应该掌握以下几种技巧。

首先，全心全意聆听。听别人说话时，有各种小动作最损害谈话者的自尊心。全心全意地聆听，就应该设法撇开令你分心的一切，眼睛要看着对方，点头示意或打手势鼓励对方说下去，借此表示你在用心倾听。轮到你发言时，你没有必要一直说下去，要学会适可而止，把说话的机会奉还给别人。

其次，协助对方说下去。在别人讲话时，你可以用一些很短的评语或问题来表示你在用心倾听，即使你只是简短地说："真的？"或"告诉我多一点。"

假如你和一个老朋友吃午饭，他说因为夫妻大吵了一架，他整个星期都没睡好。如果你同大多数人一样怕听别人的私事，你可以说："婚姻生活总是有苦有乐——你吃鱼还是五香牛肉？"你这样说，是间接叫他最好别向人发牢骚。假如你关心朋友，就不要浇他一头冷水，不妨说："难怪你睡不好，夫妻吵闹一定令你很难受。"他获得了抒发心中抑郁的机会，心情便会好得多。

生活当中很少有人能够自我排解，总需要把自己的烦恼告诉善于聆听的朋友。再次，要学会听出言外之意。

一位生意兴隆的房地产经纪人认为，自己之所以成功，在于不但能细心聆听顾客讲的话，而且能听出他们没讲出来的话。他讲出一幢房屋的价格时，顾客说："哪怕琼楼玉宇也没有什么了不起。"可是说的声音有点犹豫，笑容也有点勉强，那经纪人便知道顾客心目中想买的房子和他所能买得起的显然有差距。

"在您决定之前，"经纪人练达地说，"您不妨多看几幢房子。"结果皆大欢喜。顾客买到了他能买得起的房子，生意成交。

倾听对每个人来说似乎简单易行，但真正能运用好这种技巧的人却是少之又少。如果你希望拓展人脉资源，把自己变成一个很好的谈话对象，可千万别忘了，一定要先从一个好的听众做起。

不要得理不饶人

故事一：一个人扛着锄头走上一座长长的独木桥，他边向前走，边用锄头砸坏身后的桥，他不想给别人留下路。结果，走了不久，前面的桥被洪水冲断了，他想折回，但身后早已无路。于是，他被困在桥上。

故事二：一个背着行囊的人爬上了一座岔路很多的山，他边走边用石头在路边留下记号。后来，他的面前出现了一道悬崖，但他靠着自己留下的路标，安全地返回原路。

同样是行路之人，为什么结果大相径庭？原因很简单——后者为他人更为自己留下了一条后路，而前者是自欺欺人，自食其果。其实，不管是说话，还是做事，都不该逼人太甚，给别人留有余地，就是给自己留条后路。

一家百货公司的一位顾客，要求退回一件外衣；她已经把衣服带回家并且穿过了，只是她丈夫不喜欢。她解释说"绝没穿过"，并要求退换。

售货员检查了外衣，发现明显有干洗过的痕迹。但是，直截了当地向顾客说明这一点，顾客是决不会轻易承认的，还可能会发生争执。于是，机敏的售货员说："我很想知道是否你们家的某位成员把这件衣服错送到干洗店去。我记得不久前我也发生过一件同样的事情。我把一件刚买的衣服和其他衣服堆在一起，结果我丈夫没注意，把那件新衣服和一大堆脏衣服夹在一起送去了干洗店。我怀疑你是否也遇到这种事情，因为这件衣服的确看得出已经被洗过的痕迹，你可以跟其他衣服比一比。"顾客看了看证据——知道无可辩驳，而售货员又已经为她的错误准备好了借口，给了她一个台阶下。于是，她顺水推舟，乖乖地收起衣服走了。

故事中的售货员之所以能顺利解决这起小事件，避免起纷争，关键之处就在于她事先替那名顾客找好了借口，留足了余地。

在我们周围，总有一些时时处处与他人争斗的人，在他们的不断攻击下，你可能会不由自主地陷入争斗的漩涡，并因此焦躁起来。然而"得理不饶人"虽然让你暂时吹着胜利的号角，但这也很可能是下次争斗的前奏；"战败"的对方失去的面子和利益，他当然要"讨"回来。在以后的工作或生活中他 (她) 一定会加倍地反对你，与你为敌，这样下去的后果只能是两败俱伤。

其实，面对处处与你竞争的人，最好以容纳百川的胸怀对待对方的反对。虽然"得理不饶人"是你的权利，但何妨"得理且饶人"。让对方有个台阶可下，对自己则是好处多多。

丘吉尔说过，没有永远的朋友，也没有永远的敌人，无论是多么竞争激烈的对手，竞争过后都会有联合的可能。因此，竞争总是存在，而

"见面"的机会也总是存在的。生意场上有这么一句话，"给人一活路，给己一财路"。做人也应该把目光放远一些，人生之路才会越来越宽。

避免揭别人的短处

每个人总有自己的弱点、缺点或污点，揭他人短处，不仅可能遭人冷眼，还可能引发事端，祸及自身。所以，谈话时一定要控制自己的嘴巴出轨，避开对方所忌讳的短处，以免伤人伤己。

老任身材高大，眉目清秀，美中不足的是中年微秃。虽然这纯属白玉微瑕，老任却深以为憾。如果有人戏说他"怒发难冲冠"，他准会茶不思饭不想，三天三夜难以入睡；即使在他面前无意中说"这盏灯怎么突然不亮了"或"今天真是阳光灿烂"等话，这位平素温文尔雅的知识分子也会愤然变色，有时竟至于怒目圆睁，拂袖而去，弄得说话者莫名其妙，十分尴尬。

其实，不仅老任如此，忌讳心理人皆有之。摩洛哥有句俗语叫："言语给人的伤害，住往胜于刀伤。"所以，我们在平时说话做事的时候，要避免揭别人的短处。

俗话说"打人不打脸，骂人不揭短"。人既是最坚强的，也是最脆弱的。尤其是当一个人觉得他的自尊受到伤害，颜面扫地时，他可能会为了面子，死"扛"到底，很可能玉石俱焚。

人人都有爱美之心，丑陋者和残疾者大多有自卑感，不愿听到跟自己的短处有关的话题。谢顶者忌说"亮"，胖子忌说"肥"，矮子忌说"武大郎"，其貌不扬者忌说"丑八怪"，跛子忌说"举足轻重"，驼背忌说"忍辱负重"……这种心理其实很正常，应该充分理解。

有生理缺陷的人本来就很痛苦，如果再被别人拿来取乐，会给他(她)造成很大的伤害，这样很容易激怒他们。

每个人都会犯错误。一旦认识错误便会痛悔之至，以后一想起自己曾犯过的错误就自觉脸上无光。犯过品行错误 (如曾有偷窃行为或生活作风问题) 者更是讳莫如深，如果听到有人说起类似的错误，就会有芒刺在背、无地自容之感。犯错误，只要改了就好。有些问题一旦改正了，成了历史，当事人就不愿意提及这不光彩的一页，更不希望有人拿它说事儿。

翻人家的污点，触及人家的短处，不管是有意还是无意，对己对人都是不利的，我们在交际时应该多注意，不揭别人的短处。

准则 4　处世技巧

随机应变

有一个古代的故事，今天听来也很耐人寻味。

有一个国王，长得十分丑陋，因为他一眼瞎，一腿瘸。一天，国王不知怎么了，突然心血来潮想找人给他画像，就发布告示，让全国有名的画师都来给他画像。

第一个画师想，大家都知道国王长得不怎么样，那就把国王美化了吧，这样他看着会高兴的。他画完后，将画呈给国王看，国王一看不要紧，立刻大怒，因为画上的人根本就不是自己，那人双目炯炯有神，两条腿看起来也结实有力，国王吼道："这画的是什么？看来你是个擅长弄虚作假之人，来人啊，拉出去，给我斩首示众！"第一个画师就这样白白送了命。

第二个画师想，既然把他美化了他不高兴，那就照实画吧。他完成画像后，把画呈给国王看，国王看后也同样暴跳如雷，说："本王就长成这个样子吗，没有一点儿国王的威严，你竟敢丑化本王，也给我拉出去斩了！"

这时，其他画师都吓得不知如何是好，个个都战战兢兢，画的好看要被杀，画的难看了也要被杀，这可怎么办？有一位画师却主动提出要给国王画像，众人都松了一口气。第三个画师画完后，递给国王看，国王一看，立刻笑开了，大声说："好！好！好！给我重赏！"原来，这个画师画的是狩猎图，只见国王一条腿站在地上，另一条腿蹬在一个树墩上，睁着一只眼，另一只眼闭着在瞄准猎物，这幅画的想象真是太妙了，大家都连连称赞。第三个画师可谓是有勇有谋，他有着敢于面对危险的胆量，也有着能随机应变的谋略，如果不是他反应灵敏，不知还要有多少无辜的画师丧命。正所谓"识时务者为俊杰"，能在这样的危难时刻想出良策，实属不易！

当今社会是一个变化中的社会，万事万物可谓时时在变，处处在变。如果我们自身不能依据潮流、时机而更新"升级"，就注定要被社会所淘汰。

世事难料，如果事前拟订的计划在具体实施过程中受阻，那么当机立断、转换思路是极其必要的。

我国著名军事学家孙子对应变之道有过一番精彩的论述，他说："水因地而制流，兵因敌而制胜。故兵无常势，水无常能，因敌变化而取胜者谓之神。"这就是说用兵打仗要像流水一样，因势而动，随对方条件变化而变化，而不应局限于一个定式之中，这样才能始终占得先机。用兵如此，处事生存亦是如此。要养成这样一种心态：世间万物不是因自己而设计，意外与突发事件的出现都是正常的，关键是一旦外界变化，要立刻转换思路、变换方式以应对。这种变是一种突发式的思维，要求人遇到突如其来的变化与意外情况时，瞬间作出抉择。它不是一时的小聪明之举，而是平时有意识培养这种应变思维的结果。

俗话说："天有不测风云，人有旦夕祸福。"只要努力培养随机应变的能力和因势利导的动态思维，就能从容应对不测状况，做到处乱不惊、临危不乱，使自己始终能把握事态的主动权，立于不败之地。

学会自我暗示

"自我暗示"也许听起来比较陌生，举几个例子你就会知道其实自我暗示在生活中随处可见，有时它甚至左右着我们的生活。

有一个小女孩，长相平平，家里生活也很一般，平时她非常自卑也很少与人说话。一天，她得到了一个用来扎头发的漂亮蝴蝶结。她爱不释手，在镜子前面试了又试，觉得自己似乎比平时好看多了。她想跑出去，让街上的人都和她分享这个蝴蝶结。在街上她跑着跳着，她感到大家都在看着她，似乎眼神里也都流露着羡慕和赞美，她甚至主动和邻居打招呼，这是从来都没有过的事。她感到今天天空是那么清澈，心情好极了，也十分自信，她在外面玩够了，就高兴地回家了。一开门，她发现她那美丽的蝴蝶结就躺在门口，原来她跑出去的时候蝴蝶结掉在了房间里。这个女孩这时终于明白她一天的快乐心情不是蝴蝶结带给她的，而是她自己心里有了积极的暗示，所以即使没有蝴蝶结她也一样可以快乐，从此这个女孩变得很开朗、很自信。

自我暗示运用得当，还可以让很多病人战胜病魔，恢复健康。国外有一种治疗癌症的独特心理治疗法，称做"内视想象疗法"，就是让病人想象自己的白细胞正在不断地击败入侵的癌细胞，有的患者靠这种方法使病情得到了控制。这实际上是一种自我暗示疗法，就好像一些病人到医院看病，听到别的病人讲某某医生医术高，治他这种病特别有办法。碰巧他挂到了这位医生的号，于是就想，我真幸运，看来这个病很快就会好了。这种积极的自我暗示配以医生的治疗和自己主动按时服药，确实能起到比没有自我暗示配合时更好更神奇的效果。

如果人们自觉地把积极的、所希望的东西通过自我暗示的方法注入潜意识里，那么，人们就会有无限的力量和智慧，激情就会像火山一样爆发，甚至在付出努力时也不觉得特别辛苦，幸运与成功之门就会向你敞开。

人的潜意识心智具有无穷的智慧，关键是人们要通过自我暗示的方法来开启这扇智慧之门。只要你抱有真诚的心态，并不懈地使用自我暗示的方法，就没有什么能够阻止你的愿望实现。人们通过自我暗示传达出的是积极的信念和对成功的渴望，这无疑是达到成功所必需的原动力。

自我暗示是一种自觉的启示、提醒与指令。它会告诉你注意什么，追求什么，致力于什么和怎样行动，我们多数人的生活境遇既谈不上是一无所有、一塌糊涂，也不是样样顺心、事事如意。这种一般的境遇就像盛了一半水的水杯，有的人为少了半杯水而整天消沉郁闷，有的人却庆幸自己已经有了半杯水的收获，珍惜自己拥有的同时积极为获取另外那半杯水而努力。

一个人可以由积极的心理暗示，主动地把成功的种子和创造性的思想植入脑中；相反，不断灌输消极的种子或破坏性的思想，将使这块土地杂草丛生。所以，成功始于觉醒，心态决定命运，长期积极的自我暗示可以诱导和修炼出良好的心理状态。这是一个你看不见但确实可能拥有的法宝。

学会放弃

生活在五彩缤纷、充满诱惑的世界里，每一个身心正常的人，都会有理想、憧憬和追求。然而，在追梦的过程中，即使有无数的诱惑在牵绊着你，你都要学会该放手时即放手，不管是炫目的光环还是恶劣的习惯。

富兰克林的侄子波特是个天资不错的年轻人，他一直想出人头地，做个大学问家。但时间一年年的过去，他那个贪玩的毛病却一直没改掉，除了学问方面没有什么长进外，其他方面倒也还好。

有一天，他来找自己的叔叔，请教怎么样才能进步。富兰克林说："好，那我们去登山怎么样，到了山顶你就知道该怎么做了。"波特跟着叔叔开始爬山，一路上看到很多美丽的石头，一看到非常新奇、漂亮的，富兰克林就让波特装进背包里。爬着爬着，随着装的石头越来越多，波特的脚步也变得越来越缓慢，最后他对叔叔说："我实在背不动了。"叔叔说："那你说怎么办？"波特说："只能放下了。""是啊，背着石头怎么能登山呢？"富兰克林笑着说。这时，波特恍然大悟，放下石头后，他们很轻松地爬到了山顶。波特回去后，彻底地放下了他原来沉迷的心爱的游戏，奋发学习，最终成就了一番事业。

汉代司马相如所著《谏猎书》云："明者远见于未萌，而智者避危于未形。"卧薪尝胆的故事便说明了这一问题。春秋时期，吴国军队把越国的军队打得落花流水，越王勾践暂时放弃了王位和自己的国家，忍辱负重，给吴王夫差当了奴仆。三年以后，勾践被释放回国，他立志洗雪国耻、发愤图强，每天睡在草堆上，吃饭时尝尝苦胆的滋味，以不忘亡国之耻。公元前473年，勾践率领大军灭了吴国，做了春秋末期的一个霸主。

晋代陆机《猛虎行》有云："渴不饮盗泉水，热不息恶木阴。"讲的同样是在诱惑面前的一种放弃和清醒。以虎门销烟闻名中外的清朝封疆大吏林则徐，便深谙放弃的道理。他以"无欲则刚"为座右铭，历官40年，在权力、金钱、美色面前做到了洁身自好。他教育两个儿子"切勿仰仗乃父的势力"，实则也是本人处世的准则；他在《自定分析家产书》中说："田地家产折价三百银有零"、"况目下均无现银可分"，其廉洁之状可见一斑；他终其一生，从来没有沾染拥姬纳妾之俗，在高官重臣之中恐怕也是少见的。

其实，在今天，摆在每个人面前的诱惑实在太多了，这就需要保持清醒的头脑，勇于放弃。如果抓住想要的东西不放，甚至贪得无厌，就会带来无尽的压力和痛苦，甚至毁灭自己……

应该取得的完全可以理直气壮，不该取得的则当毅然放弃。取得往往容易心地坦然，而放弃则更需无比的勇气。像林则徐那样放弃，你就是一个"世人皆醉我独醒"之人，像勾践那样放弃，你就是一个足智多谋之人。若想驾驭好生命之舟，就要学会放弃；不仅要学会放弃，而且要学会如何放弃。

利用时间

也许从我们懂事那天开始，就有父母、老师教导我们一定要珍惜时间，用"一寸光阴一寸金，寸金难买寸光阴"，"时间就是金钱，时间就是生命"这样的话时时刻刻提醒着我们时间是多么的重要。当我们学习和工作繁忙的时候，总是觉得时间不够用；而当我们没事可做的时候，又觉得时光是那样难以打发，可能我们会无聊地看着电视剧、看些报纸、煲电话粥，就在这些琐事中我们浪费了许多时间，当你真正计算起来的时候，你会为你浪费掉的时间感到十分吃惊。看看苏联的昆虫学家柳比歇夫统计时间的方法，你会有所启发的。

柳比歇夫一生成绩显赫，一共有70多部学术著作，内容涉及遗传学、科学史、昆虫学等很多领域。在这些成就中，有一本"著作"是很稀奇的，那就是他统计时间的日记本。他每天的各项活动包括读书、散步、写信等所用掉的时间全部记录在上面，连他和子女谈天的时间都记得清清楚楚。

他从1916年元旦开始统计时间，直到他1972年去世从来没有间断过，他将所有休息时间扣除，最终计算出自己每天纯工作时间为5小时，这5小时是刨除所有其他活动的完全投入工作的5小时，想想我们自己每天纯投入工作的时间又有多少呢。

本杰明·富兰克林指出："切莫浪费时间，因为它是生命所赖以制造的东西。"鲁迅先生也曾说过："浪费时间就是谋财害命。"现代人的生活节奏越来越快，许多人都感到时间紧张，根本没有时间干更多重要的事情。但时间就像海绵里的水，只要你挤，总还是有的。有心人会利用一切余暇的时间来办自己的事情，化整为零是他们的秘诀。五分钟、十分钟这样零零散散的时间单个看起来并不起眼，但你如果抓住每个"不起眼"的时段，利用它们读书或思考，你就会发现你的办事效率比那些不注重时间观念的人明显提高了。朱熹曾说过："谓之学而无暇者，有暇亦不能学。"意思是那些叫嚷着说没时间学习的人，即使有了时间他也不会学习。忙碌带来充实，无聊引发空虚。

当我们已经能够拣拾利用那些不起眼的时间时，你会发现自己已经成了时间的主人。

知错就改

鲁迅作为文坛巨子，在中国人的心目中有绝对的威信。一般来说，越是有地位的人越爱维护自己的形象，丝毫不愿意别人知道自己不好的方面。但鲁迅先生之所以被人民所尊敬，不仅因为他是文学界的泰斗，更在于鲁迅先生过人的风骨和人品。

有一次，鲁迅应明日书店编辑柔石之约，写了一篇题为《夜记》的杂文，谁知柔石一看，皱起了眉头，认为文章太啰嗦，不肯拿去发表。这对普通文人来说，都是难以忍受的。但是鲁迅并不同年轻的柔石争论《夜记》是否真的啰嗦。他泰然放下那篇杂文，决定再另译一篇短文交给柔石。

还有一次，一个自称杨树达的精神病患者到鲁迅家里闹事，硬要鲁迅给他钞票用，说鲁迅教书和写文章赚了很多钱。鲁迅以为杨是装病，是受人指使来恫吓自己的，于是写了《记杨树达君的袭来》一文，在《语丝》周刊第二期发表，对其行为表示极端的憎恶。但是当得知杨是真疯以后，感到十分后悔，觉得自己的文章一定深深伤害了杨及其家人。其实，以鲁迅当时的名气，他完全可以不理会那篇已经发表的文章，更何况杨还确实是个疯子，不必撰文道歉，也不会有人追究。但鲁迅先生对这样的小错也公开进行了严肃认真的自我批评，他写了《关于杨君袭来事件的辩证》一文，说自己"太易于猜疑，太易于愤怒"，说"由我自己造出来的酸酒，当然应该由我来喝干"，并亲自把文章送到《语丝》周刊，要求在第三期上刊出。鲁迅发表这篇文章根本没有考虑到自己会不会"出丑"，或者别人得知后会对自己有什么不利的影响，他只是单纯地希望向对方作出道歉，对自己所犯的错误做一个纠正。一个如此的伟人能以牺牲自己的声誉为代价去做这样一件连常人都不愿意做，或认为根本没有必要做（向一个疯子道歉）的事情，他的风度和人品可见一斑。

我们在被鲁迅先生所感动的同时，又难免会联想到自己。"人非圣贤，孰能无过"，在我们面对同样的错误或其他错误时，我们又会采取什么样的态度，我们能做到从小就挂在嘴边上的"知错就改"吗？

"亡羊补牢，为时未晚"，只要怀着真诚的态度检讨自身过失并努力、积极地予以改正，这种素养仍不失为一种令人称道的品格。

要知道，能意识到自己的错误其实是一种幸运，因为这意味着你已经对错误的再发生有了足够的警惕，至少你不会再犯同样的错误。觉察到了错误所带来的严重后果，也不啻为一笔宝贵的财富。犯了错误有了过失并不可耻，相反，当你能主动向别人坦陈自己的错误时，一般会更容易得到对方的原谅和理解，你在对方心目中的印象也会大大加强，比明知错误还要为错误辩解不知要强多少倍。后者的虚伪与纵容才是最令人生厌的。因此，当你意识到你的过失已对别人造成了一定程度的伤害时，最好的弥补方法便是实实在在地承认，认认真真地改正。

克服自卑心理

女作家莫尼卡·狄更斯 20 多岁时虽然已有作品出版，但她还是举止笨拙，常感到很自卑。她体形微胖，但并不难看，可她仍然觉得自己这方面是有缺陷的，每次出门都打扮很久也不能让自己满意。有一次，她去赴约，因为不大相熟，所以特别紧张，她总害怕别人对她的身材作出什么不得体的评论。

在进宴会大门时，她遇到一位年轻的女士，她问道："女士，你也要进去吗？"那个女士回答说："大概是吧，我一直在附近徘徊，想鼓起勇气，可是我很害怕。我总是这样的。"听了这些话，莫尼卡感到很吃惊，她上下打量着这位女士，心想：她比我漂亮多了，为什么她也害怕呢。于是，莫尼卡说："我也害怕。"她们相视一下就都笑了，气氛缓解了好多。这是莫尼卡平生第一次把心放在别人身上，她开始觉得自己和别人一样，也是其中的一分子。要回家的时候，莫尼卡问这个新朋友，"觉得怎么样？""我觉得比原来好多了。""我也如此，因为我们并不孤独。"莫尼卡想：我以前觉得孤独，是认为世界上其余的人都自信十足，可是如今遇到了和我同样自卑的人。现在我得到了一个启示，会不会有很多人看起来意兴高昂，但实际上也是惴惴不安呢？别人也有感觉不自信的时候。放弃心中的自卑，坦然地面对生活吧。从此她逐渐摆脱了自卑心理，充满信心地生活和创作着。

有自卑心理并不可怕，而且也并不是只有我们这些普通的人才会产生自卑心理，伟大的人物也不例外。关键在于我们如何才能克服这种心理给我们带来的压抑和对我们能力的抑制。一代球王贝利当初刚到巴西最有名气的桑托斯足球队踢球时，担心那些大球星瞧不起自己，紧张得一夜睡不着觉。他本是球场上的王者，但却无端地怀疑自己的能力，后来他尽量地忘记这些会影响他踢球的烦心事，专注地踢球，保持自信与泰然的心态，从此以不可抵挡之势进了1000多个球。

自卑这种人性的弱点分析起来可能有两个来源：第一个来源是先天性内向型性格中的极度不自信与畏惧因素的放大；另一来源可能是后天生活过程中，经受过某种挫折而在心中留下了难以磨灭的挫败感。从某个角度来看，地球上每个人都不如另一个人，但同时也可以说，每一个人都有另外一个人身上所不具有的特点，所谓尺有所短，寸有所长。所谓自信，不过是因为某些特点在适合的某时某地得到了彰显，而自卑是因为这些特点一直被隐蔽而无出头之日的结果。与之对应的，自卑感的产生不是来源于"事实"和"经验"，而是来自我们对事实的结论和对经验的评价，在某方面你也许的确"不行"，但这不能说明你就是个不行的人。下面有个小故事就可以佐证这个观点。一个人向他的朋友炫耀说："我昨天和国际象棋世界冠军与桥牌世界冠军都交过手了，你相信吗？我把他们全给赢了。"他的朋友笑他吹牛，他眼睛一瞪，说："你不信，我和国际象棋世界冠军打了桥牌，与桥牌世界冠军下了国际象棋，他们都成了我的手下败将，这怎么是吹牛呢？"

所以，自卑的感觉之所以产生，不是由于我们在技术或知识上不如人，而是由于我们事先注入了不如人的感觉；不是用适用自身的尺度来判断自己，而是用他人的尺度来衡量自己。而如果像故事里所说的那个人那样用处处以我为主的思想去考虑问题，自卑便不会来扰乱我们的神经了。你应该认识到：你既不"优越"，也不"卑微"，你就是你自己。其他人无权用他们的标准衡量你，你也不必用他们的标准苛求自己。

永不言败

自雄者胜，自制者强。在人生漫长的旅途中，被命运捉弄而暂时陷人低谷的情形在所难免。实际上，任何成功的人在达到成功之前，没有不遭遇到困境、挫折和失败的。为了发明灯泡，爱迪生失败了10000多次，而后才获得成功。失败并不可怕，可怕的是在挫折面前屈服。古语云："哀莫大于心死。"

真正的强者即使屡战屡败，亦要屡败屡战。一个人面对目标时，要不懈追求，哪怕失败与挫折常伴，仍要以积极的眼光看待它们，总会从中得到一些在顺境中不曾发现过的东西。

大概要出国的人对新东方学校不会陌生。这个身处北京的民办学校，不是搞学历教育的，而是专门为出国留学的人提供出国前英语考试冲刺辅导的。新东方学校从1993年创办至今，历经十几年的风风雨雨，终于在全国创立了自己的品牌，也在这个特殊的领域站稳了脚跟。它的创始人俞敏洪，在不依赖任何机构的情况下完全自主创业成就了今天的事业，他成了中关村的英雄，成了一代人的榜样，也成了年轻人追捧的对象。他的奋斗经历简直就像教科书一样激励着每一个想要成功的人。他不是神，他也是人，他的成功也经历了无数次失败与痛苦的抉择，但永不言败的精神让他战胜了自己也战胜了磨难。

俞敏洪出生在农村。高中毕业后，他在家务农，但和其他人不同的是，他一直还在坚持学习，因为他想考进江阴师范学院。1979年，江阴办了一个外语补习班，他好不容易挤了进去，这是他第一次学习外语。他成绩非常出色，所以他做出了自己一生中第一个重大决定：要考上北京大学。对于一个农村的孩子来说，进京读书是多么令人神往，更何况要上北京大学。但实现理想的梦让他一走就是3年，连续3年的时间，他都是和枯燥的书本一起度过的。俞敏洪终于实现了自己的梦想。他研究生毕业后在北大任英语老师，后来在民办大学兼课。1991年，他又做出了新的决定，他辞去了万众羡慕的北大教师的职务，开始创办自己的学校。但当完全需要依靠自己去做所有的事时，困难就接踵而来了。他的积蓄分别投在租教室、办手续、跑关系、请老师等杂七杂八的地方后，开始显得捉襟见肘；他一年中曾和妻子搬过十几次家；他在一个四面漏风的教室里迎来的第一批学生只有 13 个人。但他没有被现实生活的艰辛、创业的艰难所吓退,在那个经常停电的教室里,俞敏洪拿着蜡烛对学生说:"这么困难我们都不怕,以后还有什么事情能让我们绝望呢?"今天,当你看到新东方学校现代化的教学楼、办公设备、精良的教师队伍,还有一批批从这里走出国门的人们,你不得不为俞敏洪高高地竖起大拇指。面对失败时,你没有理由放弃,俞敏洪最喜欢的一句谚语是:"天助自助者。"

从失败中得到的经验教训何其珍贵,而企图战胜厄运的信念又将充分激发你的潜能。在痛苦的经历中成熟,在绝望的荆棘中开拓出一条希望之路,坚持永不言败的奋斗观念,这样,就没有任何东西可以阻止你走向成功。

纳言敏行

汉明帝时期,班超奉命带领 36 人去西域鄯善国,谋求建立友好邦交关系。刚到鄯善国时,该国王对汉朝使团十分恭敬,并热情款待,也表示了要与汉朝建立友好关系的意愿。但没过几天,鄯善国的国王及大臣对汉朝使团的态度突然变得冷淡起来,与前几日简直是天壤之别。

班超十分机警,他感到可能是发生什么事情了,让鄯善国国王的态度起了变化。他派人四处打听,终于得知原来是匈奴一个 130 多人的使团正在暗中活动向鄯善国施加压力,想要把鄯善国拉到北方阵营中。形势如此严峻,班超对他的随从说:"现在匈奴使团才来两天,鄯善国国王就对我们这样疏远,说不定过几天就会把我们送给匈奴使团来讨好匈奴国,我们恐怕连性命都难保啊!"随从们一听此言,都意识到了问题的严重性,于是大家一致同意听从班超的安排。班超斩钉截铁地说:"我们先不要让他们察觉出来,暂时还和他们礼貌相处,今天夜里我们就行动，一举消灭匈奴使团。只有这样，我们才能使鄯善国完全归顺汉朝。"

当天深夜，班超带领自己的 30 几个人，在夜色的掩护下，悄悄地摸到匈奴使团的住地，发起了突然袭击，由于匈奴使团毫无防备，又时值深夜时分，所以这一仗打得十分干净漂亮。

次日，班超提着匈奴使团首领的头去见鄯善国国王，鄯善国国王这时才知道匈奴使团被消灭了，十分震惊和恐惧，不得不答应停止与匈奴交往，从此与汉朝永结友好。是班超迅速而果断的决策和行动，让汉朝赢得了鄯善国，使之永远臣服于汉朝，不对汉朝的安全产生威胁。在这里，我们不得不佩服班超雷厉风行的办事风格和少说多做的行事原则。

愚公移山的故事也同样说明了"做"的重要。古时候有个叫愚公的老人，家门口横着两座大山，出门极为不方便，他决定铲除这两座大山。邻居智叟闻听，感到很可笑，便对愚公说："你这么做实在太愚蠢了，而且也是根本不可能的事。"愚公说："就算到我死的时候还不能铲掉这两座山，我还有儿子，儿子后面还有孙子，还有子子孙孙，山不再增高，只要铲一点就会降低一点，早晚会铲平的。"愚公不介意别人怎么说，他带领着全家人动手铲山，用铲铲土，用簸箕挑土，用筐装土，把土运到渤海里。经过几代人的努力，最后终于把山铲平了。

不论计划多么宏伟，也要靠一点一滴的行动来实现。执著于行动的人是不会巧舌如簧、夸夸其谈他的伟大梦想的，他只是把梦想化在切实的努力中。就像愚公这样朴实的老人，几乎没有什么话语，埋头苦干是他最大的优点。当你到泰山游玩时，你见过泰山的挑山工吗？他们肩挑背扛沉重的货物，一步一个台阶，缓慢地沿山路上行。若你和他们从山脚一同登山，开始你会将他们轻易落在身后，但中途当你和朋友歇脚或谈论途中的风景时，却能惊奇地发现他们不知何时早已将你甩在身后了。这便是行动的力量。也许行动的效果不是立竿见影的，但每一小步的行动的积累最终会成为一大步的飞跃。你没在挑山工口中听到过要如何登上山顶的宣言，但他们坚实的步伐却时刻在表现着他们的态度。再伟大的语言也是苍白无力的，唯有行动才能带来变化的可能；再漂亮的空谈也抵不上一个看似稚嫩的行动。迈出了第一步，哪怕是一小步，前后的意义就会发生根本的变化。

美国著名作家海明威，在其一生的作品中，塑造了无数推崇实干、不善言谈的"硬汉"形象，作为一个成功的作者，他对行动有着自己的见解，他曾说："没有行动，我有时感到十分痛苦，甚至痛不欲生。"的确，在他的作品中，主人公们从不喋喋不休地争论、抱怨什么，而只是平静地说"喝酒吧"、"钓鱼吧"，行动胜过千言万语，要知道，"成功者总在做事，失败者总在唠叨"。

准则 5   做人技巧

用言语打动他人

许多人都在意说话的内容，却忽视了说话的方式，实际在大多数场合下，怎样说和说什么比起来同样重要，有时甚至更重要。有这样一个小故事：在一座人来人往的过街天桥两端，各有一个盲人在乞讨。东边桥头上的盲人身前竖立着一块牌子，上面写着："我什么也看不见。"他纸盒里的纸币寥寥无几。而西边桥头那个盲人身前也同样竖着一块牌子，他的纸盒里的"收入"却很可观，经过他身边的很多人都驻足看了看牌子上的字，然后慷慨解囊。他到底有什么绝招令人们大发善心呢？原来牌子上写的是："春天来了，可我什么也看不见。"同样的境遇下，两个人的表达方式和所用的语言不同就能产生截然不同的效果。

再来听一个孔子两弟子的故事，你的感触会更深。

　　孔子率弟子周游列国，旅途中，由于天气炎热口很渴，孔子让大家原地休息。弟子们分头忙碌起来，有的去找水，有的看行李，有的负责拴马。但有一匹马没拴住，跑到老乡的地里把老乡种的菜踩坏了。老乡很生气，抓住马后拽着马缰到孔子这边来问罪，他愤怒地说："你们的马把我的菜踩坏了！"孔子的弟子子贡主动对孔子说："我去处理一下吧。"孔子答应了，子贡走过去，对老乡说："你不知道吧，这是孔子老先生的马。孔子就是孔圣人，看在他的面上把马还给我吧。"老乡一听这话，更是生气地说："我不管圣人不圣人，是圣人更不该干这种损人的事！"子贡听了心里很不是滋味，也忍着火说："难不成你还要孔圣人亲自来求情吗？"二人僵持不下，谁也不让谁，眼看陷入了僵局。一位平时很不起眼的学生说："我去试试看。"这位学生到了老乡面前，首先毕恭毕敬地给老乡行了个大礼，然后说："实在对不起，是我们管教不严，让马乱跑把您辛辛苦苦种的庄稼给糟蹋了，我向您道歉。本来我们是相隔很远的，不是今天路过这里，也许一辈子都不会相识，这也是缘分！"老乡看他如此诚恳，也被他的一番话语所打动，就不好意思再多说什么，把马还给了他。

　　这就是语言的魔力。同样的一件事，变换了不同的表述方式，得到的效果却是大相径庭的。当你向别人寻求帮助，或企图赢得别人的支持时，如何表述自己的意愿，使对方能迅速理解自己的想法是至关重要的。人人都会说话，却不是人人都能掌握说话的艺术，第一个故事里的那个聪明的盲人就掌握了说话的技巧，采用了"欲擒故纵"的方法，借春天之名委婉地道出了自己乞求施舍的意图，比之另一个盲人的简单直陈的做法，效果可谓天壤之别。第二个故事里不出名的学生则是利用"晓之以理，动之以情"来赢得了老乡的心，比子贡那简单甚至有些霸道的言辞不知要温暖多少倍！

　　经过艺术加工和精细揣摩的话语犹如春风化雨，会润物无声般地浸入听者心中，产生巨大的共鸣，听者会被你真诚而富有感染力的话语

"俘虏"，成为你的同盟！

学会察纳雅言

古代有个叫邹忌的，身高八尺，仪表堂堂，容貌出众。早晨，他穿好衣服，戴好帽子，准备上朝，照例照了照镜子。看着镜中的自己潇洒英武，就问他的妻子说："我跟城北的徐公相比，谁更漂亮些？""您漂亮极了，徐公哪里比得上您啊！"他的妻子说。城北徐公可是当时齐国出名的美男子，邹忌不相信妻子的话，又继续问自己的妾："我和徐公哪个更漂亮？"妾也回答道："徐公哪里比得上您啊！"第二天，有位客人来到家里，邹忌与之闲谈，谈话间问客人："我和徐公哪个更漂亮？"客人回答："徐公可不如您漂亮啊！"

第二天，徐公刚好来家里做客，邹忌仔细地端详徐公，感到自己确实没有徐公漂亮，长相比徐公还是差很多。他左思右想，终于明白为什么自己明明不如徐公漂亮，但所有的人却都非说自己更漂亮的原因了。"妻子说我漂亮那是因为爱我，妾说我漂亮那是因为怕我，客人说我漂亮那是有求于我啊！"

邹忌上朝，拜见齐王说："我深知自己不如徐公漂亮，但我的妻子偏爱我，我的妾怕我，我的客人有求于我，所以都说我长的比徐公还漂亮。如今我们齐国的土地方圆千里，有一百二十座城，后宫的妇女没有不偏爱大王的，朝廷上的大臣没有不怕大王的，至于国境内没有不对大王有所求的。从这一点上看，大王您受的蒙蔽太深了。"

齐王答道："对，你说得太好了！"于是颁布了一条法令："各位大臣、官员、百姓能够当面指摘我的过错的，可以受到上等的赏赐；能够上书劝谏我的过错的，可以得到中等的赏赐；能够在公共场合指摘我的错误让我听到的，可以得到下等的赏赐。"当命令发出后，大臣们争先恐后地给齐王提出批评意见，几个月后提意见的人越来越少了，一年后，就几乎没什么人再提了，因为想提也没什么可提的了。当时的燕、赵、韩、魏国闻听此情况，都纷纷向齐国表示敬意。

这虽然是离我们很远的故事，但故事所反映出的道理在今天一样是通用的。与人沟通，如何说话是一种技巧，而能否听"懂"他人的话更是一种个人素养的体现。邹忌没有听信那些甜蜜的阿谀奉承之语，所以没有沉浸在别人对他的浮夸当中。而齐王也堪称一个开明的君主，知道如何甄别话语真伪，并从中吸取于己有用的忠言。他们二位堪称"察纳雅言"的榜样。

我们生活在话语的海洋里，真话、假话、废话、大话、实话充斥着我们的耳畔。话虽然人人都能听，但于己有益的恰恰是那些可能会令自己不悦的逆耳忠言。这里需要的是一种敢于剖析自己的勇气与坦诚面对批评的大度之心。

拥有了这样一种开朗的心态，知晓了"兼听则明，偏听则暗"，无疑能使自己在人际交往中耳聪、目明、心亮，始终保持清醒的头脑、健康的心态。

用真诚换取信任

林肯有一位朋友告诉他，他的敌人在背后恶意中伤他。

"我不在乎他们怎么说，"林肯回答，"反正他们说的不是真话。"坦荡的他从不为流言所困。他相信只要自己是诚实的，对人是真挚的，他就是问心无愧的，他觉得自己只要做事坚持这样的原则，就会得到公正的评价。诚实的力量足以战胜流言蜚语，赢得他人的信任。

护士马莎·贝利想创办一所学校，让佐治亚州贫困山区的儿童就读，那些孩子的父母无力供他们上学。初期，学校的收支很难平衡，她努力筹措资金维持着，但财政上依然十分艰难。后来她求见亨利·福特，说明学校的情形，请求福特捐款，但却遭到了拒绝。

"好吧，"贝利说，"那么请你给我一袋花生好吗？"

这样一个简单的要求，福特只好答应，于是就给了她买花生的钱。

想不到的是，贝利小姐和学生们一起把花生种到地里，经过几次的收成，积累了一笔钱。然后，她带着钱又去见福特，说明她是如何使他的小额捐款增加好几倍的。福特大为感动，并主动捐助了足够的拖拉机和农场设备，帮助她的学校农场自给自足，让她的农场有了继续发展的可能。几年之内，他陆续捐助了百万美元，用这些捐款建造的美丽校舍，至今还矗立在校园里。

"她的诚恳和别出心裁的募款方式，实在让我感动。"是贝利小姐的真诚赢得了福特对她的信任和对她投资的信心。真诚成为贝利小姐实现愿望的敲门砖。

真诚是装不出来的。当你为了某种企图与目的，刻意扮演某种角色以取悦对方的时候，也许对方也在以同样的方式回应着你的表演。这样"伪装"出来的真诚与友谊都是廉价的。因为它不是发自内心的情感的流露，也没有与他人实现真正的心灵沟通，他们的所作所为都是围绕着利益换算的原则而进行的。不能否认，我们这个社会有堕落的一面，以至于真诚不再被视为一种美德。然而，当人与人之间的关系均是以利益为衡量的时候，我们的社会也就不再能够维系了。个人道德的首要条件是真诚。真诚无法使你一夜之间暴富，但它可以使你建立永久的信誉，从而确保你的成功。一个人的品格就像一种商品的品质一样。如果一种商品品质好，使用者不仅自己下次还来购买，而且也会向他人介绍，人品也是如此。一旦你靠诚实在一定范围内建立起你的信誉，不仅与你合作过的人还会与你合作，也会帮助你吸引更多慕名而来的其他人，你由此就会获得更多的合作伙伴和机会。

诚实与信任，是人际交往哲学中"投之以桃，报之以李"的最好例证。一旦你被别人认可了诚实可靠的素质，那将是一笔孕育着无限机会的储蓄，留待他日为你兑现成功。

学会求同存异

古时候，在越国有两位官员，一个叫甲父史，一个叫公石师。甲父史是个足智多谋的人，点子又多又快，但缺点是办事总是犹疑不决。公石师不大擅长谋略，但一旦得到了一个好办法，他能很快做出决定。这两个人在一起刚好互相弥补了对方的缺欠，在公事上配合得很默契，相处得也一直很愉快。

有一次，因为一件小事，两人争执不休，互不相让，最后竟然都说出了指责对方短处的不该说的话，导致两个人再不往来了，连话都不说了。事后，两人都有些后悔，但又都不愿意主动向对方靠近。在朝廷上少了一个可以商量的好搭档，两人都感觉像缺了点儿什么似的。

一位叫密须奋的官员，看到两人这样僵持着，便想缓解他们的矛盾。一天，他将两人同一时间分别约到自己的家中，准备了一桌酒菜。两人应约来到密须奋这里，看见对方都很尴尬，谁也不理谁，只是点个头算是尽到了礼数。密须奋说："今天请二位来，没有别的事情，只叙友情，不谈他事。"甲父史和公石师听后，才稍微放松下来。席间，觥筹交错之际，密须奋适时地给他们讲故事："二位可听说过海里的水母吗？水母没有自己的眼睛，它靠一种寄生在它身体中的虾引路，水母为虾提供食物，它们可真是密切配合、同甘共苦啊！可有的动物也相互残杀，比如叫共命鸟的，它生来长着两个头，两个头常常为一点小事相互撕咬对方，通常总是一个头把另一个头咬死，然后自己的命也保不住了。实在可悲啊！"甲父史和公石师听了这番话，终于明白了密须奋的良苦用心，他们顿时觉得为那么点小事就翻脸实在不该，于是相互敬酒争抢着给对方道歉，很快和好如初了。

每个人都有自己的个性，与人交往中难免会因个性存在差异而产生摩擦。要减少差异就要设身处地地为别人着想，以达成共识。为别人着想，实际就是寻求双方的共同点，对不同点能相互真诚地尊重，而不是互相讥讽或嘲笑，这样彼此间的关系才会更加融洽。社会的发展进步使得世界已经变成牵一发而动全身的关系，人与人之间的关系也变得越来越相互依靠，现在的理念也更讲究"双赢"。只有这样才能相互促进，利用别人的优势补己之短，这比自己每件事都亲自去学习去实验要省时省事而经济有效率得多。

像甲父史和公石师那样，各有所长，相互提携、合作的"珠联璧合"，最后不也是做到了求同存异才尽弃前嫌的吗？

学会鼓励他人

美国俄亥俄州一位拳击手汤姆夺取冠军时才 18 岁，身高仅 1.59 米。而对手是 30 岁，身高 1.79 米，连续三年蝉联全州的拳击冠军，是个人高马大的黑人拳击手，他的左勾拳令人闻风丧胆。当主持人宣布比赛开始时，给汤姆的嘘嘘声比给黑人拳击手的掌声还响。开始，果然是黑人拳击手厉害，汤姆被打得满脸是血。中场休息时，汤姆想要退出比赛，但他的教练说："汤姆，你能行，你不怕流血，你一定能坚持到底，我相信你的实力。"教练一直在旁边不停地对汤姆大喊着这些鼓励的话，从始至终没有停止过。汤姆豁出去了，虽然感觉身体已经不是自己的了，任对手雨点般的拳头打在自己身上，汤姆自己也在不停地对自己说："坚持，我能坚持住的。"也许是对手也打不动了，也许是被汤姆的顽强毅力所震慑了，在最后一刹那，汤姆对准对手的要害部位猛力一击，对手先倒下了，汤姆胜利了。

鼓励能树立人的自信心。要想让一个人经常努力把事情干好，首要的就是要激起他的自信心。有些人因第一次做某件事情，会害羞会胆怯会畏首畏尾会极度的不自信，这个时候，如果有一个在这方面比他有经验的人能适时地对他说"放心吧，你一定行的"，"你会比我做得更好"，"你是很棒的"之类的话，他会从这些话语中得到去做好这件事的力量。比如第一次登台，第一次在大庭广众之下演讲、唱歌，第一次考试，甚至是娃娃蹒跚地迈出第一步，这种时刻人们是多么需要他人的鼓励啊！这样的鼓励会让人受益终生的。

世上每个人都需要爱、温暖与帮助。尽管每个人资质不同，但每个人都或多或少会有与众不同的特长或优势。只不过，有些人善于表达，有些人羞于表现。与人相处融洽的关键是在一种和谐的气氛中让对方知道你对他是赏识与尊重的，而适时地鼓励与赞扬，也是交往中使交情稳固深化的法宝。鼓励他人不是不分场合、地点的一味阿谀奉承，而是在了解对方性格后对其优点的赞赏以使其能增强信心，争取更大的成功。

你们之间的交流会因此而迈上一个新台阶。请不要吝惜你赞赏、鼓励之类的话语，也许就是你在他身旁的一个小小的动作，哪怕只是一个暗示，也会带给他无比的自信和战胜困难的决心，他会在你的鼓励中焕发出新的力量与斗志，甚至会激发出他从未表现出来的能力，而你也会在这种关爱中获得非同寻常的快乐、欣慰并分享他的成功，与他一起体会成功的乐趣。正所谓"送人鲜花，手留余香"。

学会谦虚谨慎

古时候的晏子，在一个偶然的机会认识了越石父。晏子感觉越石父言谈举止中流露出的一切都与众不同，是个很有思想的人。当晏子得知他在给人家做奴仆后，很是同情。

后来，他亲自到那家主人处将越石父赎了出来，并让他坐自己的马车一道回府。一路上，晏子并不与越石父交谈，到了自家门口，晏子自顾自下了车，也没有招呼越石父就往院子里走。此时，越石父说："我要走了。"晏子很是奇怪，说："你这人怎么可以这样，我好心好意赎你出来，解除了你3年的苦役生活，又请你到我家里来做客，你不感谢我反而要走掉了？"越石父听了此番话也十分不高兴，说："先生您有所不知，过去我迫于无奈给人家做奴隶，那时还不真正了解和认识自己在人面前将受到怎样的虐待。而先生是个明事理之人，您既然肯拿银子赎我出来，一定是看不惯我被人虐待才这么做的，我想您赎我出来应该是想让我过与从前不同的生活。但您却与原来的主人一样轻视和慢待我，所以我很介意。刚才从主人家出来的时候，您看都不看我一眼，上车的时候也并没有说礼让的话，下车的时候也像是我不存在一样，您这样对我不就是对待一个奴仆的态度吗？如果我是您请来的座上宾，您还会这样不理不睬吗？既然也是在您这里做奴仆我又何必留下来呢？我想一个受人恩惠的人也不必总是要表现出低人一等，恩惠别人的人也不应该就总是高人一头、傲慢无理吧？"

越石父的一席话，惊醒梦中人，晏子感到十分震撼，也很惭愧，感到自己的行为确实很傲慢不逊，连连施礼道歉，说："我一直觉得你和一般的奴仆不一样，没想到你竟然有这样的思想，真是让我十分震惊！我在这里向你道歉了，希望你不要怪罪于我。"

接着，晏子吩咐家人摆酒宴为越石父接风洗尘，对越石父的态度也从此变得非常谦逊，不敢再不把对方的感受放在心上。晏子谦虚的作为也被传为佳话。

一个水瓶装满了水之后，你摇晃它，它是不会发出任何响声的。反倒是装了半瓶子水时，摇动会使它发出"哗哗"的声音，这就叫做"一瓶子不满，半瓶子咣当"！人何尝不是如此呢？真正的大家是虚怀若谷的，即使在自己的领域中取得了卓越的成就，由于他站得高望得远，他才晓得"人外有人，天外有天"、"人不可貌相，海水不可斗量"的道理，所以能始终保持一种谦逊学习的低姿态，他越是表现得低调，反而越能展现他的大家风范。

那些自鸣得意的"准"专家们，就像那"夜郎自大"的国王，他的一片天地就是他目之所及的范围，所以他自我感觉颇为良好，无知变成了无畏，这是何等可笑可怜！"虚心使人进步"，虽是老生常谈，但却永远也不过时。

学会安慰他人

美国短篇小说之王欧·亨利有一篇名作叫《最后的常青藤叶》，说的是某医院重症病房里有一个病人认为自己已无力康复，望着窗外的常青藤树，他想："树上叶子落光之时也就是我告别人世之日。"并且他把这个想法告诉了他的挚友——一位画家。某夜风雨大作，病人心想常青藤叶肯定已悉数被风雨吹落，自己也再无活下去的必要了，可第二天他醒来看到窗外的常青藤竟然有一片叶子没被吹落，他认为这是上帝的意愿令他活下去，遂鼓起勇气积极配合治疗，最终奇迹般地战胜了病魔。当他向画家朋友讲起这段难忘的经历时，他的画家朋友莞尔一笑，说："那片叶子是我画上去的，是为了让你重新鼓起生活的勇气。"

看来，关键时刻如何安慰他人让他人走出困境确是一门学问。

某医院的病房，住着两位相同的绝症患者，一位来自乡下农村，一位就生活在医院所在的城市。生活在这个城市的病人，总有亲朋好友和同事前来探望。家人来时宽慰他说："家里你就放心吧，还有我们呢，你就安心养病吧。"朋友探望时劝慰他说："现在你什么也别想，就一门心思养病吧。"单位来人时开导他说："你放心，单位上的事都替你安排好了，你现在的工作就是养病……"

来自乡下农村的患者，只有一位十二三岁的小男孩守护着。他的妻子十天半月才能来一次，或送钱，或送些衣物。妻子每次来，总是不停地说这说那，要丈夫为家里的事情拿主意；快要浸种了，今年种点啥呢？再过两天，他大伯就要嫁女了，你说送多少贺礼啊？妹子说要跟她表姐去"出门"，我还没答应，这事要你拿主意……

几个月后，生活在城市里的患者在亲人悲天怆地的哭声中永远地去了；而来自乡下农村的患者却奇迹般地活了下来。为什么同样身体状况的人都有亲人的陪伴和安慰却也有着完全不同的结局呢？

安慰需要技巧，只有在特定的时候说出适合对方心境的鼓舞、安抚的话才能让人受益。来自城市的病人的亲朋好友在安慰他时，都不自觉地表露出了对他的可怜和同情，并且他们把所有的事情都安排好了，让病人觉得自己岂不是成了没用的废人。他从他们的话语中感觉似乎他们已不再需要自己，自己也就失去了活下去的意义，渐渐地失去了战胜病魔的信心和勇气，于是在孤独寂寞与病魔的吞噬中一点点地死去。而那个农村病人则不同，妻子在他卧床后，仍然把他当成正常人看待，还像往常那样把他视为自己家"掌柜"的，什么事情都和他商量让他来做主，他在这样的亲情的呼唤下，感到自己无论如何都要活下去，否则扔下妻子一个人遇到事情就不知该怎么处理了。他意识到了自己对家人的重要，意识到自己必须活着，哪怕仅仅是给家人拿些主意，于是一种强烈的求生欲望使他奇迹般地活了下来。在你遇到困难与挫折时，如果有一位像画家或病人妻子这样的朋友或亲人伸出援助之手，该是何等幸运啊！感情的价值不就体现在最需要安慰与支持的时候有人伸出一双温暖的手吗？

在恰当的时机，送给别人一个鼓励的眼神，一两句贴心的话语，不要吝惜你的友善与关爱，不要忽略处于困境中的朋友和亲人的感受，经常和他们谈心，当他们情绪低落时帮助他们走出困境，这既是你的责任又是你的荣幸。

学会褒奖他人

褒奖和赞扬总是能给人以愉悦感，适时地对别人说一些这样的话，会让你们的关系更加融洽，有时还会收到意想不到的效果。一位推销化妆品的推销员，很善于使用这种方法，她推销的化妆品就真的比别人多。她知道自己一开口是十有八九会被拒绝的，做好了这样的心理准备后，一旦顾客说："这种化妆品我已经有了，暂时不需要添置新的。"她马上就说："是啊，其实您的皮肤这么好，不用化妆品也很光滑富有弹性的。"几乎每个女人对这样的话都是十分受用的，这样就拉近了推销员与顾客之间的距离，原本要立刻离开的顾客可能打算先看看货怎么样，再决定是否购买。这已经离成功很近了。推销员接着说："但为了让您脸上的光泽保持得更久，您试一下……"也许有的顾客就要掏钱包了。

还有一个小故事：李阿姨家请了个新保姆，李阿姨特意打电话问原来的雇主这个保姆的工作情况。原来的主人指出这个保姆很多缺点，总之就是这个保姆很不好，当然也不乏夸张之处。李阿姨回头对保姆说："我昨天给你的前任女主人打电话了，她说你饭做得不错，还会带小孩，照顾老人也很周到，就是有时自己眼里没活得主人提醒，我看你好像不是这样的人，我相信你在我家会做得很好的。"听了这样的话，保姆很激动。因为她知道原来的主人不喜欢她，而且也绝对不会说那些赞扬她的话，这些应该是新主人故意这么说的。从此，她为了不辜负新主人对自己的夸奖和信任，工作非常努力，每天都把家里整理得井井有条。

台湾作家林清玄当年做记者时，曾经报道过一个小偷的新闻，这个小偷作案手法非常细腻，直到作案上千起后才被捉到。他在文章的最后，情不自禁感叹："像心思如此细密、手法那么灵巧、风格这样独特的人，又是那么斯文有气质，如果不做小偷，做任何一行都会有成就的吧！"

没想到，他 20 年前无心写下的这句话，却影响了这个青年的一生。如今，当年的小偷已经是台湾几家烤羊肉店的大老板了！在一次邂逅中，这位老板诚挚地对林清玄说："林先生写的那篇特稿，打破了我生活的盲点，使我想到为什么除了做小偷，我没有想过做正当的事呢？从此，我决定脱胎换骨，重新做人。"

也许你会说一个小偷再怎么出色也永远是小偷，褒扬一个小偷是否合适！但还有一句话叫："年轻人犯错误，连上帝都会原谅他的！"如果没有林清玄当年对这个小偷的"褒奖"和企盼，恐怕也就不会有他今天的事业和成就。不难看出，褒奖对人生是多么重要啊！

其实，社会上每一个人都渴望得到别人的夸奖，同样，每一个人也应该学会去赞扬和欣赏别人。褒奖是更深层次的接受。从褒奖自己开始，褒奖家人，褒奖朋友，甚至褒奖敌人。学会褒奖，是一种爱的互动，褒奖能为你创造更多更广更深沉的爱。

第四篇

成功的品质

准则1 与人为善 能屈能伸

毁人终害己

毁谤他人的人，无不以害人的目的开始，以害己的结果告终。毁人自毁，可以说是人世间的一条规律。

从古至今，奸佞小人都善于毁谤他人。这种人，摇唇鼓舌，兴风作浪，无中生有，搬弄是非，致使一些正义之士蒙受冤屈，身陷囹圄，乃至家破人亡。历史充满了辩证法，君不见，毁人自毁，损人自损，污人自污，玩火自焚。翻开史书便可看到：毁谤他人者，常常是搬起石头砸自己的脚，落得一个可耻可悲的下场。

南宋的秦桧，明代的严嵩，都惯于栽赃陷害、毁谤忠良。他们生前遭千夫所指，万人唾弃，死后又作为奸臣的代表而被人们口诛笔伐，可谓遗臭万年！

南宋末年的权臣贾似道，也是一个不择手段地陷害正直朝臣的丑类。《宋季三朝政要》中记载，他为了中伤诬陷宰相吴潜，竟然唆使人编造《福华编》歌颂贾似道的所谓鄂州战功，排挤左相吴潜出朝，到处散布吴潜兄弟有野心。宋理宗闻知大惊，忙罢吴潜相位，让贾似道取而代之。

贾似道专权15年，被他诬害的人难以计数，"一时正义端士，为似道破坏殆尽"。但多行不义必自毙，由于朝野万众的痛恨，朝廷只得把贾似道贬往循州。一路上，轿夫们撤去轿盖，让他暴晒在烈日之下，轿夫们行路时还唱着民歌数落他的罪状。恶贯满盈的贾似道，未至循州，途中便被监送人杀死。

毁人者总是先毁于被毁者，因为在毁谤他人之前，先毁掉了其自身的人品；在给他人抹黑之前，自己的手先黑了。其卑劣行径一经暴露，其人格在人们心目中便失去了光彩，乃至变得一文不值。皮日休说得好："毁人者，自毁之。"意思也是欲毁他人之时，便埋下了毁灭自己的祸根，毁害他人之时，便毁灭了自己的人格。

在现实生活中，毁人自毁是不少见的。这种心术不正、毁谤他人的人，必然树敌广，结怨多，积恨深。其结果，或是周围的人对他侧目而视，常存戒心，如避瘟疫；或是被毁谤者奋起回击，以真凭实据揭穿其险恶用心，使其狼狈不堪，威信扫地；或是因毁谤他人而触犯了法律，银铛入狱，饱尝铁窗滋味，此乃罪有应得。毁人自毁，其言甚确！佛经上有一段话生动深刻，很值得一读："恶人害贤者，犹仰天而唾。唾不至天。还从己堕。逆风扬尘，尘不至彼，还尘己身。贤不可害，祸必灭己。"意思：恶人毁谤伤害好人，就像仰面向天吐唾沫，最后唾沫反而落到毁谤者的脸上；这也像迎着风向人家撒灰尘，结果灰尘反而回到他自己身上。所以，不要毁谤他人，那样做定然自取其祸。

毁人自毁，至理名言！奉劝有毁谤恶习的人，及早回头，改恶从善，否则，必将被人们所唾弃、所鞭挞、所惩罚！

适应上司而平步青云

35 岁以前要懂得人与人合作，时常会出现问题，无论你不喜欢上司的原因是不获升迁、加薪，还是不被信任，辞职不干是最下下之策，除非情况无可挽救。

本来不喜欢某人可以与他疏远，但与上司之间若缺乏联系，结果双方只会愈来愈不信任和不尊重。不妨多用电话 (内线) 与上司联络，既可保持距离，减少火药味，又可拉近合作的关系。谨记："我应做些什么？有些什么好处？"如果你能够持续令工作顺利、情绪稳定，那么除了上司，还有更高层人士会晓得你的工作能力。

即使你与上司互相不欣赏，但处处表示你的支持，多少可以赚到上司对你的尊重。多考虑以下的问题：上司最需要什么资料？怎样可以帮助他？你以往犯过什么错，将来可以避免吗？对你必有裨益。

记着，私下你可以与上司的意见背道而驰，但在公开场合一定要处处支持他，以行动来使他的决定付诸实现。还有，万万不可在背后说上司的坏话，否则吃亏的只会是你自己。

每个人都有自己的工作作风，正如你也有自己的一套方法。问题是你既是下属，就必须设法去协助上司们完成任务，达到为公司赚钱的目的。

适应不同上司的工作形式，亦是白领人士必须懂得的技巧。如何去适应？一点也不困难，只要本着诚意去与对方接触，摒除一切主观看法或者其他同事的意见即可。

当上司向你委以任务，请先清楚了解对方的真意，再衡量做法，以免因误会而种下恶根或惹来麻烦。进行的方式，以不抗拒对方的意愿，又切合自己的要求为重，那么双方才会合作愉快。

与上司建立良好的工作关系，对你的工作有百利而无一害。

做错了事，不要找借口和推卸责任。解释并不能改变事实，承担了责任，努力工作以保证不再发生同样的事才是上策，同时得学习接受批评。

要令上司信任你和准时完成工作。记着，做任何事都要翻看两次，确实没有错漏才交到上司面前。谨记工作时限，若不能准时做好，应预先通知上司，当然最好不必这样做。必须处处表现出独立圆满地把工作完成，不要等上司告诉你应该怎样去做，放胆、小心地循序去做，从中就可学到不少东西。

不要逃避困难。接到一件工作先详细想一遍，把预见的问题列出来，再想想应战的策略，最好多给自己一点时间，以防有意想不到的问题出现。

与上司保持良好的沟通。这种技巧十分微妙，给上司简洁、有力的报告，切莫让浅显和琐碎的问题烦扰他或浪费他的时间，但重要的事必须请示他。

虽然你很担心自己会失业，对现今的工作感到很满意，希望获得上司的赏识，每年都有升职加薪的机会，视这份工作为日后步上青云之路的踏脚石，但你不能把自己看扁，贱卖尊严，甘愿被老板凌辱，背后却以"受害者"自居，还认定金钱便是一切，丧失自我，但求可以在办公室找到立足之地，不惜对上司阿谀奉承。

你的上司是一个怎样的人？他可能很情绪化、无能、自以为是、独裁、自私自利、对下属很刻薄等，他根本不体谅你的处境，时常要你超时工作，却并不欣赏你所做的一切，奈何每天都要跟他紧密合作使你精神紧张，觉得办公室好比一个人间地狱。

其实很多人的不幸与忧伤都是自寻烦恼，只要你对自己说："我不要受到他人的影响，我只为自己而活，我要成为自己生命的主宰。"谁也不能折磨你，使你成为出卖自己的人。

与上司好好相处的方法万变不离其宗，简言之，有以下三个宗旨：

首先，客观地衡量一下自己在公司的地位。雇主与雇员之间的关系永远建立在互利互惠之上，问问自己有什么利于公司的长处，尽量在那方面大大发挥，不要卷入是非圈子里。

其次，无论何时何地，帮助上司解决疑难，尽自己所能把事情做好。

最后，在适当的时机说合适的话，做合适的事情。

如果你的学历比你的上司略高一筹，如你取得本科学士学位，他只是一个专科毕业生，你可能感觉上司时常针对你，事无大小，他总是与你持相反的意见，对你肆意批评，或者当你偶然犯了一点小错误，他会不客气地咆哮："一个大学生应该不会犯这种错误，难道你在学校里什么东西也没有学会吗？"面对这种情形，你应该怎样与上司建立良好的关系呢？

英国著名职业顾问赛恩博士说："首先你要消除成见，不要以为上司故意针对你，须知道上司对你根本谈不上什么深入的认识，他又怎样会无端不喜欢你？他们可能对所有下属都是如此，你应该学习与上司相处，慢慢让他发现你的好处。"

以下是一些建议：

1.耐心寻找上司的特点，以他喜欢的方式完成工作，不要逞能，更不要急于表现自己。

2.随时随地抓紧机会表示自己对他忠心耿耿，永远站在上司这一边。以你的态度说明一个事实：我是你的好朋友，我会尽己所能讨好你。不要以为上司很愚笨，如果你真的努力这样做，他看在眼里，一定会很明白你的意思，对你日渐产生好感。

听到公司有什么谣言或传闻，不妨悄悄地转告上司，以示你的忠心。

不过，你的措辞与表达方式须特别注意，说话简明、直接最为理想，比如你告诉上司："我不知你有没有听过这消息，不过，我想你会感兴趣……"

上司愿意选择你为他的下属，他对你的印象自然不差，你必须摒除对上司的偏见，事事替他着想。

适应同僚，与人亲善

如何化敌为友，关系融洽，在办公室的战场上是一门高深的学问。

他曾经与你为一个职位争得头崩额裂，不过今天你俩已分别为不同部门的主管，虽然没有直接接触，但将来的情况又有谁晓得？所以你应该为将来铺好路。

如果你无缘无故去邀请对方或送礼给他，太突兀，也太自贬身价了，应该伺机而动才好。例如，从人事部探知他的出生日期，在公司发动一个小型生日会，主动集资送礼物给他……记着，没有人能抗拒好意的。

要是对方获擢升新职，这就是最佳的时机了，写一张贺卡，衷心送出你的祝福吧，如果其他同事替他搞庆祝会，你无论多忙碌，也要抽空参加，否则就私下请对方吃一顿午餐吧，恭贺他人之余，不妨多谈大家在工作方面的喜与乐，对过往的不愉快事件绝口不提，拉近双方距离。

记着，这些亲善工作必须在平日抓紧机会去做，否则到了你与他有直接麻烦才行动就太迟了，也只会给人"市侩"之感。

许多人以"公私分明"为座右铭，谁知过犹不及，成为自己前途的绊脚石。

例如认为多余的同事聚会是浪费时间就大错特错。偶尔一起在下班后去喝一杯，正是发泄的好机会，或许你根本不喜欢向别人吐苦水，又怕卷入是非旋涡，但请冷静想一想，从各同事的苦水中，你是可以多了解各部门存在的问题和公司的政策；这不是对你有莫大帮助吗？所以，只管小心舌头，多做倾听的对象就是了。

还有一个似私实公的时间，是午餐时间。在公而言，许多事情最需要跟同事、别的公司的职员或顾客直接商谈的，如果靠电话，恐怕效果欠佳，要是在工作时间以外，似乎又有点唐突，在工作时间里，则太公式化，又妨碍其他日常工作，所以最理想的方式还是约对方午膳，这样不是既节省时间，又显得诚恳亲切吗？此外，利用午餐这个比较随便的时间去约见旧同事、新相识 (公事上的)，互相交流工作经验亦是对自己的一种充实，因为一方面可以建立工作上多方面的良好关系，另一方面将来有合作机会，不是更好吗？

你本着默默耕耘、尽忠职守的原则做事，可是公司里的同事有了变化，旧同事已另谋高就，新同事愈来愈多，竟与他们有格格不入之感。因为只有你一直以来不太注视周遭的人事变化，没有刻意与他们联络所致。

补救的方法不困难，拣一个特别的日子（目的只是出师有名），例如顺利完成一个计划或你的生日，做东请同事吃一顿。这一顿意义重大，别忘记以下任务：乘机多了解每一位同事的背景，包括公与私，这对你有莫大好处，方便日后工作。

凭着联络一点，加入他们的午饭圈，当然不必天天如此，这样既太突兀，也对你未必太适合，安排一个星期两天就够了，目的是保持一定的联系，同时可获取公司里一定的情报。除了午饭，下班后去娱乐一番也是好主意，远离了办公室，所有人都会放轻松，谈起话来也随便得多，更易熟络。

此外，公事方面，无论多稳熟，还应公事公办，但自己有空，不妨多向同事伸出援手，主动一点是必须的！

请别吝啬对别人的赞赏，尤其是办公室里，这是你搞好人际关系的一大武器。

同事穿了一件新衣服，你第一次撞上他，可以摆出欣赏神色，兴高采烈地赞扬："这件衬衫很衬你啊！""噢，打扮得叫人眼前一亮哩！""嗯，今天这样漂亮，有喜事呀？"或者说："你真有眼光，这衣服太帅了！"

有人穿了新鞋子，烫了个头发，甚至背了个新手袋，你也可以套用以上的赞叹词，不过，记着必须在第一次见面时就说，否则就流于虚假和公式化。除了打扮，诸多注意别人的工作表现。某同事刚好成功地完成了某项任务，或者顺利地出差回来，别忘了恭贺人家，说："你真棒，难怪老板器重你！""你的干劲实在值得我们学习！""旗开得胜，下一次任务又是你的囊中之物了！"

这些话并非叫你做人虚伪，而是多留意点别人，学会欣赏别人对你有一定的好处。

如果你发现自己与同事们在业余兴趣方面格格不入，一定很不开心。一则你与同事共处的时间一天就占了三分之一，各走各路，谈也谈不来，实在不好受；还有，人是有感情的动物，如果有共同语言，相处会更融洽，合作起来亦愉快得多。

可是，难道要强迫自己改变兴趣去取悦别人？这当然犯不上。消遣玩意多的是，你大可发掘一种你们都会喜欢的共同兴趣，不过，进行时不要过于着痕迹，轻描淡写、低姿态是最理想的。

例如相约同事去看演唱会、电影等，乃是最自然和最理想的，因为这些消遣与性格没有直接关系，不致与某些原则有抵触。

要是同事们喜欢讲笑话，你却不苟言笑，怎么办？当同事们大讲笑话，笑得前仰后合时，记着切勿板起脸孔，如大笑不出的话，也请微笑一下，表示你不介意和尊重他们。相反，你不妨争取主动，讲笑话之余也与同事轻松点，或者鼓励他们讲其他的新鲜话题。

团结就是力量，所以千万别在公司里搞小圈子，应当把同事都视为好朋友，同事以和为贵，即使有人故意针对，处处为难你，但你必须耐着性子，不可意气用事，因为同事间的争执只会令生产下降，站在上司的地位，他是不会关心谁是谁非的，总之不合作就是你的错。

一般人总爱听赞美话，聪明的你就不妨大方一点，多赞美别人吧！"这个意见不错，就这样做吧！""真棒，你给我提供了一个好办法！"这样，下一次他会更努力地帮助你。

赞美别人之余，要注意自己的表现，处处出尽风头，或者说话过分直率，容易使人觉得你自大而排挤你。所以永远要小心舌头，同时要与同事们站成一线。

人是有感情的动物，在愉快的气氛下工作可收事半功倍之效，不妨多关心别人，体贴别人，增加亲切感，做起事来就更好办。从今天起，努力做个受欢迎的同事吧！成功的你升迁的机会也将成倍增加。

将相本无种

生活常常会上演一个悲剧：很多勤劳刻苦、奋斗不息的人往往不能够成功，反而穷困潦倒；而一些懒惰无能、平庸无德的人反而能轻易地获得成功，攫取财富、权力和声名。于是，有人哀叹命运的不公，有人哀叹自己天生"命"不好。在摇首叹息之际，他们向命运妥协了，向命运低头了，甚至自暴自弃，破罐破摔。

古人在经历了人生的坎坷之后，得出了"生死有命，富贵在天"的结论。但应当知道，一个人命运的好坏并非天生注定，亦非不可改变的。一个人不可能一生永远幸运，也不可能永远被厄运纠缠。要相信，命运由我们自己创造，命运掌握在我们每个人手中。

人的一生总有许多偶然因素，这些偶然的因素往往会改变人的命运。但这些因素又是可遇不可求的。无论是安于命运的安排，还是同命运抗争，都有一个接受眼前命运的问题。同命运抗争，在于知其可为而为之，或知其不可为而为之。知其可为而为之，是聪明的；知其不可为而为之，是愚蠢的。

如果你奋斗了，努力了，拼搏了，但你依然屡遭挫折，连栽跟头，未获成功，不要抱怨命运的不公，而是要理智地接受和承认现实，并进一步分析、找出遭到挫折和失败的原因，进而改变现状，改变命运。这才是智者的选择。

里根生在一个极其普通的家庭，全家4口人只靠父亲一人当售货员的工资维持生活，因而当里根逐渐长大后，不可避免地面临家庭经济的困境。里根上小学时，父亲又被解雇，全家人快到山穷水尽的地步了。这种家庭环境培养了里根的独立意识。他和哥哥帮着母亲在大学足球场卖爆米花，一边卖米花，一边看球。他们是足球场的常客，与球员们混得很熟。球员们很同情这兄弟俩。兄弟俩知道家里艰难，从不向父母要这要那，身上穿的、用的，都是母亲的双手缝制的。

到了上中学的时候，里根的学费更成了问题。为了积攒学费，继续上学，13岁的里根每周六下午和周日都去附近的建筑工地当临时工，在那儿搬砖、推土、运水泥。星期日干10小时才挣35美分。他饿了啃面包，渴了喝自来水，别的同学在看电影、旅游，而他却在工地上流汗。在中学和大学时期，他完全是靠半工半读走过来的。他曾做过公园里的业余救生员，在一个暑假中挣够一年的学费还有剩余。此外他还在学校食堂里刷碗、洗盘子、扫地。

生活的艰辛磨炼了里根的意志，培养了他的信心，也使他产生了出人头地的强烈愿望。1932年里根大学毕业后，决定在电台找份工作，然后再设法做一名体育播音员。里根搭便车去了芝加哥，敲开每一家电台的门——但每次都碰了一鼻子灰。在一个播音室里，一位很和气的女士告诉他，大电台是不会冒险雇用一名毫无经验的新手的。"再去试试，找家小电台，那里可能会有机会。"她说。

里根又搭便车回到了伊利诺伊州的迪克逊。虽然迪克逊没有电台，但里根的父亲说，蒙哥马利·沃德公司开了一家商店，需要一名当地的运动员去经营它的体育专柜。由于里根在迪克逊中学打过橄榄球，那工作听起来正适合自己，于是他提出了申请。但未能如愿。

"最好的总会到来。"母亲提醒里根说。父亲借车给他，于是他驾车行驶了70英里来到了特莱城。里根试了试爱荷华州达文波特的WOC电台。节目部主任是位很不错的苏格兰人，名叫彼特·麦克阿瑟，他告诉里根说他们已经雇用了一名播音员。当里根离开他的办公室时，受挫的郁闷心情一下子发作了，他大声地问道："要是不能在电台工作，又怎么能当上一名体育播音员呢？"

里根正在那里等电梯，突然听到了麦克阿瑟的叫声："你刚才说体育什么来着？你懂橄榄球吗？"接着他让里根站在一架麦克风前，凭想象演播一场比赛。由于里根的出色表现，他被录用了。

在回家的路上，里根想到了母亲的话："如果你坚持下去，总有一天你会交上好运。并且你会认识到，要是没有从前的失望，那是不会发生的。"

这次求职成了里根人生旅途的新起点。它使里根懂得，一个人只要有信心，能把握自己该干什么，那么就应该走出去，用力敲开那一扇扇机会之门。在以后的岁月里，里根奋发努力，凭他个人的能力，从演员一直坐上了美国总统的位置。

要抬头先低头

韩信年少时曾受过胯下之辱，但他并不是懦夫。他之所以忍受这样大的屈辱，是因为他的人生抱负太大了，没有必要小不忍而乱大谋。后来跟随刘邦逐鹿中原，风云际会，先后做过齐王和楚王。在他与部下谈起这件事时说：难道当时我真没有胆量和力气杀那个羞辱我的人吗？但是如果杀了他，我的一生就完蛋了，我忍住了，才有今天这样的地位和成就。

人们在制定理想目标时，往往在实践过程中都会遇到这样那样的困难和挫折，致使你气愤、胆怯、自卑、情绪冲动、灰心丧气、意志动摇等。立志愈高，所遇到的困难就愈大。猝然临之而不惊，无故加之而不怒，这就是大丈夫能屈能伸、乐观坚毅精神的表现。

苦难是一种前兆，也是一种考验。它留下意志坚忍者，淘汰意志薄弱者。要达到辉煌壮丽的人生境界，要成就任重道远的伟业，必须具有远大的志向和极端坚忍的品质。

一场大雪过后，树林出现了有趣的现象：只见榆树的很多枝条被厚厚的积雪压得折断了；而松树却生机盎然，一点儿也没有受到伤害。原来榆树的树枝不会弯曲，结果冰雪在上面越积越厚，直到将其压断，实在是备受摧残。而松树却与之相反，在冰雪的负荷超过自己的承受能力时，便会把树枝垂下，积雪就掉落下来。松树树枝因能向下，使雪易滑落，所以枝干依旧挺拔，巍然屹立。能屈能伸，刚柔相济，正是这种气度和风范能使松树经受暴风雪的洗礼。

人世间的冷暖是无法预知的，人生的道路是变化无常的。当你在遇到困难走不通时，或许退一步就会海阔天空。当你在事业上一帆风顺的时候，一定要有谦让三分的胸襟和美德，应该把功劳让与别人一些。不要居功自傲，更不要得意忘形。该进则进，该退则退，能屈能伸。

富兰克林小时候到一位长者家里去拜访，去聆听前辈的教诲。没料到，他一进门头就在门框上狠狠地撞了一下。身材高大的富兰克林疼痛难忍，不停地用手揉着自己头上的大包，两眼瞪着那个低于正常标准的门框。出门迎接的长者看到他那副狼狈不堪的样子，忍不住笑起来："年轻人，很痛吧?"这位长者语重心长地说："这可是你今天来这儿的最大的收获。"

一个人要想在世上有所作为，"低头"是少不了的。现实世界纷纭复杂，并非想象中那么一帆风顺，面对人生旅途中一个个低矮的"门框"，暂时的低头并非卑屈，而是为了长久地抬头。一时的退让绝非是丧失原则和失去自尊，而是为了更好地前进。低头是为了把头抬得更高更有力。缩回来的拳头，打起人来才有力。只有采取这种积极而且明智的处世方法，才能审时度势，通过迂回和缓而达到目的，实现超越。对这些厚重的"门框"视而不见，傲气不敛，硬碰硬撞，结果只能是头破血流，成为倒在风车面前的唐吉诃德。

富兰克林终生难忘前辈的忠告，将"学会低头，拥有谦逊"作为自己生活的准则和座右铭，并且身体力行，后来终成大器，卓有建树，被誉为"美国之父"。

柔中见刚

生活中难免碰到一些无理的人或事，你直接责备某人的不良或错误行为时，他却反过来与你顶撞。在一国外球场里，一个大学生的视线完全被前面一位年轻妇女的帽子挡住了。于是大学生说："请您摘下帽子!"可妇女连头也不回。"请您摘下帽子!"大学生气冲冲地重复了一遍，"为了这个位子，我破费了15个卢布，却什么也看不见!""为了这顶帽子，我破费了115个卢布。我要让所有的人都看到它。"年轻的妇女说完，仍然一动也不动地坐着。她不讲公共道德，却反而振振有词地反驳大学生的正常请求。

碰到这种无理行为，你怎么办？许多人常常大发一通怒火，大骂一顿无赖，可到头来，对方反驳时还是理直气壮，"理由"充足得很。你自己倒气得手脚发颤，只会说"岂有此理，岂有此理"。这时，应该怎样反击这种无理的行为，使对方理屈词穷、无言以对呢？

对于蛮不讲理者，一定要据理力争。楚王存心想侮辱晏子，令人在城门旁边挖了一个小洞，让管礼宾的小官带晏子从此洞进城。晏子不进，他面对周围等着看笑话的人群，装作十分惊讶的样子说："啊呀!今天我恐怕来到狗国了吧，怎么要从狗门进去呢？"楚人讨了一脸没趣，只好引他从大门进了城。

罗蒙诺索夫出生在一个贫苦的渔民家庭，童年时代生活非常艰苦。成名以后，罗蒙诺索夫依旧保持着简朴的生活习惯，毫不讲究衣着，埋头于研究学问。一个专爱讲究衣着但又不学无术、自作聪明的家伙，看到他衣袖的肘部有个破洞，就指着窟窿挖苦般地嘲笑他："从这儿可以看到你的博学吗，先生？"罗蒙诺索夫毫不迟疑地回答："不，一点也不! 先生，从这里可以看到你的愚蠢!"

晏子和罗蒙诺索夫所使用的竞争策略，叫做"以其人之道还治其人之身"。既然让我从狗洞进城,那进的自然就是狗国了;既然把我当做最无能的来使,那么你也就是最无能的君主了;既然你要借题发挥,讽刺挖苦,我当然要针锋相对,以牙还牙!

或许有人要说,对人要讲宽容,为什么还提倡以牙还牙,不是让人以恶抗恶吗?宽容是需要条件的。真诚者与真诚者肝胆相照,就像是两块打火石相撞,迸射出的是心灵的火花;人敬你一尺,你敬人一丈,人对你刁滑,你也必须"刁滑"。

有一则寓言:一匹狼跑到牧羊人的农场,想扑杀一只小羊来吃。牧羊人的猎犬追了过来。这只猎犬高大凶猛,狼见打不过也跑不掉,便趴在地上流着眼泪哀求,发誓它再也不会来打这些羊的主意了。猎狗听了它的话语,看到了它的眼泪,非常感动,便放了这匹狼。想不到这匹狼在猎犬回转身的时候,纵身咬住了猎犬的脖子。幸好牧羊人及时赶来,才救了猎犬一命。这个寓言告诉人们,对于那些奸佞小人万不可有"妇人之仁"。若是对坏人动了菩萨心肠,心慈手软,可能深受其害。

以其人之道还治其人之身的方法有三个:

1.顺其言,反其意

这种方法的效果在于使人感到那个无理的人是引火烧身,搬起石头砸自己的脚。例如,德国大诗人海涅是个犹太人,常遭到一些无耻之徒的攻击。在一个晚会上,有人对他说:"我发现了一个小岛,这个小岛上竟然没有犹太人和驴子!"海涅白了他一眼,不动声色地说:"看来,只有你我一起去那个岛上,才会弥补这个缺陷。"海涅是犹太人,将"犹太人与驴"并称,无疑是侮辱人。可海涅没有对他大骂,甚至对这种说法也没有反驳。相反,他把这种并称换上"你我",这样一下子"你"与"驴"便相等了。

2.结构相仿,意义相对

这种方法是在双方语言的相仿与相对中,表现出极其鲜明的对抗性。如丹麦著名童话作家安徒生一生生活简朴,常常戴顶破旧帽子在街上行走。有个不怀好意的人嘲笑道:"你脑袋上面的那个玩意儿是个什么东西，能算是顶帽子吗?"安徒生回敬道："你帽子下面的那个玩意儿是个什么东西，能算是个脑袋吗?"安徒生的话语和对方的话语结构、语词都相仿，只是几个关键词的位置颠倒了一下，显得对立色彩格外鲜明。

3.佯装就范，大智若愚

这种方法就是假装没识破对方的圈套，照直钻进去。它的效果是显出自己完全不在乎对方的那种小伎俩。

一个嫉妒的人写了一封讽刺信给海明威。信上说："我知道你现在是一字千金，现在附上一块美元，请你寄个样品来看看。"海明威收下钱，回复一个字："谢!"海明威完全识破对方的刁难、侮辱行为，但他根本不将此放在眼里，他就照他人的刁难要求办，结果也真搞得那人难下台。

总之，面对小人的圈套和诡计，你必须保持冷静。在对方处境不妙时。不妨痛下杀手，"痛打落水狗"。当对方想用毒计整治你、侮辱你时，最好用对方讲的道理、方法、要求，依样画葫芦，返还给对方，使其搬起石头砸自己的脚，而且"哑巴吃黄连，有苦说不出"。

年年岁岁劝善，岁岁年年有恶。以善报恶，虽然良心很好，然而不免呆憨、幼稚，不足以除恶扬善。"一熏一莸，十年尚犹有臭。"恶者横行，正因为善者软弱。不要只痴想以善感动恶。恶之所以恶，正是在于它难以被感动，否则也就不那么恶了。善者要强而有力，要以"恶"对恶，要讲究对付恶的"阴谋"——智慧。如此，恶才会感到善的力量。四处碰壁，四面楚歌，恶才会有所收敛。

不要翻人家的老账

在人生道路上，人人都难免失足、犯错误，只要改了就好。有些问题一旦改正了，成了历史，当事人就不愿意提及这不光彩的一页，更不希望有人拿它当话把儿，到处去说。如果有人拿这些问题做文章，就等于在人家伤口上撒盐，就有损人家的名誉，这也是不能容忍的。

有一位青年工人，小时候不懂事曾犯过错误被劳教一年，从此他吸取教训，踏实做人。参加工作后，他严格要求自己，积极工作，多次受到表扬，后来当上了车间的组长。可是有人不服气，不服管。有一次，工人小许在工作中私自外出，被他发现并批评了一顿。小许不服气，揭人家的短说："多大事呀，不就耽误一会儿吗？还能进去蹲几天呀，咋的？"一句话，对方急了，没等他说完，拳头就打了过来。

俗话说："打人莫打脸，骂人不揭短。"人们的短处是不喜欢被别人揭穿的，揭短就是损害人的名誉。特别是人家本来已经改正了的问题，如果轻易地触及，那是很伤人的，难免反目。

有些人的短处并不是指他所犯的错误，但也不是很光彩的历史，所以他们也忌讳别人给揭出来。

在封建时代，因说话不留神，揭人家的短处，犯了人家忌讳而人头落地、身首异处的事例不胜枚举。当过长工，后来揭竿而起的农民英雄陈胜就忌讳别人说他是庄稼汉出身。他的几位患难兄弟因在他面前不知趣地提起有损他"领袖形象"的往事，结果招来杀身之祸。

明朝开国皇帝朱元璋曾经当过和尚，做过"贼"（起义在封建时代是贼的同义语）。自从当了皇帝后，就很忌讳人家提他以前的那段"不体面"的往事，如果有人当他的面说"和尚"、"僧"乃至"生"，都会招来杀身之祸；他也不许别人提"贼"，甚至与"贼"音相近的"则"字也不许提，提了也会人头不保。在封建时代，这种忌讳心理发展到登峰造极的地步便是大兴"文字狱"，许多文人学者因触及人的短处，犯了当权者的忌讳而白白丢了身家性命，可悲可叹。

翻人家的污点，触及人家的短处，不管是有意还是无意，对己对人都是不利的，我们在言谈交际时应该小心这一点。

不要取笑他人的生理缺陷

有生理缺陷的人本来就很痛苦，如果再被别人拿来取乐，会给他造成很大的伤害，这样很容易激怒他们。比如有的人很胖，有的人很瘦，有的很高，有的又很矮，还有的人是拐子，也有的人长得很丑，等等。这些本是有目共睹的事实，别人不提也罢，但是如果他人以讥讽的口气当众指出，就会使他人感到难堪，产生不满。

报上曾有过一则新闻：一位女中学生，只因为有人说了她一声"胖女人"，羞愧至极，绝食身亡。

有时候，说话者由于不小心而在言辞中触及他人的生理缺陷，人家虽然没当面对你发火，但心里却在记恨你。

生活中也有这样的例子：

有一次，有几位年轻同事在一块聊天。偶然谈及结巴的话题，其中一位平素最活跃的青年突然沉默。后来才知道，这位青年就有点结巴。

像这样因不明情况而在谈话内容中无意触到对方短处，还情有可原，因为不知者不为罪嘛。可有人偏偏嘴不留德，爱揭人短处。

"你的胸脯正像卡西欧电子计算机。"

"怎么啦?"

"超薄型!"

真是够缺德，够损人的。这种人，时时处处注意他人的短处，以便拿来取笑。可也要小心自己有把柄被别人抓住，后患无穷。实际上这种做法既伤了别人，对自己也不见得有多少好处，所以还是少说为佳。

鲁迅先生笔下的那位惯用精神胜利法的阿Q，别看他疯疯癫癫，一副穷酸相，可他也忌讳别人揭短。别人可以欺他骂他，甚至可以打他，他都能控制自己，用精神胜利法安慰自己，心里很快能平衡。但要是有人当着他的面说一个"癞"字，或发出近于"癞"的音，或提到"光"、

"亮"、"烛"等字，他都会"全疤通红地发起怒来，口油的便骂，力小的便打"。原来，他头皮上有一块不大不小的癞疮疤。

由此可见，生理缺陷实为人之忌讳，是口语交际时应该避免的话题。

不要取笑别人的弱点或缺点

大千世界，芸芸众生，不可能完全一个样子。人有长处也有短处。有优点也有缺点。口语交际，千万别拿自己的优点长处取笑别人的缺点短处。

揭人短最伤人，正像外国有句俗话所说的："言语给人的伤害往往胜于刀伤。"

街坊有两主妇因鸡毛蒜皮的小事发生口角。甲妇急不择言，把乙妇婚后几年不能生育的事给当众抖搂了出来。乙妇不育的原因并不在她，她和丈夫一起做过检查，病因在丈夫身上。这个秘密除了大夫只有她们夫妇二人知道。在这种场合，乙妇又解释不清楚，羞得满脸通红。后来虽经别人劝开，但乙妇总觉得没面子，回家后便喝药自杀了。甲妇也因此事而感到终生遗憾。

十指皆有长短，更不用说人了。我们不可把人家的弱点或缺点拿来进行取笑或攻击。善待他人就是善待自己，尊重他人就是尊重自己。做人还是应该为自己留点口德，避免惹是生非，祸及自己。

总之，人无论在任何情况下都不应该揭人短处。可以说揭短比打人、骂人还容易伤人感情，有时甚至是终生难忘的。所以人生处世，只有避免谈及他人的短处，才容易形成融洽的交谈气氛，与他人建立感情。好谈他人短处的人，最易刺伤他人的自尊心，打击人家某方面的积极性，还会引起他人的讨厌；不小心谈别人短处的人，虽无意刺伤他人，但很难想象人家怎样理解你的用意和对你的反应，一般来说易引起别人的误解与不满，也容易得罪人。由此可见，我们在与他人的交谈中，应该尽量避免揭别人的短处才是。俗话说得好："守着矬子，别说短话。"

准则 2　友好相处去赢得互助

人的一生离不开朋友

美满的人生，必须拥有友谊。因为人类需要相亲相爱，需要信任、理解，需要支持，需要朋友。

在人的生命轨迹里，友谊是非同凡响的一笔，假如没有友谊，人的一生是多么贫瘠，尤其是青少年，那是人的一生中最渴求友谊的时代，那么，他不仅是在少年时代缺乏明朗的亮色，而且，在未来的人生旅途中也会因为缺乏体验错失许多。

人是个体的，是独立的躯体和器官，有独立思考的能力，有各自的个性嗜好，更有不同的心地、志向和机遇，人的力量是强大的，甚至可以改变世界，然而，人是不能脱离人类社会的，一旦离开了人类社会，与人的相互支持，相互合作，别说是创造世界，人就是生存也成问题。有些人认为友谊是由有用引申出来的，正如城邦那样(因为城邦总是为着自己的福利而联合起来的)。有些人由相互喜欢就成为朋友，正如孩子们那样。

我们也许应该把这种人称为朋友。朋友是多种多样的，最首先和最根本的是好人作为好人的友谊，其余的则与此相类同。某种事物是好的，与此相类同的事情，也就以此为朋友，对于爱快乐的人来说，快乐也就是善。不过这两种友谊并不经常是一回事情。而同一个人也不会由于快乐和有用而成为朋友，因为这都是些因偶然性而出现的东西，并非总是双双并列而行。

友谊的关键是，它是一样最神圣的东西，不光是值得特别推崇，而且是永远赞扬，它时刻准备舍己为人，而且完全出于自愿，不用他人恳求。别林斯基曾在《别林斯基论教育》中这样论述道，真正的朋友不把友谊挂在口上，他们并不为了友谊而互相要求一点什么，而是彼此为对方做一切办得到的事。伟人马克思和恩格斯的事例就很好地说明了这一点。马克思和恩格斯在为共同的理想而奋斗的追求中，相知、相识，恩格斯为了支持马克思写《资本论》，不仅经常和他在一起讨论思想和理论问题，同时在经济上也无偿地给予帮助，正是有了恩格斯的伟大友疸，马克思才能最终完成他的巨著《资本沦》。种种事例说明，只有信任、理解和无私支持才能感到友谊的美好，才能在友谊中获得无穷的力量。

所以要获得友谊，要与品德高尚的人交往，更要与人为善，要有博大的胸怀和纯真的感情，友谊地久天长，能使人终身受益。

"友谊可以分为三类。坏人可以因为快乐和有用而成为朋友，他们在这方面相似。好人们则因为自身，由于他们的善良而成为朋友。这种朋友是整体地不加限制的朋友；其余两类朋友则由于偶性，与以上所说相类同。

善良者的友爱是完美的，而且在德性方面相类似。善良的人们既有总体的快乐，也有相互问的快乐。每个人都要做一些己所同有的快乐的事情。只有这样的友谊才称得上是永恒的，因为友谊所应有的东西都寓于此中了。一切友谊或者由于善而存在，或者南于快乐而存在，不论是总体的还是友好者个人的都有某种类似之点。

所以说一切都寓于这种友谊之中，其余的也同样属于它。总体上的善就是总体上的快乐，它们是最为可爱的东西。只有在这些善良的人们中，友爱和友谊才是最大和最善的。

不过像这样的友谊是罕见的，这样的人也是少有的。这需要共同的生活和时间，正如俗话所说，只有吃尽了苦头，人们才能相知。除非两人互相表示友好并且相信，否则就不可能被接受，不可能做朋友。有些人很快地就好了起来，并且想要成为朋友，然而没有友爱和相知，也就不存在友谊。想要很快地成为朋友那就不是朋友。正如在德性方面，有一些是就品质而言，有一些是就现实能力而言，友爱也是这样。有一些人经常生活在一起，相互鼓励，相互帮助，但是，有些人或者互相远隔的人就不能现实地这样做，而只是具有做朋友的品质。距离并不能把朋友完全隔开，而只是妨碍了他们的现实活动，然而，分离的时间太长了，友谊也就慢慢淡忘了。所以，诗人说："久别故人疏。"

和朋友相处，要有分寸

和朋友相处，并不是随心所欲，无拘无束，还美其名曰"坦诚"。须知，朋友相处也应有分寸。俄国寓言作家克雷洛夫写过一篇著名寓言《杰米扬的汤》。寓言说的是有位擅做鲜鱼汤的杰米扬，为了款待老友福卡，作了一锅香美可口的鱼汤，一盆接着一盆地敬劝老友多喝，直喝得老福卡大汗如注，叫苦不迭。可是杰米扬还是一个劲儿地劝："喝得痛快！好，再来一盆吧。"结果是尽管福卡很爱喝汤，也不得不赶紧拿起帽子、腰带和手杖，用足全力跑回家去，从此再也不敢登杰米扬的家门了。

这则寓言告诫人们，事情做过了头，好事也会变成坏事。

《杰米扬的汤》以生动的形象揭示了这条辩证法。我们处理人际关系，应当时刻记住这个真理。比如坦诚、热情、谦逊、活泼、谨慎等等，无疑都是待人之道的必不可缺的品格。然而，这里同样也有一个

"度"的问题，即要注意掌握分寸，尽量做到恰到好处，否则便极易失度，从而影响人际交往。怎样才能把握住"度"呢？下面几点建议可供借鉴。

1.坦诚但不犯忌

奥斯特洛夫斯基说过："所谓友谊，这首先是诚恳。"的确，人际交往倘不襟怀坦荡，真诚恳切，而是相互戒备，"见面只讲三分话，绝不全掏一片心"，正常交往尚且谈不上，义怎能指望相互推心置腹，以诚相见？但是，所谓坦诚，也要适度，要讲效果。如，朋友之间，"胸无芥蒂，无话不说"同然不错，但是，坦减也应留有余地。说话办事透彻、痛快当然无可非议，不过，像鲁迅先生所反对的"透底"就不好，注意留有余地，必要的避讳、求雅还是需要的。有时为避免意外的发生，向当事者暂时保密，不吐露真情，也是人之常情，不宜把它同坦诚对立起来。

2.热情但不轻率

人际交往，由于场合、年龄、性别、辈分以及交往深浅程度等等方面的不同，热情也应该有档次、分寸上的区别。在公共场合，即使熟人、恋人相见，也不宜旁若无人，高声纵情谈笑，至于失度的亲昵举动则更不相宜。有人认为，只有事事应允对方，才能显出自己的热情来。其实大不尽然。中国有句古语"轻诺必寡信"。失信的热情好比一张空头支票，只能取悦于一时，终归毫无价值。所以，有人相托自应尽力而为，不过也应权衡是非利弊。对于那些明显不合情理，或者自己力不从心的委托，都应婉言明白谢绝。同理，自己对与其交往的对方，也不宜提出不合情理的要求。总之，热情应是友谊的升温剂，但是倘若失控，超过了限度，也足以酿成焚毁友谊的悲剧。

3.谦逊但不虚假

法国资产阶级启蒙思想家孟德斯鸠说过："谦虚是不可缺少的品德。"谦虚的品德对于人际交往尤其重要。一个背着自负自傲沉重包袱的人，他的友谊财富必然少得可怜。这里，谦逊须以坦诚为基础，否则就难免陷入虚伪的泥潭。比如讨论问题时，明明自己有不同意见，为表谦逊而不明白说出，或者吞吞吐吐，言而不尽；对方批评自己时，当面唯唯称是，背后却又发牢骚。再者，还应划清两个界限。一个是谦逊与虚荣的界限。如果一个人故作谦逊姿态，以求得"谦逊"的美誉，就是虚荣的一种常见的表现。这种虚荣心一旦被对方察觉，还哪里会有愉快的交往可言？再一个是谦逊与谄媚的界限。有些人在交际时爱对对方说一些言不由衷的溢美夸饰之词，以为只有这样才显得自己彬彬有礼，谦恭而有教养。殊不知，过分溢美，几近谄媚，也往往令人生厌。

4.谨慎但不拘泥

人们无论做什么事，谨慎从事总是获取成功的必要条件，处理人际关系，自然不能例外。然而事情还有另外一面，英国唯物主义哲学家约翰·洛克曾经指出："礼仪不良有两种：第一种是忸怩羞怯；第二种是行为不检点和轻慢。"在人们面前手足无措、忸怩拘谨，这是既有碍于观瞻，也是不利于交际的。应该说的话不说，能够办的事不办，已经成熟了的果子，也不去摘取，这就不是谨慎而是怯懦了。拘谨与忸怩貌似谨慎，实则是怯懦。在交际过程中，不应把仪态的落落大方同言行的谨慎持重对立起来。否则，一身的"小家子气"，谁还喜欢同你打交道呢？

5.活泼但不轻浮

举止活泼，谈吐风趣幽默，往往是人际交往的良好媒介，也是交往深化的催化剂。不过切莫做过了头，否则就难免有上面所说的不检点、轻慢之嫌。我们的身边可能都有这样的人，他不分场合，不择对象，谈话中一味插科打诨，俏皮话连篇，有时甚至在大庭广众之下，公然呼叫别人的绰号，开一些不适当的玩笑 (例如：以对方的生理缺陷为目标)，不仅引起当事者的反感，连在场的其他人也觉得难堪，不知如何收场。这样怎能收到活跃气氛、融洽关系的预期效果呢？因而，我们绝对不能把庸俗 (甚至是恶俗) 当成洒脱幽默，把肉麻当成好玩有趣。否则，这种所谓的"活泼"就将变成人际交往失败的陷阱。

6.认真但不挑剔

一个人要赢得友谊，就要多看到对方的优点和长处。其实，每一个人都有长处，问题是在于发现。比如某人事业上很有才气，但生活处世能力却很差，那么，如果择其长处学习，你就会和对方建立友谊，相处和睦。相反，你睁开两眼看对方，要求对方什么都好，那么，最终使你失去友谊和失去朋友。闭一只眼看朋友，才是一种宽容的处世之道。比如你的朋友过去曾失足过，或者至今有某些缺点，你与他相处，不妨回避对方的伤疤，忘记他的过去，尊重他的今天，寄希望于他的明天，那么，你交朋友的视野就更为宽广，绝不会因斤斤计较某个朋友的过去而与对方不能相处。又比如，某人从前曾冒犯过你，或做了对不起你的某件事，如他已认错了，你也不妨闭上一只眼，让昨日的误会与冲突流逝，这自然不是无缘无故的宽恕，而是一种风度，同时能让对方认识你有不凡的胸襟与风度。

世界上本来就没有完美无缺的人，如果你睁大双眼看对方，总可以发现对方有许多弱点，如以这种尺度去寻找朋友，你就会对生活充满了失望。你的过分挑剔以及过分苛求，最终可能使你连一个朋友也找不到，或者说，你的朋友因你过分睁大双眼而对你敬而远之，远而避之，直至退避三舍。每个人在生活中，总会遇到挫折，从挫折中经受失败的考验，从幼稚走向成熟，从认识弱点走向克服弱点，那么，我们完全不必要把对方的过去洞察得完全透明化，你只要认为对方是一个真诚的人，即使他有某些与你格格不入的嗜好或其他经历上所没有的东西，你也不必大加追究。睁一只眼，即是多看到对方的长处；闭一只眼，即是少看到对方的弱点。惟有如此，你才能永远保持处世的乐趣。

斤斤计较不可取

每个人都有自己独特的优点，所以交朋友时不应该斤斤计较彼此之间的差距，要以诚相待，取长补短。因此，交朋友不应求全责备。有道是"水至清无鱼，人至察无朋"，就是这个道理。

陈嚣与纪伯为邻，一天夜里，纪伯偷偷地将隔开两家的竹篱笆向陈家移了一点，以便让自己的院子宽一点，恰好给陈嚣看到了。纪伯走后，陈嚣将篱笆又往自己这边移了一丈，使纪伯的院子更宽敞了。纪伯发现后，很是愧疚，不但还了侵占的地，而且还将篱笆往自己这边移了一丈。

陈嚣的不斤斤计较，让纪伯感到内疚，他产生了"以小人之心度君子之腹"的感觉，这就欠下了陈嚣的一个人情，即使他还了这个人情，每当他想起时，还是会感到歉疚，还是会想方设法报答陈嚣。

过于小气，斤斤计较，会使朋友认为你是悭吝之人。你可能在择友交友时，认为朋友的友情胜于一切，何必顾虑经济得失，金钱不能使友情牢固。这种思想使你与朋友相处时显得过于节省，事事不出分文；或患得患失，惟恐吃亏。对朋友所馈慨然接受，自己却一毛不拔，这会使朋友感到你视金如命。所以朋友之交要慷慨大方。显得豪爽大度，它会使友情牢固。

当然了，不和朋友斤斤计较不仅仅包括金钱方面，而且包括其他的一些方面。

与朋友共事，无论大事小事，无论何时何地，都要考虑到友情的存存，这既是在办事，又是在进行情感的交流。

作为朋友，每一个人都应该明白这点，自己永远生活在社会之中，同事之间，朋友之间，只有"同舟共济"才能共同生存，也只有尊重和帮助别人，才能赢得别人的尊重和帮助。明白了这一点，我们在与朋友交往过程中，在办事过程中，就必须以求大同存小异为原则。因为在现实生活中，朋友之间所处的环境不同，在经历、教育程度、道德修养、性格等方面虽然是"同声相应，同气相求"，但也不尽相同，必然存在一定的差距。这种差距，不应该成为友谊的障碍。友谊的长久维持应该是不斤斤计较这类差距的结果，应该承认自己和朋友在对待事物方面的差距，适应这种差距。

战国时期，许多达官贵人都喜好养大量门客，以便获得帮助。其中，齐国的孟尝君门客人数最多，号称有"门客三千"，而且其中什么样的人都有。

孟尝君出使秦国时，遭人陷害，秦昭王将他囚禁起来并想杀了他。危急之时，有门客向孟尝君建议，可以向昭王最宠爱的·位妃子求救。

不料，那个宠妃告诉孟尝君说，她想要孟尝君已经献给昭王的那一件白狐裘。这一下可难倒了孟尝君。正在他无计可施之时，有一位曾是偷盗之徒的门客说，可以帮助孟尝君弄到白狐裘。于是，他施展绝活儿，很快将白狐裘盗了出来，献给那个宠妃。宠妃便暗中派人打开城门，放孟尝君等人逃走。

随后，孟尝君急驰回国。走到函谷关时，正是夜半时分，须到鸡叫时方可开门。但孟尝君担心，等到那时秦昭王可能已经发现自己逃走，必将派兵来追。

此时，又有一位门客挺身而出，他说自己善于学鸡叫。可以给守关士兵造成错觉，使他们打开城门。果然，这个人学了几声鸡叫后，函谷关的守门士兵误以为天将破晓，便把城门打开了。

结果，孟尝君顺利地逃出了函谷关，回到齐国。

孟尝君能够逃出牢笼，大难不死，靠的并不是什么谋士大将，而是所谓的"鸡鸣狗盗"之徒。

这个故事充分证明了一个道理：

每个人都有独特的优点。所以，在交朋友时，一定不能太单一，不要完全局限于自己的同行或具有共同爱好与兴趣的人中间。最关键的是要能做到优势互补，如果能用你的优势去弥补他人的劣势，那就能够以此换取他人以他们的优势来弥补你的劣势。如此一来，你的社会关系网也会变得更牢固、更有益。

安慰朋友要有技巧

朋友有了不幸，作为朋友去安慰一番，分担伤悲，是朋友的义务。但当朋友遭遇不幸时，我们的反应往往不一定得体。我们偏偏说出他们不愿意听的话，令他们难过；他们需要我们时，我们却不在他们身边；或者，就是和他们见了面，我们也故意回避那个敏感的话题。既然我们并非存心对他们无礼或冷漠，那么，为什么我们会在其实愿意帮忙的时候有那样的表现呢？

我们大多数人都有过这样的经验，就是无意中说错了一句话，巴不得能把它收回。我们怎样才能在某个人处于困难时对他说适当的话呢？虽然没有严格的准则，但有些办法可使我们做出得体而真诚的反应，这里是一些建议：

1.留意对方的感受，不要以自己为中心

当你去探访一个遭遇不幸的人时。你要记得你到那里去是为了支持他和帮助他。你要留意对方的感受，而不要只顾自己的感受。

不要以朋友的不幸际遇为借口，而把你自己的类似经历拉扯出来。要是你只是说："我是过来人，我明白你的心情。"那当然没有什么关系。但是你不能说："我母亲死后，我有一个星期吃不下东西。"每个人的悲伤方式并不相同，所以你不能硬要一个不像你那样公开表露情绪的人感到内疚。

2.尽量静心倾听，接受他的感受

丧失了亲人的人需要哀悼，需要经过悲伤的各个阶段和说出他们的感受和回忆，这样的人谈得越多，越能产生疗效，要顺着你朋友的意愿行事，不要设法去逗他开心。只要静心倾听，接受他的感受，并表示了解他的心情。有些在悲痛中的人不愿意多说话，你也得尊重他的这种态度。一个正在接受化学治疗的人说，他最感激一个朋友的关怀。那个朋友每天给他打一次电话，每次谈话都不超过一分钟，只是让他知道他惦记着他，但是并不坚持要他报告病情。

3.说话要切合实际，但是要尽可能表示乐观

泰莉·福林马奥尼是麻州综合医院的护理临床医生，曾给几百个艾滋病患者提供咨询服务。据她说，许多人对得了绝症的人都不知道说什么才好。

他们说些"别担心，过不了多久就会好的"之类的话，明知这些话并不真实而病人自己也知道。

"你到医院去探病时，说话要切合实际，但是要尽可能表示乐观，"福林马奥尼说，"例如'你觉得怎样'，和'有什么我可以帮忙的吗？'这些永远都是得体的话。要让病人知道你关心他，知道有需要时你愿意帮忙。不要害怕和他接触。拍拍他的手或是搂他一下，可能比说话更有安慰作用。"

4.主动提供具体的援助

一个悲伤的人，可能对日常生活的细节感到不胜负荷。你可以自告奋勇，向他表示愿意替他跑腿，帮他完成一项工作，或是替他接送学钢琴的孩子。"我摔断背骨时，觉得生活完全不在我掌握之中，"一位有个小女孩的离婚妇人琼恩说，"后来我的邻居们轮流替我开车，使我能够放松下来。"

5.要有足够的耐心

丧失亲人的悲痛在深度上和时间上各不相同，有的往往持续几年。"我丈夫死后，"一位老人说，"儿女们老是说：'虽然你和爸爸的感情一直很好，可是现在爸爸已经过去了，你得继续活下去才好。'我不愿意别人那样对待我，好像把我视作摔跤后擦伤了膝盖而不愿起身似的。

我知道我得继续活下去，而最后我的确活下去了。但是，我得依照我自己的方法去做。悲伤是不能够匆匆而过的。"

在另一方面，要是一个朋友的悲伤似乎异常深切或者历时长久，你要让他知道你在关心他。你可以对他说："你的日子一定很难过。我认为你不应该独立应付这种困难，我愿意帮助你。"

朋友不是你的"拐杖"

虽然朋友也可以依靠，但朋友毕竟不是你的拐杖，时时拿来扶持，一点也不顾朋友的感受。

张超是个很讲义气的小伙子，大学毕业后分在省级机关工作。自打成家有子之后，他越来越有一种负疚感：自己是不是那种薄情寡义之人？

他越来越怕接到朋友或家乡故人的电话或信，内容无非是说"我几时几时要到你那儿，帮忙买张卧铺票"、"联系个医生"、"陪我逛逛百货大楼"、"托你带件什么东西"、"帮我……"诸如此类的事。你要说这些事有多难吧，也确实没多难，你要说没多大事吧，可每次总把人折腾得精疲力尽。更可怕的是朋友到家里来住，地方小倒腾不开，再加上吃喝用拿，自打朋友走后的那几天，妻子的脸色总是怪怪的，阴晴不定，时不时嘴里冒出一句："狐朋狗友！"弄得张超左右为难，尴尬万分。

张超的感觉其实没有任何错，错出在他的朋友身上。

1.误区一：出门靠朋友

人作为主体与周同客体发生联系的时候，总会发现有的客体能够满足自己的需要，而有的则满足不了，多数人总是会选择与前者进行交往。

2.误区二：没有真正为朋友着想

真正的友谊不在于共享欢乐或无微不至的关怀照顾，而在于危机时的关心、指点、理解与支持。

3.误区三：滥用他人的友情

关键的朋友要留在关键的时候再用，不要把他们的善意滥用在无关紧要的事情上，就像遇到危险之前要保持火药干燥一样。倘若你迫不及待让朋友为你办事，日后还有什么能让他为你做呢？能够帮你的朋友比一切都珍贵，珍贵之物决不应滥用。

友情确实可以成为我们在社会生活中的动力机器，但它毕竟马力有限，需要不时加油。为了让它发挥功效，正常运转，请注意别让友情超载。

①给别人以爱你的理由。传统的友情总是抱定一种不讲道理的假设："是朋友就该如何如何"，事实上，任何人都没有这种必须帮助你的义务，假若你够朋友，你就不该要求别人如何如何，在友情的逻辑中，上述假定应更改为"只有如何如何，才能交上朋友"。

②计较得失是正常的。一个健康的个体必然充分注重保护自己各方面的权利，他总是希望得到有价值的东西，选择对自己有价值的交往。许多人常常为功利与情义而纠缠不清，总想把自己真实的动机掩盖起来，其结果反而是两败俱伤、一无所获。要记住，积极健康的个体并非无私无欲，但能取之有道。

③注意到朋友的另一种付出。都市人的生活就像军营一样，上班、下班、吃饭，熄灯都是整齐划一的。不同的是，这种秩序不是靠纪律而是靠生产和生活方式决定的。你找都市里的朋友帮忙时，或许没耗费他们的金钱与精力，但却可能打乱了他们正常的生活秩序，为了搞车票，要耽误工作而且欠人情；为了陪你吃饭，没能接孩子，妻子不高兴……朋友也许不好意思说他的付出与牺牲，但你若将这一切视为当然或应该，时间久了，就不会有朋友了，因为你的心中只有自己。

要想友谊地久天长，就要相互理解体谅，无论在哪里，都不能"靠"朋友。拿朋友当拐杖则是贬低朋友，滥用朋友的情义。

让你的朋友比你优越

法国哲学家罗西法古说："如果你要得到仇人，就表现得比你的朋友优越吧；如果你要得到朋友，就要让你的朋友表现得比你优越。"

为什么这句话是事实？因为当我们的朋友表现得比我们优越，他们就有了一种重要人物的感觉；但是当我们表现得比他还优越，他们就会产生一种自卑感，造成羡慕和嫉妒。

纽约市中区人事局最得人缘的工作介绍顾问是亨丽塔，但是过去的情形并不是这样。在她初到人事局的头几个月当中，亨丽塔在她的同事之中连一个朋友都没有。

为什么呢？因为每天她都使劲吹嘘她在工作介绍方面的成绩，她新开的存款户头，以及她所做的每一件事情。

"我工作做得不错，并且深以为傲，"亨丽塔对拿破仑·希尔说，"但是我的同事不但不分享我的成就，而且还极不高兴，我渴望这些人能够喜欢我，我真的很希望他们成为我的朋友；在听了你提出来的一些建议后，我开始少谈我自己而多听同事说话，他们也有很多事情要吹嘘，把他们的成就告诉我，比听我吹嘘更令他们兴奋。现在当我们有时间在一起闲聊的时候，我就请他们把他们的欢乐告诉我，好让我分享，而只在他们问我的时候我才说一下我自己的成就。"

德国人有一句谚语，大意是这样的："最纯粹的快乐，是我们从那些我们的羡慕者的不幸中所得到的那种恶意的快乐。"或者，换句话说："最纯粹的快乐，是我们从别人的麻烦中所得到的快乐。"是的，你的一些同事，从你的麻烦中得到的快乐，极可能比从你的胜利中得到的快乐大得多。

因此，我们对于自己的成就要轻描淡写。我们要谦虚，这样的话，永远会受到别人的欢迎。

英国 19 世纪政治家查士德斐尔爵士曾这样教导他的儿子："要比别人聪明，但不要告诉人家你比他更聪明。"

苏格拉底也在雅典一再地告诫他的门徒："你只知道一件事，就是你一无所知。"

无论你采取什么方式指出别人的错误：一个蔑视的眼神，一种不满的腔调，一个不耐烦的手势，都有可能带来难堪的后果。你以为他会同意你所指出的吗？绝对不会！因为你否定了他的智慧和判断力，打击了他的荣耀和自尊心，同时还伤害了他的感情。他非但不会改变自己的看法，还要进行反击，这时，你即使搬出所有柏拉图或康德的逻辑也无济于事。

永远不要说这样的话："看着吧！你会知道谁是谁非的。"这等于说："我会使你改变看法，我比你更聪明。"——这实际上是一种挑战，在你还没有开始证明对方的错误之前，他已经准备迎战了。为什么要给自己增加困难呢？

有一位年轻的纽约律师，他参加了一个重要案子的辩论，这个案子牵涉到一大笔钱和一项重要的法律问题。

在辩论中，一位最高法院的法官对年轻的律师说："海事法追诉期限是 6 年，对吗？"

律师愣了一下，看看法官，然后率直地说："不，庭长，海事法没有追诉期限。"

这位律师后来说："当时，法庭内立刻静默下来。似乎连气温也降到了冰点。虽然我是对的，他错了，我也如实地指了出来，但他却没有因此而高兴，反而脸色铁青，令人望而生畏。尽管法律站在我这边，但我却铸成了一个大错，居然当众指出一位声望卓著、学识丰富的人的错误。"

这位律师确实犯了一个"比别人正确的错误"。在指出别人错了的时候，你为什么不能做得更高明一些呢？

需要时请维护朋友的面子

朋友相处，并不是无话不说，也要考虑朋友的面子。

放下你自己的面子，给朋友一个面子，你会受益匪浅的。

我们不止一次地听到过这样的典故：鲁国大夫公父文伯的一次宴会上，大夫露睹父是特地请来的上宾。然而，在上菜的时候，放在露睹父面前的一只鳖，不知怎么，竟比别的上宾的鳖小了些。露睹父的修养也不是很好，他看着四周的鳖，大为恼火，大声说："等这只鳖长大后再吃罢了！"说完便拂袖而去，搞得公父文伯十分尴尬，好好的宴会不欢而散。

为了一只王八，竟至于主客翻脸，似乎十分不可思议，但你要明白吃王八就是吃面子，你就不会再奇怪了，在中国死要面子的又不只有露睹父一人。

中国人是很重视面子的，很多朋友也很讲面子。

自古以来，中国人"死要面子"的事不少。西楚霸王兵败乌江时就悲叹"纵江东父老怜而王我，我何面目见之！"就因为他"无颜见江东父老"，所以自刎乌江。项羽可谓"死要面子"的典型。

每个人都希望自己有面子。有面子就能被别人看得起，表明他在人中间有优越地位。懂得这个道理，求朋友办事就方便了许多，只要你能放下自己的面子，给朋友一个面子，相信你会获益匪浅。

古代有位大侠郭解，有一次，洛阳某人因与他人结怨而心烦，多次央求地方上有名望的人士出来调停，对方就是不给面子。后来他找到郭解门下，请他来化解这段恩怨。

郭解接受了这个请求。亲自上门拜访委托人的对手，做了大量的说服工作，好不容易使这个人同意了和解。照常理，郭解此时不负人托，完成这一化解恩怨的任务，可以走人了。可郭解还有高人一着的棋，有更妙的处理方法。

一切讲清楚后，他对那人说："这个事，听说过去有许多当地有名望的人调解过，但因不能得到双方的共同认可而没能达成协议。这次我很幸运，你也很给我面子，我了结了这件事。我在感谢你的同时，也为自己担心，我毕竟是外乡人，在本地人出面不能解决问题的情况下，南我这个外地人来完成和解，未免使本地那些有名望的人感到丢面子。"他进一步说："这件事这么办，请你再帮我一次，从表面上要做到让人以为我出面也解决不了问题。等我明天离开此地，本地几位绅士、侠客还会上门，你把面子给他们，让他们完成此一美举吧，拜托了。"

人都爱面子，你给朋友面子就是给他一份厚礼。有朝一日你求他办事，他自然要"给回面子"，即使他感到为难或感到不是很愿意。这，便是操作人情账户的全部精义所在。

人们总是尽其全力来保持颜面，为了面子问题，可以做出违背常理的事。有句歌词非常流行，"若是某些记忆使你痛苦，何不轻易地去遗忘它。"但是谈何容易！在知道人们是如何地注重面子之后，还必须尽量避免在公众的场合内使你的朋友难堪，必须时时刻刻提醒自己不要做出任何有损于他人颜面的事。

朋友相交，要善于利用面子，往朋友脸上贴金，朋友只会高兴，只会感激你。就比方说，你有喜事临门，朋友来向你道贺，你要说："沾你的光，托你的福。"

即使对朋友的所作所为，你有意见，说的时候也要给朋友面子。你总得先说"你的某某事做得挺好，效果、反映都不错"，然后，你再用"就是"、"但是"、"不过"等来做文章。谁都知道"但是"后面的才是真正要说的话，但前面的话一定要说。因为在中国它不是假话，也不是废话，而是为营造一种和谐气氛的客气话。你若直来直去，对方必然会觉得你扫了他的面子，心中会大起反感。所以，曲线救国，拐弯抹角的话少不了。

给面子要给得恰当，不恰当就是不给面子。如果被请之人面子很大，而又未受到应有的待遇，则成了极伤面子的事情。

假如你在交际的过程中，不仅没能让朋友欠你人情，反而伤了人家的面子，如果你立即去补偿，一般都能化解矛盾，不致酿成大祸。怎么补呢？一是赶紧说对不起，赶紧降下身份，将自己的面子甩到地上踩几下，这样，一损对一损，算是扯平。二是如果对方的面子本来就大，便只好自己打耳光，骂自己有眼不识泰山。总之，是以贬损自己来相应地抬高对方，补偿他的面子。

面子像人的衣服一样，可以标示身价，面子可以作伪，但情感是真实的。面子有大有小，情感亦有深有浅，但情感的深浅不以面子的大小为转移，只以内心的体验为依据。因而比面子更真实。出于面子而为人办事，难免敷衍。出于情感而为人办事，则会尽心尽力，两肋插刀。所以，善用面子，是为了让朋友欠你人情，如果这人情是真实的东西，就不怕他办事不尽心，不尽力。

交朋友不要怕吃亏

汉德先生既没有学历，也没有金钱，更没有人事背景，但是他却能成为一个成功的企业家。他到底是如何成功的呢？他是一个很会体贴他人的人，他对周围人的体贴，甚至超过了别人的需求。只要你说要上他那里玩，他都会万分地欢迎你去，希望你能住上几天，背地里，无论是多么的拮据，内心多么的苦恼，他都好像随时在等你的来临，竭诚地来接待你，甚至在你回去的时候，还要带些小礼物、特产之类的东西。

无论是多么忙碌，汉德都不会表现出你的来访所带来的忙碌对他会是一种麻烦和困扰。朋友问他何以如此，他说："像我这样一无所有的人，如果要与别人来往，就不能不令对方感到和我来往会得到某些方面的愉快与益处。"

事实上，以前的他，既没有学历，又没有金钱，更没有背景，是一个孤独的人，别人都不想理他、与他往来。汉德在忍耐寂寞人生的同时也在努力奋斗着；而他也就在其中学到了与人交往之道，又给别人某些方面的利益。所谓"某些方面的利益"，有时是精神方面，有时是物质方面。

另外一个例子是出身名门的"富家子弟"富特，他也想成功地做出某些事情来。但是，当他与别人来往的时候，他首先考虑的是这个人对自己有何利用的价值。也许与这个人交往，以后向银行贷款时，会比较容易；也许与这个人做朋友，他会教给致富之道；也许这个人会将土地廉价出售给我，也许会将办公室借给我。他就是如此这般地对周围的人怀着期待之心，认为与自己接触的人，都会带给自己某些利益。

汉德和富特与人交往时的态度实在是南辕北辙，完全不同：汉德是奉献给别人某方面的利益；富特则是让别人带给自己某方面的利益。

我们与周围朋友相处要像汉德那样，以我们的所能来满足他人的欲求。同时，别人对自己有所奉献，也能满足自己的欲求。

著名的社会心理学家霍曼斯提出，人际交往在本质上是一个社会交换的过程。长期以来，人们最忌讳将人际交往和交换联系起来，认为一谈交换，就很庸俗，或者亵渎了人与人之间真挚的感情。这种想法大可不必有。其实，我们在交往中总是在交换着某些东西，或者是物质，或者是情感，或者是其他。

人们都希望交换对于自己来说是值得的，希望在交换过程中得大于失或至少等于失。不值得的交换是没有理由的，不值得的人际交往更没有理由去维持，不然我们就无法保持自己心理的平衡。所以，人们的一切交往行动及一切人际关系的建立与维持，都是依据一定的价值尺度来衡量的。对自己值得的，或者得大于失的人际关系，人们就倾向于建立与保持；而对于自己不值得的，或者失大于得的人际关系，人们就倾向于逃避、疏远或中止这种关系。

正是交往的这种社会交换本质，要求我们在人际交往中必须注意让别人觉得与我们的交往值得。无论怎样亲密的关系都应该注意从物质、感情等各方面"投资"，否则，原来亲密的关系也会转化为疏远的关系，使我们面临人际交往的困难。

在我们积极"投资"的同时，还要注意不要急于获得回报。现实生活中，只问付出，不问回报的人只占少数，大多数人在付出而没有得到期望中的回报时，就会产生吃亏的感觉。

心理学家提醒我们，不要害怕吃亏。郑板桥的"吃亏是福"的拓片为很多人所珍爱，然而真正领悟其中真意的，恐怕为数不多。实际上，许多人在交往中都是惟恐自己吃亏，甚至总期待占到一点便宜。然而，"吃亏是福"确实有它的心理学依据。"吃亏"是一种明智的、积极的交往方式，在这种交往方式中，由"吃亏"所带来的"福"，其价值远远超过了所吃的亏。这有两个原因：

一方面，人际交往中的吃亏会使自己觉得自己很大度、豪爽，有自我牺牲的精神，重感情、乐于助人等等，从而提高了自己的精神境界。同时，这种强化也有利于增加自信和自我接受。这些心理上的收获，不付出是得不到的。

另一方面，天下没有白吃的亏。与我们交往的无非都是普通人，在人际交往中都遵循着相类似的原则。我们所给予对方的，会形成一种社会存储而不会消失，一切终将以某种我们常常意想不到的方式回报给我们，而且，这种吃亏还会赢得别人的尊重，反过来将增加我们的自尊与自信。显然，吃亏将带给我们的是一个美好的人际交往世界；而那些喜欢占便宜的人，每占了别人一分便宜，就丧失了一分人格的尊严，就少了一分自信，长此以往，必将在人际交往中找不到立足之地。

不怕吃亏的同时，我们还应该注意，不要过多地付出。过多的付出，对于对方来说是一笔无法偿还的债，会给对方带来巨大的心理压力，使人觉得很累。导致心理天平的失衡。这同样会损害已经形成的人际关系。这种例子屡见不鲜，我们常常会听人抱怨："我对他那么好，付出了那么多，为什么他反倒开始不喜欢我了？"殊不知，正是自己付出得太多，才损害了两个人的关系。

准则3 　拥有人格魅力

意识到自我角色的转变

我们对自己应该诚实，不应该总生活在自己的幻想中，将自己与现实隔开。

很多刚刚步入社会的年轻人，几乎都把自己当成王子和公主，永远沉浸在亲友追捧宠爱的光环中，进入不了社会角色。

对于年轻人来说，对自我角色的正确认知是很重要的。由于接触社会的时间不长，对社会没有清楚的认知，很多年轻人对自己的角色非常模糊。要想处理好与他人的关系，在工作中获得成功，首要的任务就是及时转变自己的角色，找到在社会中的正确定位。

角色的转变很好理解。每个人在社会上都充当着不同的角色，而每个角色所需要的处世态度是不一样的。在父母面前，你的角色是孩子；在老师面前，你的角色是学生；在老板面前，你的角色是员工；在下属面前，你的角色是领导。你可以在父母面前撒娇，但不能在老板面前撒娇；你可以命令你的下属，但不能命令你的父母。

很多刚从大学毕业、参加工作一两年的年轻人，难以识别学生和职业身份的区别，角色难以转换，树立不起职业人的意识，造成人际关系紧张，工作难以进行下去。小李就是其中的一个。

　　小李是家中的独生子。从小到大都受到家人的宠爱，他的一切生活都是由家人安排的。上班快两年了，还没有进入状态。在单位和在家里一样，做事总是慢悠悠，别人交代过的事，他就去做，而那些没人交代的事，即使在他的本分之内，他也从来不知道去做。这都是父母为他包办太多而养成的不主动的习惯。在同事间，他受不了一点委屈，同事开个玩笑，他也会当真跟人着急。

　　有一天，领导把他叫到办公室，一脸焦急地说："小李啊，你上班时间也不短了，为什么做事总是磨磨蹭蹭，又爱冲动，你什么时候才能长大啊？"

　　小李认为领导对他有偏见，气愤中，辞掉了工作。家人问他为何要辞职，他说："这家单位不好，同事都针对我，对我有偏见，我不喜欢勉强自己迎合他们，这样我宁愿辞职。"

　　辞职后的小李，在家人的督促下重新去找工作，但他仍然感到一片茫然，觉得这个社会太难让他接纳了！

　　像小李这样，不愿接受现实转变的人太多了。很多这样的年轻人在成长期间缺少与同龄人交往的客观环境，协调人际关系和处理人际危机的能力不足，对进入职场后的"社会人"角色难以适应。

　　20多岁的年轻人，刚从学校进入社会，主要有两方面的角色转换。1.从孩子到成年人的转换，2.从学生到员工的转换。

　　1.为自己负责——从孩子到成年人的转换

　　从小到大，我们的成长都是在父母的监护、引导下完成的。由于我们自身经验的缺乏，对生活认知不足，我们需要父母和他人的帮助。甚至很多年轻人，上大学的专业都是父母代为决定的。然而，一旦进入了社会，我们就应该意识到，我们已经长大了，我们开始真正意义的独立了——情感上的独立、生活上的独立，以及经济上的独立。很多事情都需要我们自己去争取，去决定，而且我们的每个决定都需要对自己负责。

　　然而，很多年轻人并没有意识到自己是个独立的个体，依赖性很强。总是把自己当成小孩子，受不了一点委屈，不是向他人耍脾气，就是向父母施压。更有很多人，毕业好几年了，还是"啃老"一族，或是骄傲地"装小"，自称"kidult"（大小孩，由 Kid 和 Adult 结合而来）一族。这样的人很难适应社会。在哪个年龄段就做哪个年龄段该做的事情，既然已经长大，就应该为自己挑起生活的担子，为自己扛起大梁。

2.加强职业素质——从学生到员工的转变

20多岁的年轻人，要从过去的学习转变到如今的工作中来。学生时代的学习与现在的工作都需要付出努力，但二者是有区别的。二者相处的环境不同，所接受的任务也不同。

很多年轻人毕业后，一心想找个好工作，好好学习，锻炼自己，但是他们没有考虑到工作与单纯的学习相比，更多了很多复杂的东西，比如与同事的合作，与上司的沟通，自己的工作需要对公司产生实在的效益，同事间激烈的竞争等等。如果这些都不考虑进去，而还是像在学校里一样埋头苦学（干）的话，就很难适应这个社会。

有很多年轻人，在学校的时候骄傲，不谦虚，以为成绩优秀就各方面都优秀，自以为是。殊不知，进入社会后的竞争是多方面的，山外有山，人外有人。工作后也不懂得尊重前辈，遇到问题也不懂得向前辈请教。还有很多年轻人，毕业以后认为学习就结束了，到工作岗位以后，这也干不了，那也干不成，用不了多久不是自己辞职，就是被企业开除了。

当你来到社会这个大家庭的时候，你要靠自己的能力，靠自己的聪明才智去获取应有的报酬，去得到社会的认可，你已经不是小孩子了，不要用其他方法来乞求得到别人的同情和帮助。

获得他人的关注和重视

有一个年轻人，为了找工作，已经筋疲力尽了。他说："现在找工作怎么这么难？一个礼拜了，连一次面试的机会都没有。哪怕白每天能有一次面试的机会，也能让我见到一点希望啊！"他现在觉得自己的前途一片渺茫。的确，现在的大学毕业生就业压力很大。有很多学业优秀、能力强、有抱负的年轻人，空怀了一腔热忱，但不为人所知，因此抱怨自己怀才不遇，深深地打击了他们求职的信心。

因此，我觉得，如何让人"遇到"你，如何让人"重视"你，应该是很多年轻人不得不思考的问题。

我问这个年轻人，你投简历了吗？你写的简历如何？

他说，几乎每天都投简历，但根本就没用。于是，我让他把他的简历发给我看看。

简历的开头是，姓名、籍贯、年龄、毕业学院等等，这些基本信息写得十分详细。

然后是，毕业院校，从小学到高中，然后到大学，一一都列举了出来——不厌其烦的。

接着是"工作经历"栏，因为是应届毕业生，所以正好缺乏的是这一栏的内容。他只是简单地写了实习期间的一些经历，非常简单——在某公司实习的时候做过某事情。

然后是，自我评价。当然，这一栏，谁都知道要"吹捧"一下自己。"在学校的时候，成就优秀"云云，有点像学校老师经常在档案上写的"该生本学期，上课认真听讲，按时完成作业……"那种客套话。

据教育部统计，2008 年全国普通高校毕业生达 559 万人，比 2007 年增加了 64 万人。而全国高校毕业生总量压力还在继续增加，2009 年高校毕业生规模将达 611 万人，高校毕业生面临前所未有的就业挑战。

也就是说，当你投简历的同时，有几百万的同龄人在跟你一起投简历。像这样的简历，招聘方每天收到的不计其数，有的甚至把它们当成垃圾邮件来处理。有很多年轻人在写简历的时候，只想到希望对方快点看到自己的简历，然后给自己一个面试的机会，但是却很少想到，自己的简历凭什么在几百万封简历中脱颖而出，凭什么吸引对方的眼球，自己凭什么受到他人的关注。

比如，上面的这个男孩，他在简历中十分真诚、可信地写出了自己的一些基本信息，乃至自己从小学到大学的各个学校。这些并非招聘方十分在意的信息，他恰恰提供得十分全面。而招聘方关注的信息，比如他想应聘的职位，他的工作经历等，恰恰写得十分简单，或是没有写。

对于每天接收成百上千封简历的招聘人员来说，这种简历无异于垃圾邮件，因为他们根本就没有时间来为你辨别你的情况符合他们的哪个岗位啦，你在哪个小学上个学啦，你是否获得过三好学生的称号啦，等等。

他的简历只是程序化地列出接受教育、参加工作的时间段，对涉及的实质内容则轻描淡写，让人无法了解其干过哪些工作，承担过怎样的职责，具备什么样的知识、经验、技能等，这样的简历呈现出来的信息很有限，当然不会引起招聘人员的注意。

自我评价是很重要的一项内容，出色的自我评价能使一个人的简历在众多背景类似的简历中脱颖而出。当然，我们应该简明扼要地说明自己最大的优势是什么，而那些空话、套话写在这里当然就成了废话，比如"2 年出色的销售经验，业绩过千万"等等。这样的话看起来没什么不妥，但是却太平庸，谁都会写。

要想受人关注，首先自己要知道别人可能关注的焦点在哪里，其次，要懂得把一些自身可能引起关注的焦点找出来，就像推销一件商品一样，首先要告诉消费者，你的"卖点"在哪里。不要说你"优秀"，要说你"是如何优秀的"。

在这里，我想讨论的并不是如何写简历的问题，而是想提醒 20 多岁的大多数年轻人，在提高自己能力的同时，还应该把心思首先花在如何受到他人关注上。因为一个人只是默默无闻而不受人关注总是不利于自身发展的。

《20 几岁了，别再犯迷糊》中曾写过这样一个故事。小徐和他的同事打算一起跳槽，一次他们同时到一家公司去面试。他同事的简历简单，他的简历详细。为了展现自己的一手钢笔字，他的简历还特意用钢笔手写，而不是打印出来。因此，他的简历在众多打印版本的简历中，一眼就被应聘人员发现。结果也正是他的一手漂亮字体引起了招聘人员对他的关注，进而更多地了解了他。他被选上了。

要记住，没人会无缘无故地关注你，重视你，赏识你。你必须把你的优势找出来，并展现在别人面前。

为了完成一项棘手的工作，软件开发部门的同事们都忙得焦头烂额。大家都只想早点回家休息了，刚来公司不久的年轻人小吴，仍然精力充沛，下楼买了晚餐，又做好了加班的准备。

有的同事已经筋疲力尽了，有的人认为这个难关是攻不下来了，现在只是耗着时间而已，而小吴却表现出了自己的"拼命三郎"精神。他没有跟同事一起抱怨工作的难度，也没有借着加班的名义打游戏或是煲电话粥。

那天晚上，经过他一夜的努力，他终于找到了软件中的漏洞，问题终于解决了。月底，他们部门的报告会也很成功。至此，他的认真和执著让公司的所有人都知道了。

之后，同事们有什么难题，没有能力或是没有耐心去解决，总是会想到他。尽管有的同事只是利用他，讨好他，但他知道，自己受到了同事的关注。他也成了领导器重的对象。

做个受人欢迎的人，首先要做受人关注的人。

羞怯妨碍你的进步和发展

有一个刚毕业的女孩告诉我，她到新的单位后，由于性格内向，不善交际，不仅在公司里和同事间没什么话说，而且有时候让别人误会了她。

　　因为她工作很认真，又不怎么爱说话，所以同事们有棘手的任务总丢给她去做。她有时候很想拒绝，但是不知道怎么说出口，也害怕同事对她有意见。

　　有一次，她在做一个别人丢给她的策划方案的时候，写错了一个数据，导致操作时才发现产品成本上升了不少。这个方案本不属于她的分内事，但是错误却是她造成的。领导批评她的时候，她非常想解释，但是总没有勇气为自己辩解。她害怕看到同事鄙视的眼神，以及老板瞪大的眼睛。

　　她的内心充满苦闷和烦恼，经常感到迷惘、失望，甚至不愿意去上班，只想一个人待在家里。

　　生活中，像这个女孩一样在人际交往中陷入困境的年轻人非常多。性格内向、不自信是导致他们陷入困境的主要原因。从心理学的角度看，这是一种害羞的人格特质。只要在社交场合，就会感觉到不自在、紧张，逃避与他人接触。他们在路上看到熟人时，如果对方没看到他们，他们也不会主动上前打招呼，而是装作没看见，或故意躲避；即使与人说话也不敢与人对视，跟人说话的时候声音非常小，一讲话就会脸红舌头僵硬。尽管他们也想多交朋友，但是表现出来的举动却让人觉得他们不愿多交往。

　　很多刚毕业走上工作岗位不久的年轻人，还没有完全适应工作环境，面子薄，怕碰壁。我们经常用害羞、腼腆、闷骚和柔和来形容这样的年轻人。"我想交朋友，但就是不知道如何开口。""我害怕说话，怕别人觉得我笨。""我生来就这个性格，可能改不了了，苦恼！"

　　有一个年轻人在跟我聊天时告诉我：

　　现在是我毕业以后的第二份工作，本来我很想和同事、老板搞好关系，但就是不行。我很怕做错事，怕他们说我，怕造成不必要的损失。

　　有一次我把一样商品的价钱记错了，少收了顾客的钱。我就十分的害怕。我知道做错了事一定要承认，但是我没有勇气。我怕他们的冷眼，而且我给他们的感觉是个迟钝的人。我总是把一些简单的事情做错。我知道他们在背后一定经常说我，看不起我。现在我真的想改变自己的局面，因为不改变就会被社会淘汰了。

还有一个年轻人在给我的邮件中写道：

我发觉我很自卑，虽然说每个人都有表达自己情感的权利，但我很多时候都因担心别人嘲笑我而不敢说出来。

比如有一次，我和一些新认识的朋友出去玩，过程中大家都很愉快，但是事后我却没有勇气问他们的名字和电话。因为我觉得这样做很唐突，别人会认为我是故意靠近而这样做的，同时又担心我的朋友会笑我。

还有一次，我和几个陌生的女孩子出去，只有一个是认识的，我很想和其他几个说话，但是看到她们的谈吐和衣着都很时尚，我就不敢开口了。

过分羞怯有碍于工作、学习和人际交往。这是因为有羞怯心理的人过多地约束自己，太拘谨难与人建立亲密的关系。沮丧、焦虑和孤独会导致性格上的软弱和冷漠；而羞怯则会导致怯懦、胆小和意志薄弱。通过下面的举例，你可以确定你是否有害羞倾向：

与陌生人讲话对你来说是一件很困难的事。

与人交往时，你常常感到不自信。

在社交场合，你会感到不自在。

与不是亲密朋友的人在一起时，你感到紧张。

如果你经常有上面的感觉，那么你就是一个有害羞心理的人。轻度的害羞是正常的，但是害羞过度不仅影响你的社交，还影响到你的身体和心理健康，让你感到压抑、孤独、恐惧和缺乏自尊。南京有一名公务员有一次向领导汇报工作时，突然感到面热喉紧，呼吸急促，胸闷心慌，以至于说不出话来。此后，她害怕开会，见熟人紧张脸红，不愿与人交往，患了"社交恐惧症"。

既然意识到自己的腼腆给自己带来如此多的烦恼，那么就从现在起，大胆一点，训练自己的社交能力。

　　首先，要对自己的社交能力有信心。英国哲学家黑格尔说过："人应尊重自己，并应自视能配得上最高尚的东西。"对于怕羞的人来说，千万不要为自己的短处紧张，恰恰相反，应经常想到自己的长处，要深信："天生我材必有用。"要培养自信心，相信只要真诚，付出努力，必定能得到他人的认可。

　　不要害怕别人的评论。仔细分析那些怕在大庭广众中讲话、羞于与人打交道的人，便不难发现，他们最怕得到别人否定的评价。这样越怕越羞，越羞越怕，形成恶性循环。其实，"哪个人后无人说"，被人评论是正常的事，不必过分看重。有时，否定的评价还有可能成为激励你的动力呢。

　　有意锻炼自己。开始可以先在熟人中多发言，然后在熟人多、生人少的范围内练习，再发展到生人多、熟人少的场合，循序渐进，逐步增加对羞怯的心理抗力。每到一个新场合之前，事先做好充分准备，增强信心，提高勇气。总之，要有意识地锻炼自己。

　　只有与人接触、交谈和相互了解，才会萌发感情和建立友谊，才能找到知己。当人全身心地投入到集体活动中时，同志的友情，集体的温暖，娱乐的兴奋，会令人忘却生活中的烦恼、压力，也没有了不安全感和孤独感，不仅有利于身心放松，更会因此建立情绪的良性循环，促进心理健康。

　　学会自我暗示法。每当到陌生场合感觉紧张时，可用暗示法镇静情绪，例如把生人当熟人一样看待，羞怯心理就能减少大半。当在陌生场合勇敢地讲出第一句话之后，随之而来的很可能就是流利的谈吐了。用自我暗示法突破起初的阻力，是克服羞怯的一种有效措施。

　　只要你敢于对羞怯说"再见"，并勇于在实践中克服它，就会走出羞怯的低谷，成为落落大方的人。

扮好舞台上的 "捧哏"

与那些羞怯、腼腆的年轻人相比，还有很多的年轻人，过于 "开朗"、过于爱表现自己。虽然他们结识的人很多，但是大多数却不愿意与他们交往，因为在任何时候，他们都不顾及场合和他人的感受，喧宾夺主。对于不爱说话的人，人们觉得他沉闷、无趣；而那些喜欢抢人风头的人，人们又觉得他讨厌、不识趣。

几个多年未见面的老同学相聚，他们都彼此盼望了很久。结果其中一位带了他热情开朗的妹妹一起来。这位朋友的妹妹性格十分开朗，在一开始就独领风骚，滔滔不绝，一个接一个地说自己认为好笑的、有趣的事情。出于礼貌，那几个同学都沉默地听着，偶尔尴尬地对视一眼。

就这样，他们分手的时候，那个朋友的妹妹站在台阶上高兴地跟他们说再见。她觉得自己度过了一个很愉快的夜晚，认识了哥哥的朋友们，还进行了一次快乐的谈话。而那几个分别多年的老同学却对各自的现状一无所知，心里都埋怨这个开朗得过分的女孩。

在社交场合，经常有这样一些人，人们对他们大伤脑筋。他们大大咧咧，说起话来很唠叨，总是喜欢表现自己。比如那些每次到 KTV 唱歌时拿着麦克风不肯松手，毫不给别人机会的人就不受人欢迎。别人不仅认为这个人没有礼貌，更是觉得他没有修养、自私。

恰当地表现自己，能让更多的人记住自己，有利于扩大自己的社交面，但是表现过度，则起到反作用。我们经常看到电视上某位主持人和嘉宾一起做节目，如果总是主持人在说，而嘉宾一直礼貌地站在旁边，我们就会厌恶这个主持人话太多。该说的人没说，不该说的人说太多。在不同的场合，我们每个人都有一个角色定位，在人生的舞台上，你不可能每次都唱主角，你总有做配角的时候。

这有点像相声里面的 "捧哏" 和 "逗哏"。既然你站在了 "捧哏"

的位置，就要做好"逗哏"的陪衬。如果你总想着如何去"逗人"，自己抢镜头，那一切都乱了套，下次可能你连做"捧哏"的机会都没有了。

充当场面的主角是每个人的愿望，但很多人却表现出强烈的表现欲。当场合需要他做配角，要求他说"衬话"的时候，他往往会按捺不住自己，难以把握位置，陪衬感较弱，喧宾夺主，结果让他人产生厌恶情绪。

我们应该懂得什么时候表现，什么时候让路；什么时候充当主角，什么时候充当配角。在很多场合，无论你是多么的想表现自己，但是甘于做配角，是一种要求，也是一种修养、品德、技巧的表现。

小刘是个活泼开朗的男孩，逢人主动打招呼，也非常健谈，说起话来没完没了，爱出风头。按理说他应该招人喜欢，可就是他主动过了头，单位的同事都不愿意跟他交往。

那天是小组长张金的生日。部门的同事决定大家一起请张金晚上去KTv唱歌。说到唱歌，这可是小刘的强项，在大学里他的歌声还得过"麦克风"奖呢！

同事们本不想叫他一起去唱歌，因为他去了，肯定就没有别人唱的份了。果然，进了KTV包房，一个多小时了，他就没有住过嘴，把麦克风抱在怀中不放手。名义上是说"要把歌声献给组长张金，祝他生日快乐！"实际上是太陶醉于自己的歌声中不能自拔。

大家只好在沙发上静静地听着。屏幕上每首歌都似乎是为他点的。那天的主角俨然是他，而他一点都没注意到有什么不妥。

最后，有一个同事说有事要离开，之后大家纷纷都离开了，留下小刘一个人自得其乐地唱。

以后，有这样的活动，大家都坚决不带小刘一起玩。

对于像小刘这样不识趣的人，大家不带他玩是有道理的。因为他过度地展现自己，占据了他人的展现空间。虽然人们没有当面说他如何，但在心里却一定在骂他不识趣、讨厌。

如果你是这样的人，那么下面的几点建议可能适合你。

要学会自我控制，自我调整，演好自己的配角，说好自己的衬话。如果能做到把握位置，既能显示出你良好的修养和品格，又能把衬话说得恰到好处。

如果要表现自己，不要抢他人的镜头。要把自己变成谈话的中心，不是强迫别人来听你演讲，而是应该积极地引导他人主动与你交谈。这样，即使你要说的话很多，也不会让人觉得冗长。

在社交场合，应该随时注意他人的反应。看他人对你的态度是否保持着热情，对你的谈话内容是否感兴趣，当别人表情冷淡、呵欠连连的时候，你应该及时刹住车。可能刚开始的时候，你的言行还能吸引他人，但是若持续时间过长，内容没有新意，完全是你自己在作秀，别人就会感到厌倦。这种情况在心理学上叫做"过激刺激"。

记住，我们可以做画龙点睛的事，但千万不要做喧宾夺主的事。

人格面具让内心更自由

经常有一些人，觉得在生活中是与戴了面具的不同人交往，感觉很累；看着那些戴面具的人，觉得他们虚伪。

确实，一说到面具就会让人想到"虚伪"、"丑恶"、"阴暗"，因为表面上绚烂美丽的花纹往往掩饰着背后的丑恶和虚假。其实"面具"并不是一个贬义词，每个人都有一个人格面具。瑞士心理学家荣格首次提出人格面具这个概念。他认为面具是展示给他人看的公开的自我。出于自我保护，人们总是不愿意展现出自己人格中的某一部分，将真实的自我隐藏在面具后。也可以说，人类拥有人格面具是一种生来具有的本能。完全不受人格面具制约的人是很少见的。

在现代社会，戴上人格面具不仅是迫不得已的事情，更是十分必要的。它保证了我们能够与人，甚至是与那些我们并不喜欢的人和睦相处。它为各种社会交际提供了多重可能性，是社会生活和公共生活的基础。它的作用不仅仅是为了认识社会，更是为了寻求社会认同。若不戴面具，反而会影响你的人际关系，以及生活质量。

不要说你从来不戴面具。我们每个人在社会中扮演着不同的角色，比如一个教师，在他的学生面前可能是十分严肃的形象，但在他的孩子面前，他却是十分亲切的形象；一个学生，在老师和校长的面前，他会刻意地表现出乖巧、听话的样子，而在同学和朋友中，他可能就是个不折不扣的调皮大王；一个员工，在领导面前表现出谦虚、能干的形象，而在家中可能就是个不爱干活的懒人。

我的朋友宏志就深知在复杂的人际关系和激烈的社会竞争中要想保持不败，就得适当地戴上面具，他是大家都公认会圆滑处世的家伙。在同学、朋友面前，他时刻不忘展露他的口才，有时候看起来像个愤青；而在同事、老板面前，他却十分谦虚、灵活，工作不到两年，就由业务员提升到了业务经理。一次，我问他是怎样处理和老板的关系的，他道出了他的秘籍：

其实，我是一个乖巧听话的下属。从小我就是一个充满了反叛性的家伙，虽然社会的熔炉已经整整冶炼了我十个春秋，但骨子里那种反叛的精神还是挥之不去。不过，我可不像那些个恃才傲物、锋芒毕露的小青年那么蠢。虽然对那位说话啰嗦、气量狭小的上司我是打心眼里瞧不起，但是我深知"胳膊拧不过大腿"的内涵，懂得"人在屋檐下，怎能不低头"的道理。

因此，我能心安理得地接受上司对我的领导，用恭恭敬敬的态度来表示我对他的尊重。当然，我的付出不是白费的，对于我这样一个谦逊有礼的下属，上司自然信任有加，有好事儿也会首先考虑到我那一份。

就是这么简单。宏志尽管对他的上司看不顺眼，但他懂得把自己内心的蔑视隐藏起来，戴上一个乖乖员工的面具与老板交往。这样一来，一方面不容易引起与老板的摩擦，另一方面，还能获得老板对他的信任。

还有一个女孩，在长辈和老师面前，她表现出自己文静的一面，与他们交谈的时候很有礼貌，虚心听取意见；而与同学在一起时，就不是那么文静了，甚至"疯疯的像个假小子"。

在她刚参加工作的时候，为了在领导和同事面前留下一个好印象，争取工作上的成功，她非常勤奋，不仅完成自己的工作，而且还帮助同事，任劳任怨，勤恳负责任，积极向上。平时她也刻意地注意细节，穿戴整洁。领导无意中说的话她也记在心上，这让领导觉得她是个很细心又有耐心的人。连她最讨厌的那个同事受到领导表扬的时候，她也附和着他人一起微笑地祝贺他。她给同事和领导留下了认真可信的良好形象。

她在工作上游刃有余，与同事相处融洽，很快她就得到了提升的机会。

这个女孩所表现出来的这些品质不过是她人格特征的一部分，而正是这个面具让她获得了自己想要的东西。

我想说的是，面具并不代表着虚伪，它最大的功能是让别人看到你想展现的一面，隐藏自己的某种不便表露出来的情绪，让你与周围的环境相处和谐。

当然，一个人如果过分沉溺在自己所扮演的某个角色里，而长期压抑自己的本性，就会处于一种紧张的状态中，这也就是我们经常说的感到很累。

所以，我们要会在适当的时候，把面具卸下来，在亲人和朋友面前，展示一个真实、放松的自我。

性格决定你的为人处世

关于成功，微软中国名誉总裁、前盛大网络公司总裁、现新华都集团总裁兼 CEO 唐骏总结出了一个"4+1 定律"。"4"即指知识、机遇、勤奋、激情；"1"就是良好的性格。唐骏认为好的性格是成功者身上必备的重要元素之一。性格决定着一个人事业的成败和命运。

性格对一个人的生活和为人处世有很大的影响。性格表现一个人对现实和周围世界的态度，并表现在他的行为举止中，体现在对自己、对他人、对事物的态度和所采取的言行上。

有些人性格火暴，为一点小事就能大发雷霆；有些人性格温柔，做起事来慢条斯理；有些人性格刚毅，工作起来就大刀阔斧；有些人性格孤僻，不愿与人亲近。

性格决定一个人的思维方式，思维方式决定一个人的处世方法。

许多成功人士和商业巨子的成功，在很大程度上都归功于他们受人欢迎的性格。如果不是性格，仅仅靠他们的聪明才智、毅力和实践经验的话，那么成功是很困难的。只要我们细心观察，他们很多人都有这样一些性格特征：谦虚、乐观、坚定、富有亲和力等等。

瑞士心理学家荣格，把人的性格分为内倾型和外倾型。内倾型的特点是处世谨慎、深思熟虑、交际面窄、适应环境能力差，外倾型的特点是活泼开朗、活动能力强、容易适应环境的变化。

性格外向的人善于与人交往，他们在工作中把自己的长处发挥得淋漓尽致，受到同事们的青睐，不少性格内向的人也希望能成为人群中令人瞩目的"明星"，但由于他们不善于表达，很难让周围的人了解自己，甚至因为性格内向而没有社交。在媒体上有这样一则报道：

中国乒协对外宣布了新一届中国国家男女乒乓球队教练人选，刘国梁和施之皓毫无争议地连任男女一队主教练。此前，被认为极有可能"抢班夺权"的孔令辉，因为票数与施之皓相差悬殊，最终败下阵来。有人认为这与两人的性格差异有关。

虽然从年龄上来看，孔令辉比刘国梁年长一岁，但在为人处世和社交中，刘国梁却比孔令辉显得老到成熟。尽管当年做运动员时，刘国梁与孔令辉皆是大满贯得主，但两人的性格却是截然不同。正所谓，性格决定命运。不同的性格，决定了两人不同的命运。

一位刘国梁、孔令辉当年的国家队队友在谈到刘孔二人退役后的不同境遇时这样回忆道，"刘国梁这个人在当运动员时有点不拘小节，给人的感觉就是大大咧咧的，特别好相处。在场上能沉得住气，特别善于打逆风球。孔令辉和刘国梁正好相反，孔令辉给人的感觉有点冷，不容易让人接近，但实际上他这个人相处久了，其实没什么心眼，特别实在。"

事实上，所有采访过中国乒乓球队的记者都有一个相同的感受，那就是采访刘国梁不发憷，但采访起孔令辉则要做好随时被拒绝的准备。其实，当了教练的孔令辉在与外界和媒体打交道时，已经进步很大了，但是要达到刘国梁那样说话滴水不漏、有的放矢的程度，恐怕还要再磨砺几年。

很明显，从报道看，刘国梁要比孔令辉更易与人接近，更易相处，因此在社交方面就比孔令辉占了优势，从而在工作中胜了一筹。

当然，影响交际的性格类型不仅仅体现在内向或外向上，性格的类型是多种多样的。从前家长和老师都在教我们做一个好学生、好孩子，好的概念当然包含了很多的优良品质和修养，比如有责任感、有同情心、正直、自信、坦荡、宽容等等，拥有这些性格的人受人欢迎，而那些缺乏责任感、虚伪、自卑、小心眼的人则让人敬而远之。

在社交中，良好的性格能起到正面的作用，而不良性格则起着负面作用。负面性格导致负面人生的现象经常有，比如，妒忌、自卑、羞怯等都是消极的性格，它们阻碍着你的社交和个人成长。

这里，我想提醒年轻人的是，注意自己不好的性格，努力完善，让自己更受欢迎。或许有人会说"江山易改，禀性难移"。从心理学的角度来看，一个人的气质（脾气禀性）是与生俱来的，比如，活泼、迟钝等，这些无法改变；而性格是在后天的环境中逐渐形成的，受人的价值观、人生观、世界观的影响，比如责任感、宽容等都可以后天培养。因此性格是可以逐渐完善的。

唐骏在 8 年间面试过 2500 多名大学生。他说，其实自己是在面试一种好的性格，寻找具有好性格的人，因为性格对于一个人的职业发展至关重要！

有人会问，我性格就是如此，我有什么办法能让自己也成为拥有良好性格的人呢？关于这个问题，唐骏给出了答案："你不妨将周围 10 多位亲友身上的优点罗列下来，剔除你已有的，你所要做的就是努力将剩下的这些优点全部据为己有。"

当然，我们在完善自己性格的同时，要避免一些负面性格因素。一般来说，不受人欢迎的性格有下面几种：

1.自负：自负的人，只关心个人的需要，在与人交往的时候，目中无人，心高气傲。高兴时海阔天空，不高兴时则不分场合乱发脾气，全然不考虑别人的情绪。

2.孤僻：这种人孤芳自赏，认为别人世俗浅薄，经常会感叹"世人皆浊我独清"。不主动与人交往，喜欢以自己的标准衡量别人，因此不合群，感到孤独。

3.多疑：多疑的人往往带着固有的成见，通过"想象"把生活中发生的无关事件凑合在一起；或者无中生有地制造出某些事件来证实自己的成见；把别人无意的行为，误解为对自己怀有敌意；没有足够根据就怀疑别人对自己进行欺骗、伤害、暗算、耍弄阴谋诡计，甚至把别人的善意曲解为恶意，以致与人隔阂。

4.八卦：有人在相处交往中，专门爱询问、打听、传播、干涉他人的私事。这种人并不一定有什么实际目的，只是以刺探别人的隐私而沾沾自喜。这样的人常让人敬而远之。

5.害羞：有的人生性内向、沉静，有的人因为曾遭受某种挫折而变得消极被动。无论是出于哪种原因，造成的社交障碍都对自己不利。况且，害羞本身就减少了与人交往的可能，阻止了他人与自己的沟通，因此会影响自己的社交关系和发展前途。

6.妒忌：喜欢妒忌别人的人，见不得别人比他成功、比他幸福，别人的长处他不肯承认，别人稍微一点成就都能扰乱他的内心。他们看不到自己的问题，出了问题总是别人的错，他处处针对别人，时间久了别人就会看出来，而不愿与其相处。

7.贪婪：贪婪的人喜欢得寸进尺，爱占别人的便宜，再多的物质都难以满足他们的贪欲，特别是对金钱的占有欲极强。他们常常很自私，不懂得与人分享，因此朋友不多。

准则 4　完美执行　不找借口

小事决定成败

人与人之间的差别，往往就在一些细小的事情上，并且正是因为这些细小的事情，决定了不同的人具有不同的命运。

人类的历史，充满了因为苟且或马虎而造成的悲剧。在西方有一个广为流传的故事：

英国国王查理三世准备与敌人决一死战，这场战斗将决定谁统治英国。

战斗打响之前，查理派马夫装备自己最喜欢的战马。

马夫发现马掌没有了，于是他对铁匠说："快点给它钉掌，国王希望骑着它打头阵。"

"你得等一等，"铁匠回答，"前几天，因给所有的战马钉掌，铁片已经用完了。"

"我等不及了。"马夫着急地说。

铁匠埋头干活，从一根铁条上弄下可做四个马掌的材料，把它们砸平、整形，固定在马蹄上，然后开始钉钉子。钉了三个马掌后，他发现没有钉子来钉第四个马掌了。

"我缺几个钉子，"他说，"需要点儿时间砸两个。"

"我告诉过你我等不及了。"马夫不耐烦地叫道。

"没有足够的钉子，我也能把马掌钉上，但是不能像其他几个那么牢固。"

"能不能挂住？"马夫问。

"应该能，"铁匠回答，"但我没有把握。"

"好吧，就这样。"马夫叫道，"快点，要不然国王会怪罪我的。"

铁匠凑合着把马掌挂上了。

很快，两军交战了。查理国王冲锋陷阵，鞭策士兵迎战敌军。突然，一只马掌掉了，战马跌倒在地，查理也被掀翻在地上。受惊的马跳起来逃走了，国王的士兵也纷纷转身撤退，敌人的军队包围了上来。

查理在空中挥舞宝剑，大喊道："马！一匹马，我的国家倾覆就因为这一匹马。"

于是，从那时起人们就传唱着这样一首歌谣："少了一个铁钉，丢了一只马掌。少了一只马掌，丢了一匹战马。少了一匹战马，败了一场战役。败了一场战役，失了一个国家。"

一个国家的存亡竟由一颗小小的钉子决定，这是一个深刻而耐人寻味的教训。这样的教训在现实生活中比比皆是：

19世纪50年代，旧金山的一位商人给一个萨克拉门托的商人发电报报价："10万吨大麦，单价一美元。价格高不高？买不买？"萨克拉门托的那个商人原意是要说："不。太高。"可是电报里却漏了一个句号，结果成了"不太高"。这个小小的失误一下子就使他损失了10万美元。

一个皮货商要订购一批羊皮，在合同中写到："每张大于4平方尺、有疤痕的不要。"其中的顿号本应是句号，结果供货商钻空子，发来的羊皮都是小于4平方尺的，使皮货订购商哑巴吃黄连，有苦说不出，损失惨重……

失败的最大祸根，就是养成了敷衍了事的坏习惯。而成功的最好方法，就是把任何事情都做得精益求精、尽善尽美，这样才能够确保我们取得事业上的成功。

小事不是小人物的事

能够在那些司空见惯的事情里，发现值得关注的小事，并能在它们未变成大问题前加以解决，是一项了不起的本领，也是一个人成就大事情的关键能力之一。

在常人看来，大人物总是和大事件联系在一起，小人物总是和小事情联系在一起。有的人一辈子也不会做成一件大事，但是，无论大人物还是小人物，都会和一件又一件的小事发生关系。因此说，小事情是人一生中最基本的内容，只有做好小事，才能成就你的大事。

美国前国务卿鲍威尔是美国威望很高的将领和领导人，他就把"注重小事"当成人生信条，而另一位美国人，世界上唯一依靠股市成为亿万富豪的沃伦·巴菲勒也认为一个人要取得成功必须要做好工作中的每一件小事。他认为无论在投资策略还是商务策略上，都必须谨记："细节决定成败。"

石油大王洛克菲勒刚参加工作时，因学历不高，又没有什么特别的技术，他在公司做的工作连小孩都能胜任，就是巡视并确认石油罐盖有没有自动焊接好。他发现罐子旋转一次，焊接剂滴落三十九滴，焊接工作便结束。就这样一件小事，却促使他产生了"有没有什么可以改善"的思考。有一次，他突然想：如果能将焊接剂减少一两滴，是不是能够节省成本？

经过一番研究，洛克菲勒终于研制出"三十七滴型"焊接机。但是，利用这种机器焊接出来的石油罐，偶尔会漏油，并不实用。他不灰心，又研制出"三十八滴型"焊接机。这次的发明非常完美，公司对他的评价很高，不久便生产出这种机器，改用新的焊接方式。

虽然节省的只是一滴焊接剂，但这"一滴"却替公司带来了每年5亿美元的新利润。

"改良焊接剂"改变了洛克菲勒的人生。他成功的关键在于：普通人工作时往往会忽略的平凡小事，而他却特别注意。

日本东京贸易公司的一位专门负责为客商订票的小姐，她经常给德国一家公司的商务经理购买往来于东京、大阪之间的火车票。不久，这位经理发现了一件趣事：每次去大阪时，他的座位总是在列车右边的窗口；返回东京时又总是靠左边的窗口。经理问这位小姐其中缘故，小姐笑答："车去大阪时，富士山在你右边；返回东京时，山又出现在你的左边。我想，外国人都喜欢日本富士山的景色，所以我替你买了不同位置的车票。"

就这么一桩不起眼的小事使这位德国经理深受感动，促使他把与这家公司的贸易额一下子提高了十几倍。

如今，过于功利化的社会让人们逐渐变得浮躁起来了，总是乐意去追逐一些大的目标，对自己工作中的小事情却视而不见。殊不知，这正是一个人取得成功的关键所在。精细化管理时代已经到来，成大事者必重细节。做好小事情既是一种认真的工作态度，也是一种科学的工作精神。一个连小事都做不好的人，是很难在工作中取得成功的。

很多人对待工作的态度总是"做得差不多"就可以了，他们对工作不感兴趣，是为了"混"而工作，他们对待工作中的小事总是能敷衍就敷衍。对于这类人我们给出的建议是：要么重新选择工作，要么在自己当前的工作岗位上尽可能地做到优秀。具体而言，我们要做好工作中的小事，需要注意如下三点：

（1）重视工作中的小事。世事皆无"小事"，事事都是工作，只要是能产生工作结果的一部分，无论大小，都值得我们去重视。

（2）密切关注自己的工作流程，只要觉得没有达到最佳效果，无论是多么"小"的细节都应该被关注并获得改善。

（3）差距往往从细节开始，造成不同结果的，通常是那些很容易被忽略的"小"事。

创造性地完成任务

老板都喜欢能够提出新想法，善于创造性完成任务的员工，因为这不仅能够解决工作中的实际问题，使个人的工作"增值"，而且还十分有利于激活竞争力，为企业的总目标做出贡献。

日本 JR 电车每碰到下雨天总会在车内广播："请不要忘了自己的伞。"但后来，有人提出了异议：一成不变的广播词有何意义呢？这个广播无非是要提醒乘客注意，不要将伞遗失在车上了。但因为例行公事而了无新意，从而导致乘客出现听觉"麻木"，丢伞事件在车上时有发生。于是，好的想法提出来了——如果在广播中改口说："目前送到东京车站的遗失物管理处的雨伞，已超过 300 把，请各位注意自己手边的伞。"这样，乘客一定会洗耳恭听。

真的想要提醒乘客"不要忘了自己的伞"，就应该采取好的广播方式，或其他更好的方法。工作多半是例行公事，很容易陷入平庸的循环。因此，我们在工作中应当注重创新，善于创造性地解决问题。人一旦习惯了某些老规矩后，就很难再有崭新的构想。

作为华人首富，李嘉诚的名字可谓家喻户晓。他之所以能成为首富，也并非没有规律可循：从打工的时候起，他就是一个善于创造性解决问题的高手。

李嘉诚的父亲是位老师，他非常希望李嘉诚能够考个好大学。然而，父亲的突然去世，使得这个梦想破灭了。家庭的重担全部落到了才十多岁的李嘉诚身上，他不得不靠打工来维持整个家庭的生计。

他先是在茶楼做跑堂的伙计，后来应聘到一家企业当推销员。干推销员首先要能跑路，这一点难不倒他，以前在茶楼成天跑前跑后，早就练就了一副好脚板，可最重要的，还是怎样千方百计把产品推销出去。

有一次，李嘉诚去推销一种塑料洒水器，连走了好几家都无人问津。一上午过去了，一点收获都没有，如果下午还是毫无进展，回去将无法向老板交代。

尽管推销得不顺利，他还是不停地给自己打气，精神抖擞地走进了另一栋办公楼。他看到楼道上的灰尘很多，突然灵机一动，没有直接去推销产品，而是去洗手间，往洒水器里装了一些水，将水洒在楼道里。十分神奇，经他这样一洒，原来很脏的楼道，一下变得干净起来。这一来，立即引起了主管办公楼的有关人士的兴趣，一下午，他就卖掉了十多台洒水器。

李嘉诚这次推销为什么成功了呢？原因在于把握了一个推销的诀窍：要让客户动心，就必须掌握他们如何受到影响的规律。"听别人说好，不如看到怎样好；看到怎样好，不如使用起来好。"老讲自己的产品好，哪能比得上亲自示范、让大家看到使用后的效果好呢？

在做推销员的整个过程中，李嘉诚都注意分析和总结。在干了一段时期的推销员之后，公司的老板发现：李嘉诚跑的地方比别的推销员都多，成交量也最多。

他是如何做到这点的呢？

原来，他将香港分成几片，对各片的人员结构进行分析，了解哪一片的潜在客户最多，有的放矢地去跑，重点攻击，这样一来，他获得的收益自然要比别人多。

李嘉诚的成功得益于他能够在行动中发挥创造性，遇到困难不退缩，不找借口，而是主动去找办法解决它。

下面故事中的主人公李健也是一个善于创造性解决问题的高手，正是这种遇到困难找方法的精神造就了他事业上的成功。

10多年前，李健还是一家建筑材料公司的业务员。当时公司最大的问题是如何讨账，公司产品不错，销路也不错，但产品销出去后，总是无法及时收到款。

有一位客户，买了公司 10 万元产品，但总是以各种理由迟迟不肯付款，公司派了三批人去讨账，都没能拿到货款。当时他刚到公司上班不久，就和另外一位姓张的员工一起，被派去讨账。他们软磨硬泡，想尽了办法，最后，客户终于同意给钱，叫他们过两天来拿。

两天后他们赶去，对方给了一张 10 万元的现金支票。

他们高高兴兴地拿着支票到银行取钱，结果却被告知，账上只有 99 920 元，很明显，对方又耍了个花招，他们给的是一张无法兑现的支票。第二天就要放春节假了，如果不及时拿到钱，不知又要拖延多久。

遇到这种情况，一般人可能一筹莫展了，但是他突然灵机一动，拿出 100 元，让同去的小张存到客户公司的账户里去。这一来，账户里就有了 10 万元。他立即将支票兑了现。

当他带着这 10 万元回到公司时，董事长对他大加赞赏。之后，他在公司不断发展，5 年之后当上了公司的副总经理，后来又当上了总经理。

这个精彩的讨账故事体现了李健凡事主动想办法的精神，他能有今天的成就，与他这种精神密切相关。

如果你遇到困难只知道一味地拖延、躲闪、逃避，不是认真地调动一切聪明才智去完成任务，那么你就会离失败越来越近。

找借口就是一种糊弄

对于同在一家公司，做相同工作的员工来说，为什么有人一路擢升、扶摇直上？有人却每况愈下，生活越发窘迫呢？虽然每个人成功的因素各不相同，但大多数成功人士都有一个共同的特点：他们从不为自己的工作寻找借口。

每个人都可能会有这样的经历，清晨闹钟将你从睡梦中惊醒，你虽然知道该起床了，可就是躺在温暖的被窝里面不想起来——结果上班迟到，你对上司说你的闹钟坏了。

又一次，你上班迟到，明明是你躺在被窝里面不想起来，你说路上塞车。

又有一次迟到，还是你躺在被窝里面不想起床，你说你昨晚加班。

……

糊弄工作的人是制造借口的专家，他们总能以种种借口来开脱自己，只要能找借口，就毫不犹豫地去找。这种借口带来的唯一"好处"，就是让你不断地为自己去寻找借口，长此以往，你可能就会形成一种寻找借口的习惯，任由借口牵着你的鼻子走。这种习惯具有很大的破坏性，它使人丧失进取心，让自己松懈、退缩甚至放弃。在这种习惯的作用下，即使是做出了不好的事，你也会认为是理所当然。

一旦养成找借口的习惯，你的工作就会拖拖拉拉，没有效率，做起事来就往往不诚实。这样的人不可能是好员工，他们也不可能有完美的成功人生。

罗斯是公司里的一位老员工了，以前专门负责跑业务，深得上司的器重。只是有一次，在他手里，公司的一笔业务让别人捷足先登抢走了，造成了一定的损失。事后，他很合情合理地解释了失去这笔业务的原因，说是因为他的腿伤发作，比竞争对手迟到了半个钟头。以后，每当公司要他出去联系有点棘手的业务时，他总是以他的脚不行，不能胜任这项工作作为借口而推诿。

罗斯的一只脚有点轻微的跛，那是一次出差途中出了车祸引起的，留下了一点后遗症，根本不影响他的形象，也不影响他的工作。如果不仔细看，是看不出来的。

第一次，上司比较理解他，原谅了他。罗斯好不得意，他知道这是一宗费力不讨好比较难办的业务，他庆幸自己的明智，如果没办好，那多丢面子啊。

　　但如果有比较好揽的业务时，他又跑到上司面前，说脚不行，要求在业务方面有所照顾。如此种种，他把大部分的时间和精力都花在如何寻找更合理的借口上，碰到难办的业务能推的就推，好办的差事能争就争，就易避难，趋近避远。时间一长，他的业务成绩直线下滑，没有完成任务，他就怪他的腿不争气。总之，他现在已习惯因脚的问题在公司里迟到、早退，甚至工作餐时喝酒，因为喝点酒可以让他的腿舒服些。

　　有谁愿意要这样一个时时刻刻找借口的员工呢？罗斯被炒也是在情理之中的事。善于找借口的员工往往就像罗斯一样，因为糊弄自己的工作而"糊弄"了自己。

　　福特汽车的创始人亨利·福特，在制造著名的V—8汽车时，明确指出要造一个内附8个汽缸的引擎，并指示手下的工程师马上着手设计。

　　但其中一个工程师却认为，要在一个引擎中装设8个汽缸是根本不可能的。他对福特说："天啊，这种计简直是天方夜谭！以我多年的经验来判断，这是绝对不可能的事。我愿意和您打赌，如果谁能设计出来，我宁愿放弃一年的薪水。"

　　福特先生笑着答应了他的赌约，他坚信自己的设想："尽管现在世界上还没有这种车，但无论如何，只要多搜集一些资料，并把它们的长处广泛地加以分析和改进，是完全可以设计和生产出来的。"

　　后来，其他工程师通过对全世界范围的汽车引擎资料的搜集、整理和精心设计，结果奇迹出现了，不但成功设计出8个汽缸的引擎，而且还正式生产出来了。

　　那个工程师对福特先生说："我愿意履行自己的赌约，放弃一年的薪水。"

　　此时，福特先生严肃地对他说："不用了，你可以领走你的薪水，但看来你并不适合在福特公司工作了。"

　　那个工程师在其他方面的表现很不错，但他却仅仅凭借自己现有的知识和经验就妄下结论，而不是去积极主动地广泛搜集相关资料，不去寻找方法，只是一味地寻找借口。只找借口不找方法的人是很难取得事业上的成功的。因为一个人总是千方百计为自己的工作找借口，自然就会对工作疏于努力，也不会去自省，不去想办法去争取成功，这样的人自然会一事无成。

服从，还是敷衍

为什么美国海军陆战队要求"毫无保留地服从"？这是一个十分简单的道理，因为没有服从的精神，就没有纪律，没有纪律的军队就没有战斗力，就无法有效地完成任务。

如果你亲眼看到过美国海军陆战队的训练和生活，让你体会最深的可能莫过于"服从"二字。

长官一声令下，队员立即无条件执行——

滂沱大雨中，士兵照常训练，执行口令不得有丝毫懈怠；

没有长官的命令，行进路上的水洼沟壑好像根本就不存在；

新兵的第一次跳伞训练，每个人在机舱口都不得有一丝犹豫。

无论前面是生是死、是水是火，只要你是美国海军陆战队队员，"毫无保留地服从"就是你的首要职责！

对于任何团体和组织，服从精神的重要性都不言而喻。职场中，我们的团队同样需要无条件的服从，对上级命令的服从，对下达任务的服从，对公司利益的服从。我们的身边常常有这样或那样企图推卸任务或拒绝服从命令的情况发生，是服从还是敷衍，这样的选择经常在一个人心头徘徊：

"这件事我不大清楚，请你问问别人。"

"老板，我星期六有事，您看看还有没有其他人选。"

"对不起，星期五下午我们不处理类似事务。"

"这个我不会。"

"学校里没教过这个。"

……

工作中，服从不仅是对上级命令的贯彻，它更多地表现为对工作积极接受的态度，意味着不逃避责任、热情投入以及牺牲精神。它常常在我们的生活中以另一种姿态出现，那就是"敬业"。

林红是一名保险公司的从业人员，她是大区仅有的 6 个顶级会员之一。当别人问起她成功的经验时，她说："我曾是一名军人，客户的需求就是命令。对于每一项命令，我都会全力以赴，不计代价地完成，因为服从命令是我的习惯。"

服从命令的习惯不仅能让个人变得敬业，还能强化整个团队的工作能力。团队有如一部联动机，当所有的部件都能忠实履行自己的职责，整个机器才能运转自如，而当各个部件都有超常表现时，整个机器的性能就会呈指数倍地提高。

相反，各自为政的无政府主义不但会毁掉个人的前途，也会腐蚀掉整个团队的战斗力。对分配的工作百般推脱，这样的员工只会令老板徒增烦恼，更不可能被委以重任。同样，没有服从精神的团队，必定是一盘散沙。乐队中有一个乐手跑调，就会影响整场演出。在一个决策点上，太多的想法等于没有想法，这时候需要的只是一个声音！

狼群绝对服从的本能使它们的团队成为一支组织严密，战斗力强的团队。下面是一段狼群打围的精彩故事，从中我们可以学习到狼群绝对服从，视服从为使命的精神。

阿尔法公狼带领狼群埋伏在一片矮树丛后，它们正密切注视着不远处野牛群的一举一动。它们已观察这群牛很长时间了，对每头牛的体格、习性以及弱点早已观察得一清二楚，并已制定出具体的作战计划。

阿尔法公狼悄悄地向同伴下达命令，给每只狼指定攻击对象，每只狼都将自己的任务牢牢记在心中。它们中有的被指定去攻击幼牛，有的被指定去阻击成年牛，不管每只狼被分配到什么样的任务，它们都一概全然接受，而没有丝毫异议。在它们看来，自己所需要做的只是按照战术安排去完成自己应该完成的任务。

其中一匹母狼的任务是跟随另外几匹狼去阻击一头成年牛。它认真听完阿尔法公狼的战术安排，此时心中便只想着攻击那头成年牛，目光中只有不远处自己即将要袭击的那只正在低头吃草的牛。阿尔法公狼吩咐大家做好准备，众狼便盯着各自的对象伏下身准备出击。

阿尔法公狼一声令下，众狼便飞一般跃出树丛奔向牛群。牛群立刻慌张起来，但想逃跑为时已晚，狼群已经扑了上来。每只狼都准确地找到了各自的攻击对象，向牛群展开猛烈的攻击。

那匹母狼也与同伴围住了由它们负责的成年牛，并开始攻击。它们牢记自己的任务是挑逗和阻击这只牛，尽量拖延时间以给攻击小牛的同伴留出足够的时间解决掉小牛。于是它们便围住这头牛对它不停地撕咬，攻击几下后便又立刻跑开以躲避它的反击，然后再重新扑上去。

母狼勇敢地一次又一次地向几乎比自己大三倍的野牛扑上去，用自己的牙齿和利爪攻击野牛。有几次母狼险些被野牛角顶到，而它身旁的一个同伴已经受伤了。它虽然知道这样下去自己早晚也会受伤，但为了完成任务还是和同伴一起奋勇地向野牛扑去。

战斗又进行了一会儿，又有狼受伤了，这次轮到了这头母狼。它的左肩被野牛用锋利的角狠狠撞到，鲜血染红了它半边身体。但母狼并没有因此而退缩，对命令的坚决服从支持着它继续向野牛发起进攻。

它的身体渐渐沉重，动作渐渐滞缓，它已经无法像刚开始那样灵巧地躲避野牛的攻击了，再这样下去它随时都有可能送命。而此时狼群中又有几只狼受伤了。

终于，阿尔法公狼下达了撤退的命令。狼群带着战利品远远离去，对命令的绝对服从使它们再次得到了充足的食物。

在执行任务时，对命令的尊重与服从是至关重要的。命令是贯穿于整个行动计划的关键，只有每个成员都能坚决服从命令并完成自身任务，才能保证整体行动的顺利进行。

每一个执行者都应该意识到自己的职责就是服从，并坚定不移、不遗余力地执行好，这样才能确保集体行动和总体任务圆满完成。

每一项任务都是一次机遇

对于一名优秀员工来说，每一项任务都是一次机遇。面临每一项任务，我们首先要问自己的是：我能从中学到什么新的知识，积累什么新的经验，这是不是一项挑战，自己是不是要积聚起更大的勇气，更加精力充沛地去迎接挑战？有时候我们无法揣测上司布置任务时的用意，我们唯一可以确定的就是自己可以认真地完成每一项任务。

在美国南卡罗来纳州的美国海军陆战队营地，每周都会有大批的人员来到这里。他们是美国的员工和学生，来这里的目的并非是参观旅游，而是来接受陆战队的训练，他们要学会像陆战队员一样服从、像陆战队员一样接收指令、像陆战队员一样对任务用心领悟。

他们的车一进营区，士官长的吼声就震耳欲聋：

"从现在开始，你们都归我管，不管我说什么，你们都得照做、马上做，不准有任何疑问，清楚吗？"

"是。"

"叫我长官！"

"是，长官。"

"我听不见！"

"是！长官！"

......

作为美国海军陆战队员，他们要学习的第一课就是绝对服从上级的命令，对任务用心领悟，从不怀疑，更不会讨价还价。如果命令要求一小时内抢占海滩，他们绝不会产生这样的怀疑：

"没听错吧？一小时，可能吗？"

"我们的人手够吗?"

"长官,两小时可不可以?"

在海军陆战队,绝不允许出现这样的情形,任务只能无条件地接受和执行!

海军陆战队中有很多不受欢迎的任务,比如独自去驻守遥远的哨所,去当新队员录取官。海军陆战队员不能对分配的任务说"不",他们的传统是让每项不受欢迎的任务变得重要起来——三年的新兵录取官任期经常暗示着一个升职的机会,偏远哨所驻守的经历会是长官在个人履历中特别称赞的功绩。

同样,我们的工作中难免也会有些命令和任务让人难以接受。例如,当别的同事已经纷纷准备休假的时候,老板偏偏派你到异国他乡出差;面临大项目时,身边的同事或负责起草企划,或负责市场调查,或负责人力分配,而你的任务只是将无数数据进行机械统计;还有的时候,整个销售部中只有你被派往遥远偏僻的小镇去组织"前途渺茫"的推销活动,你人生地不熟,几乎无从下手。

每当这时,你感到自己是公司最不幸的员工,只有别人不愿意承担的任务才会落到你的头上。你觉得委屈,自己的能力得不到领导的认可,甚至有一种被抛弃被放逐的感觉。带着这些情绪去工作必然会缺乏热情,影响任务的执行效果。其实,出现这种问题的症结往往在于你过多地关注了领导命令的意图和其他人的行为。有时候,我们并不能正确地领会领导的意图,其他人的行为也并非总是直接关系着你的任务,我们不要因此而陷入主观臆断而不能自拔。如果你因此而丧失了工作热情,就会坐失学习和提高的机会,流失让自己更加强大的土壤。要正确认识自己的任务,把每一项任务都当作一次机会——学习的机会、锻炼的机会和得到认可的机会。

一位哲人曾经说过,通往成功的阶梯是华美的。在一个人的成长过程中,每一个梯级就是一个舞台:一个让你奏出生命最美乐章的舞台,一个让你随着生命的音乐翩翩起舞的舞台。每一项任务都是一次机遇,每一步都相当重要，而你迈人成功大厦的唯一通道就是这把阶梯。

只要认真去做，即便最简单和微小的事情也会令我们从中受益。充当打字员输入资料可提高我们的打字速度；复印资料会让我们进一步熟悉复印机，找到更有效的复印方法；当一次会议记录员可以锻炼速记能力；即便是帮同事倒杯咖啡也可带来与同事交流的机会……也许有一天这些会为我们带来意想不到的收获。

每个人只错了一点点

工作中无小事，任何惊天动地的大事，都是由一件又一件小事构成的。企业中的每一个员工，都是企业运转的一个小环节，他们的工作质量会影响到整个企业的工作质量。

工作无小事，把每一件小事都当作大事，固守自己的本分和岗位，就是做出了最好的贡献。

当巴西海顺远洋运输公司派出的救援船到达出事地点时，"环大西洋"号海轮已经消失了，21名船员不见了，海面上只有一个救生电台有节奏地发着求救的信号。救援人员看着平静的大海发呆，谁也想不明白在这个海况极好的地方到底发生了什么，从而导致这条最先进的船沉没。这时有人发现电台下面绑着一个密封的瓶子，打开瓶子，里面有一张纸条，用21种笔迹这样写着：

一水汤姆：3月21日，我在奥克兰港私自买了一个台灯，想给妻子写信时照明用。

二副瑟曼：我看见汤姆拿着台灯回船，说了句"这小台灯底座轻，船晃时别让它倒下来"，但没有干涉。

三副帕蒂：3月21日下午船离港，我发现救生筏施放器有问题，就将救生筏绑在架子上。

二水戴维斯：离岗检查时，发现水手区的闭门器损坏，用铁丝将门绑牢。

二管轮安特尔：我检查消防设施时，发现水手区的消防栓锈蚀，心想还有几天就到码头了，到时候再换。

船长麦特：起航时，工作繁忙，没有看甲板部和轮机部的安全检查报告。

机匠丹尼尔：3 月 23 日上午汤姆和苏勒的房间消防探头连续报警。我和瓦尔特进去后，未发现火苗，判定探头误报警，拆掉交给惠特曼，要求换新的。

机匠瓦尔特：我就是瓦尔特。

大管轮惠特曼：我说正忙着，等一会儿拿给你们。

服务生斯科尼：3 月 23 日 13 点到汤姆房间找他，他不在，坐了一会儿，随手开了他的台灯。

大副克姆普：3 月 23 日 13 点半，带苏勒和罗伯特进行安全巡视，没有进汤姆和苏勒的房间，说了句"你们的房间自己进去看看"。

一水苏勒：我笑了笑，也没有进房间，跟在克姆普后面。

一水罗伯特：我也没有进房间，跟在苏勒后面。

机电长科恩：3 月 23 日 14 点，我发现跳闸了。因为这是以前也出现过的现象，没多想，就将闸合上，没有查明原因。

三管轮马辛：闻到空气不好，先打电话到厨房，证明没有问题后，又让机舱打开通风阀。

大厨史若：我接马辛电话时，开玩笑说，我们在这里有什么问题？你还不来帮我们做饭？然后问乌苏拉："我们这里都安全吗？"

二厨乌苏拉：我也感觉空气不好，但觉得我们这里很安全，就继续做饭。

机匠努波：我接到马辛电话后，打开通风阀。

管事戴思蒙：14 点半，我召集所有不在岗位的人到厨房帮忙做饭，晚上会餐。

医生英里斯：我没有巡诊。

电工荷尔因：晚上我值班时跑进了餐厅。

最后是船长麦特写的话：19点半发现火灾时，汤姆和苏勒的房间已经烧穿，一切糟糕透了，我们没有办法控制火情，而且火越烧越大，直到整条船上都是火。我们每个人都犯了一点错误，但酿成了人毁船亡的大错。

看完这张绝笔纸条，救援人员谁也没说话，海面上死一样的寂静，大家仿佛清晰地看到了整个事故的过程。

现实工作中的失败，常常不是因为"十恶不赦"的错误引起的，而恰恰是那些一个个不足挂齿的"小错误"积累而成的。

在精细化时代，工作中任何一个细节出了差错，都会事关全局。牵一发而动全身，每一件细小的事情所产生的后果都会被不断扩大，它们就不再是微不足道的小事情。

专业才不会失业

现代社会竞争十分激烈。专业素质成为衡量一个人竞争力的重要标准。如果你不能熟练掌握一项专业技能，成为某一领域的"行家"，你就将面临被淘汰的危险。

你的专业技能是否在同行业中居于前列？也许你会说："我的工作普通得不能再普通了，没有人会尊重也没有人会注意到从事这一工作的人，我没有必要花费大量的时间和精力研究它，更没有理由去费尽心机地提高自己的技能，只要能拿到工资就行了。"这是不行的，你永远不能这么想，更不能因此而敷衍自己的工作。

在迷茫之后考虑选择了某一行业，就不要轻易改变自己的选择，许多人由于对自己的人生还不确定，常常三心二意地不知道自己将来要做什么。如果你一直不停地变换工作，你在任何行业都将永远是一个新手，你也根本没有时间和精力专下心来提高自身的专业素质，这样你将面临被淘汰的危险。

马克思曾讲过一个哲学家和船夫的故事：

一个哲学家与一个船夫之间正在进行一场对话。哲学家问船夫："你懂哲学吗？"船夫回答："不懂。""那你至少失去了一半的生命。"哲学家叹息着说道，接着又问，"你懂数学吗？"船夫依然回答："不懂。"这时哲学家用一种非常怜悯的语气说："那你失去了百分之八十的生命。"

说时迟那时快，一个巨浪把船打翻了，哲学家和船夫都掉到了水里。看着哲学家在水中胡乱挣扎，船夫问哲学家："你会游泳吗？""……不……会……""哦，那你可就失去了百分之百的生命了。"船夫看着在河里翻腾的哲学家说。

从这个故事中可以看出，不管你的理论知识如何，不管你学历高低，最要紧的是你的技能、你的动手能力。专业技能是你老板雇用你的重要依据之一。

有一个关于两个苹果的故事。

凯利是巴黎一家大酒店餐饮部的一名小厨师，他没有特长，做不出一道像样的大菜，只能在厨房当下手。他憨憨的，谁都可以说他两句。经济低迷时期，酒店年年要裁去一定比例的员工，照理凯利应首当其冲，但他会做一道特别的甜点：将两个苹果的果肉放入一个苹果中，使苹果显得特别丰满，而从外表上一点也看不出是两个苹果拼成的，果核被巧妙地去掉了，吃起来特别香。

一次，这道甜点被一名贵夫人发现。贵夫人是该酒店最重要的客人，她长期包租一套酒店最昂贵的套房，她十分喜爱凯利做的甜点，并接见了他。从此，贵夫人每次来酒店，都不会忘了点那道甜点，所以每次酒店裁员，不起眼的凯利总是风平浪静；而他，可爱的凯利，也由此成为酒店老板眼中最重要的员工。

在职场上，没有终身的雇佣关系，如果你的发展跟不上职业的发展，那么你就会成为公司可有可无的人。因此，作为一名从业者，如果你要避免被淘汰的命运，让自己有更好的发展，就要努力提升自己的专业技能，使自己成为那个不可或缺的人。

我们在平时工作之余，不妨问问自己：我是不是这里不可或缺的人？在这个组织里我有什么安身立命的资本？如果回答不是特别肯定的话，那我们就要加油，赶快给自己充电，回炉，赶快学会做"那道特别的点心"的本领。当别人有的资源你不缺，而你有的资源别人又没有，你就有了安身立命的资本。

不要再把时间浪费在慨叹命运对自己的不公上，也不要再抱怨老板的吝啬和不通人情。要明白你的收获由你的付出决定，公司的发展需要你的努力，公司的进步要靠每一位员工的成长来推动。你只有不断提高专业技能才能为公司的发展创造契机，才能成为公司真正需要的员工。

正如一位企业家在为自己的新员工做培训时所讲的那样："比其他事情更重要的是，你们需要知道怎样将一件事情做好；与其他有能力做好这件事的人相比，如果你能做得更好，那么，你将永远不会失业。"

请你抱着这样的心态去不断提高你的专业技能，只有这样才能赢得老板的重用，赢得一片属于自己的天空。

准则 5　缔造完美　追求卓越

永远不要说"做得够好了"

如果大家做得不好，那么，微软离破产就只有 15 个月！这是比尔·

盖茨时常训诫员工的话。这话听起来有些耸人听闻，然而细细品味，确实发人深省。

在公司中，普遍存在着这样一种人，他们认为自己什么都做了。当任务完成得不理想时，他们习惯说："我已经做得够好了。"工作中习惯于说自己"做得够好了"的人是对工作的不负责任，也是对自己的不负责任。每个人的身上都蕴含着无限的潜能，如果你能在心中给自己定一个较高的标准，激励自己不断超越自我，那么你就能摆脱平庸，走向卓越。

彼得现在是一家公司的老板，以前他只是一个普通的推销员。他奋起的动因是他在一本书上看到的一句话：每个人都拥有超出自己想象10倍以上的力量。在这句话的激励之下，他反省自己的工作方式和态度，发现自己错过了许多可以和顾客成交的机会。于是，他制定了严格的行动计划，并付诸每一天的工作当中。两个月后，他回过头看看自己的进展，发现业绩已经增加了两倍。数年以后，他已经拥有了自己的公司，在更大的舞台上检验着这句话。

每个人都有一种突出的才能，各有特色，不尽相同。无论你的特色是什么，你都不要把它藏起来，你应该积极地把你的才能发掘出来并发挥得淋漓尽致。

事实上，面对激烈的竞争，你应该不断地超越平庸，追求完美，你需要制定一个高于他人的标准。

第二次世界大战中期，美国空军和降落伞制造商之间因为降落伞的安全性能产生了分歧。事实上，通过努力，降落伞的合格率已经提高到99.9%了。但军方要求达到100%，因为如果只达到99.9%，就意味着每一千个跳伞士兵中，会有一个因为降落伞的质量问题而送命。但是，降落伞商则认为提高到99.9就够好的了，世界上没有绝对的完美，根本不可能达到100%的合格率。军方在交涉不成功后，改变了质量检查办法。他们从厂商前一周交货的降落伞中随机挑出一个，让厂商负责人装备上身后，亲自从飞机上往下跳。这时，厂商才意识到100%合格率的重要性，奇迹很快出现了：降落伞的合格率一下子达到了100%。

事物永远没有"够好"的时候，只有把它"做得最好"才能真正成功。

无论客户、上司还是老板，真正存心挑剔的时候并不多，他们提出的要求，都是迫于某种需要。客户担心产品出问题，上司怕工作质量影响业绩，老板则更是迫于市场的巨大压力才严格要求，因为他从来都无法对市场说："我已经做得够好的了，你降低要求吧！"市场是无情的，有时可能只比竞争对手稍逊一点点，就可能被淘汰出局。

当每个员工将"做到最好"变成一种习惯时，就能从中学到更多的知识，积累更多的经验，就能从全身心投入工作的过程中找到快乐。

这种习惯或许不会有立竿见影的效果，但可以肯定的是，当"做不到最好"成为一种习惯时，其后果将可想而知——工作上投机取巧也许只会给你的上司和公司带来一点点的经济损失，但它却影响到你个人前途的发展。

没有最好，只有更好。这是一句值得每个人铭记一生的格言。有无数人因为养成了轻视工作、马马虎虎的习惯，以及对手头工作敷衍了事、糊弄的态度，终其一生都处于社会底层。细想一下，你的内心也应该有所触动吧？

勇于挑战"不可能"的任务

人生最精彩的章节，并不是你在哪一天拥有了多少金钱，也不是你在哪一刻获得了美妙的爱情。最震撼人心也是最令人难忘的，或许就是你在某一关键的瞬间，咬紧牙关战胜了自我。如果你想摆脱平庸的工作状态，拥有精彩卓越的人生，就应当摆脱心灵的恐惧，不断地挑战自我，打破自我限制。

美国著名钢铁大王德鲁·卡内基在描述他心目中的优秀员工时说："我们所急需的人才，不是那些有着多么高贵的血统或者多么高学历的人，而是那些有着钢铁般的坚定意志，勇于向工作中的'不可能'挑战的人。"

这是多么掷地有声、发人深省的一句话啊！

每一位在职场中拼搏并希望获得成功的员工，都应该把这句话铭刻在自己的记忆深处！

西方有句名言："思想决定命运。"不敢向有难度的工作挑战，就是对自己潜能的画地为牢，自我设限。这种思想最终会让自己无限的潜能转化为被抛上沙滩的鱼——挣扎，然后干涸而死！

如今享誉全球的麦当劳公司就是在莫里斯·麦当劳和查特·麦当劳两兄弟不向困难屈服，敢于向"不可能"挑战的精神中诞生的。

20世纪20年代，这对心怀跳跃之心的"不安分"的小青年毅然告别乡村老家，勇闯美国著名影城好莱坞。

1937年，历经多次挫折的兄弟二人，抱着永不服输的念头，借钱办起了全美第一家"汽车餐厅"，由餐厅服务员直接把三明治和饮料等送到车上——也就是说，麦当劳兄弟二人最初办的是路边餐馆，定位于服务到车、方便乘客的这种经营方式。

由于形式独特，餐厅很快一炮打响，一时间他们的"汽车餐厅"的独领风骚。后来人们纷纷效仿，办"汽车餐厅"的人日益增多，麦当劳兄弟的生意大不如初，而且每况愈下。

在困难面前，兄弟二人没有丝毫的退缩、沮丧和消沉，继续冥思苦想着再一次勇敢超越自己的良策。他们摒弃了原有的"汽车餐厅"的服务理念，转而在"快"字上大做文章，以"想吃花哨和高档的请到别处去，想吃简单实惠和快捷的请到我这儿来"的全新经营理念吸引了千千万万顾客蜂拥而来，一举获胜。

兄弟二人并没有满足于现状，继续敢想敢干，敢在"冒尖"和"出奇"上制胜。比如后来推出小纸盘、纸袋等一次性餐具，进行了厨房自动化的革命等来不断迎接新的挑战。

正是因为麦当劳兄弟有了这种不断战胜和超越自我的决心和勇气，并将这种决心和勇气付诸于实践当中，才使得他们把在一般人眼里已经很好或根本不可能的事，彻底推翻或改写，从而一步步迈向快餐业霸主的地位。

勇于向"不可能"挑战的精神、信心和勇气，是一个员工获得成功的根本基础，也是他事业成功的重要砝码。

可以试想一下有这样一位员工：他的各方面条件都不错，不但颇有才学，也具备种种令老板赏识的技能。但他有个致命的弱点，那就是不敢面对挑战，或者是缺乏应对困难的信心，平日里总是循规蹈矩、谨小慎微和随遇而安。遇到一些"麻烦"事时他尽可能地躲得远些，唯恐自己会被"不可能"撞得头破血流。可以想象得出，这样的员工终其一生，一路留下的只能是他越来越平庸的脚印。

事实上，我们每个人的身上都蕴涵着极大的能量。勇于向不可能的任务挑战，有利于我们不断打破心灵中的自我限制，充分发挥出自我的潜能。

跳蚤是我们生活中很常见的一种动物，有着极强的弹跳力。统计表明，一般跳蚤跳的高度可达它身体的 400 倍左右，所以说，跳蚤可以称得上是动物界的跳高冠军。把一只跳蚤放进玻璃杯中，我们就会发现跳蚤会立即跳出来，再重复上几遍，结果仍会如此。接下来，如果你再次把这只跳蚤放进杯子里，并且立即在杯上加一个玻璃盖，"砰"的一声，跳蚤就会重重地撞在玻璃盖上。于是，跳蚤就会感到十分困惑，但是它不会停下来，因为跳蚤的生活方式就是"跳"，一次次被撞后，跳蚤开始变得聪明起来了，它开始根据盖子的高度来调整自己所跳的高度。再过一会儿，你就会发现跳蚤再也不会撞击到盖子，而是在盖子下面自由地跳动。

一个小时后，当你把这个盖子轻轻拿掉，跳蚤不知道盖子已经去掉了，它还是在原来的这个高度继续地跳；再过几个小时，你会发现这只跳蚤还在原来的高度跳。一天以后发现，这只可怜的跳蚤还在这个玻璃杯里不停地跳跃——其实它已经无法跳出这个玻璃杯了。

难道跳蚤真的不能跳出这个杯子吗？绝对不是。问题在于经过几次碰撞，它的心里面已经默认了这个杯子的高度是自己无法逾越的。

在我们的工作中，很多人也有着类似的"跳蚤式"经历，虽屡屡去尝试成功，但是往往事与愿违，屡屡失败。经过几次碰壁以后，便开始怀疑自己的能力，以为"盖子"已成为自己无法逾越的高度，失去了向困难挑战的勇气。在这种心态的作用下，他们不是重整旗鼓，不惜一切代价去追求成功，而是一再地降低成功的标准。因此，当"盖子"掀起的时候，他们已经失去了挑战的勇气，不敢再跳，或者已习惯了，不想再跳了。他们往往因为害怕成功高度的限制，而甘愿忍受平庸者和失败者的生活。

心理高度决定事业高度，一个人若想打破平庸的生活模式，实现从优秀到卓越的跨越，就要首先突破心理的瓶颈，不能因为过去的一些失败或者是眼前职位的无关紧要而降低自己的标准，为自己的职业生涯过早地盖上一个"盖子"。

积累平凡，就是积累卓越

实现人生目标，绝非一蹴而就，它是一个不断积累的过程。矢志追求者必须勇于从平凡中崛起，在淡泊中丰富智慧，孕育卓越。

约翰·布勒起初只是美国通用汽车公司整车装配线上的一名杂工，他的成功，就始于工作中一次次平凡的积累。正是抱着积累平凡就是积累卓越的工作理念，他在30岁就被擢升为公司总领班，成为通用公司最年轻的总领班。

约翰是在20岁时进入工厂的。工作一开始，他就对工厂的生产情形做了一次全盘的了解。他知道一部汽车由零件到装配出厂，大约要经过 13 个部门的合作，而每一个部门的工作性质都不相同。

他当时就想：既然自己要在汽车制造这一行做一番事业，就必须对汽车的全部制造过程都能有深刻的了解。于是，他主动要求从最基层的杂工做起。杂工不属于正式工人，也没有固定的工作场所，哪里有零活就要到哪里去。因为这项工作，约翰才有机会和工厂的各部门接触，因此对各部门的工作性质有了初步的了解。

在当了一年半的杂工之后，约翰申请调到汽车椅垫部工作。不久，他就把制椅垫的手艺学会了。后来他又申请调到点焊部、车身部、喷漆部、车床部等部门去工作。在不到五年的时间，他几乎把这个厂的各部门工作都做过了。最后他又决定申请到装配线上去工作。

约翰的一位朋友杰克对约翰的举动十分不解，他问约翰："你工作已经五年了，总是做些焊接、刷漆、制造零件的小事，恐怕会耽误前途吧？"

"杰克，你不明白，"约翰笑着说，"我并不急于当某一部门的小工头。我以能胜任领导整个工厂为工作目标，所以必须花点时间了解整个工作流程。我正在把现有的时间做最有价值的利用，我要学的，不仅仅是一个汽车椅垫如何做，而是整辆汽车是如何制造的。"

当约翰确认自己已经具备管理者的素质时，他决定在装配线上崭露头角。约翰在其他部门干过，懂得各种零件的制造情形，也能分辨零件的优劣，这为他的装配工作增加了不少便利。没有多久，他就成了装配线上最出色的人物。很快，他就晋升为领班，并逐步成为 15 位领班的总领班。

在工作中，没有任何一件事情，小到可以被抛弃；没有任何一个细节，细到应该被忽略。同样是从事一个平凡的职位，不同的人会有不同的体会和成就。不屑于做小事的人做起事来十分消极，只会糊弄工作，他们不过只是在工作中混时间；而积极的人则会安心工作，把做小事作为锻炼自己、深入了解公司情况、加强公司业务知识、熟悉工作内容的机会，增强自己的判断能力和思考能力。

俗语说得好：罗马不是一天建成的。既然一天建不成辉煌的罗马，那我们就应当专注于建造罗马的每一天。这样，把每一天连起来，终将会建成一个美丽辉煌的罗马。

美国有位84岁的老太太，1960年从纽约市步行到了佛罗里达州的迈阿密市。经过长途跋涉，克服了种种困难，她到达了终点。老太太的壮举在当时轰动了整个美国，人们为她的成就感到自豪，也感到不可思议。

在迈阿密市，有位记者采访了她。记者想知道，路途中的艰难是否曾经吓倒过她？她是如何鼓起勇气，徒步旅行的？

老人答道："走一步路是不需要勇气的，我所做的就是这样。我先走了一步，接着再走一步，然后再走一步，我就到了这里。"

我们也是一样，要实现卓越的人生，就要注重工作中平凡的积累。为了要达成大目标，就要先设定小目标，这样会比较容易达到目的。许多人会因目标过于远大，或理想太过崇高而轻易放弃，这是很可惜的。若设定了小目标，便可较快获得令人满意的成绩。你在逐步完成"小目标"时，心理上的压力也会随之减小，大目标总有一天也能完成。

已经去世的网坛名将亚瑟·艾虎大家一定很熟悉。他在生命后期，曾全力与艾滋病抗争，来唤起人们对这个"人类杀手"的重视。

但艾虎的伟大之处并不仅仅是在这里。在他之前，网球界一直是白人的天下，艾虎是打破网球界人种限制的第一人。

艾虎的成功是一个不断积累的过程。他的一生可以说是一个不断设定目标并完成的过程。他通过不断订立目标的方法，使自己登上了网球的王座。他说："我早期的教练常订下清楚明确的目标，正是我愿意遵循的。这些目标不见得一定要像赢得巡回赛这么的重大，而是将一些有待克服的困难、需要努力和做计划的事订为目标。如果能达成这个目标，一定会有某种收获。当然，不是只有赢得巡回赛才可以作为目标的。往往一些小目标渐渐一个个地达成后，我自己都会意外地发现，嘿！大奖离我越来越接近了！"

艾虎一直以这种方式参加高难度的比赛。他说："参加巡回赛，你总想能进入复赛。比赛时，你总希望漏接的反手球不超过某个数字。或者是你必须锻炼体力到一定的程度，气候太热时，你才不至于很快就感到疲倦。这一类的小目标，可以帮助你把成为世界第一或赢得巡回赛这类的远大目标分解为几个较易达成的小目标。"

艾虎一生都以这种方式过日子。他实现一个具体的目标，就再订立一个新的目标。他说："每次你订立一个目标，然后完成那个目标，其实就是一个不断增强自信的过程。"自信能改变一个人，自信也能扩散到生活中很多不同的层面。不但你对自己的专长更有自信，而且还会对很多其他的事提高信心，相信自己也可以做得到，因此大可运用在其他工作或另外一组目标上。

卡耐基认为，成功人士和平庸之辈的差别，就在于前者注重积累，注意利用身边的每一件点滴小事锻炼自己，将生活中一个个平凡的目标当成自己实现卓越的阶梯。而平庸之辈只会好高骛远，轻率冒进，或者因为目标过于困难而放弃了奋争的勇气。

把目标与日常的工作结合起来，这样才能使自己的人生价值得以实现，如果你让自满、消极、得过且过等念头磨损了斗志，一辈子就只能做一个可有可无的庸人，那样，损失最大的还是自己。

干一行，爱一行，通一行

一位智者曾经说过，如果你能真正制好一枚曲别针，那将比你制造一架粗陋的蒸汽机挣得更多。业务水平的高低不仅直接关系到我们的工作质量和企业命运，和我们个人的利益也密切相关。

对于自己所从事的工作，爱与厌，苦与乐，大都存乎于一念之间。

有人成天郁郁寡欢，抱怨自己的工作不好；有人天天心情舒畅，把工作当享受。"三百六十行，行行出状元。"这不仅强调了每一项工作的重要，更说明了每一项工作都大有可为。工作带给你的是快乐还是折磨，主要在于你对工作的态度。

日本有一项国家级的奖项，叫"终生成就奖"。无数的社会精英一辈子努力奋斗的目标，就是为了能够最终获得这项大奖。但其中有一届的"终生成就奖"，颁给了一个"小人物"——清水龟之助。

清水原来是一名橡胶厂工人，后来转行做了邮差。在最初的日子里，他没有尝到多少工作的乐趣和甜头，于是在做满了一年以后，便心生厌倦和退意。这天，他看到自己的自行车信袋里只剩下一封信还没有送出去时，便想道：我把这最后的一封信送完，就马上去递交辞呈。

然而这封信由于被雨水打湿而地址模糊不清，清水花费了好几个小时的时间，还是没有把信送到收信人的手中。由于这将是他邮差生涯送出的最后一封信，所以他发誓无论如何也要把这封信送到收信人的手中。他耐心地穿越大街小巷，东打听西询问，好不容易才在黄昏的时候把信送到了目的地。原来这是一封录取通知书，被录取的年轻人已经焦急地等待好多天了。当年轻人终于拿到通知书的那一刻，他激动地和父母亲拥抱在了一起。

看到这感人的一幕，清水深深地体会到了邮差这份工作的意义所在。"因为即使是简单的几行字，也可能给收信人带来莫大的安慰和喜悦。这是多么有意义的一份工作啊！我怎么能够辞职呢？"

从这以后，清水更多地体会到了工作的意义，他不再觉得乏味与厌倦，他深深地领悟了职业的价值和尊严，他一干就是25年。从30岁当邮差到55岁，清水创下了25年全勤的空前纪录。他在得到人们普遍的尊重的同时，也于1963年得到了日本天皇的召见和嘉奖。

行业无贵贱。那些在工作中做出杰出成就的人无一不深爱着自己的工作，将工作中的荣誉当成自己人生最大的奖赏。

护士这一行业的最高荣誉是"南丁格尔奖"。南丁格尔是一个英国人，是现代护理工作的创始人。1860年6月24日，她将英国各界人士为表彰她的功勋而捐赠的巨款作为"南丁格尔基金"，表彰那些做出突出贡献的护士。革命导师马克思也对南丁格尔的勇敢和献身精神十分敬佩和感动，曾多次赞扬这位伟大的女性。如今全世界都以5月12日作为护士节纪念她，南丁格尔成为世界伟人之一，受到人们的尊敬。

还有曾获"诺贝尔和平奖"的德兰修女，在印度、在全世界都享有崇高的声誉。诺贝尔奖评委会说："她（德兰修女）的事业有一个重要的特点：尊重人的个性，尊重人的天赋价值。那些最孤独的人、处境最悲惨的人，得到了她真诚的关怀和照料。这种情操发自她对人的尊重，完全没有居高施舍的姿态。"而且，"她个人成功地弥合了富国与穷国之间的鸿沟，她以尊重人类尊严的观念在两者之间建设了一座桥梁。"

德兰修女和南丁格尔并没有因为自己的工作卑微而轻视它，相反她们对之投入无限的热忱，她们获得的荣誉就是对她们工作的最高奖励，也是对她们所追求的理想的回报。她们获得了所有人的尊敬和赞赏。

要做一个新时期高素质的员工，就必须做到敬业，干一行，爱一行，通一行，对自己所从事的事业要精益求精，刻苦钻研业务知识，争做本行业的尖兵。

南方一家煤炭公司的罗平，是一名有30年工龄的普通而不平凡的员工，从锅炉工到司炉长、班长、大班长，至今他仍深爱着陪伴他成长并成熟的锅炉运行岗位。就是在这个岗位上他当上了锅炉技师，成为国内远近闻名的"锅炉点火大王"和"锅炉找漏高手"；就是这个岗位，让他感受到了作为一名工人技师的荣耀和自豪。

罗平有一副听漏的"神耳"，只要围着锅炉转上一圈，就能在炉内的风声、水声、燃烧声和其他声音中，准确地听出锅炉受热面是哪个部位管子有泄漏声；往表盘前一坐就能在各种参数的细微变化中，准确判断出哪个部位有泄漏点。

除了找漏，罗平还练就了一手锅炉点火、锅炉燃烧调整的绝活，在用火、压火、配风、启停等多方面，他都有独到见解。锅炉飞灰回燃不畅，他提出技术改造和加强投运管理建议，实施后使飞灰含碳量平均降低到 8%以下，锅炉热效率提高了 4%，为企业年节约 32 万元。针对锅炉传统运行除灰方式存在的问题，罗平提出"恒料层"运行，经实施，解决了负荷大起大落问题，使标准煤耗下降 0.4 克/千瓦时，年节约 200 多万元。

罗平学历不高、工种一般、职务很低，但他却成为公司上下公认的技术能手和创新能手，他的成长经历给我们的启迪就是：干一行，爱一行，通一行，只要努力，就有收获！

除非你是实在厌恶了某个行业，否则最好不要轻易转行。因为这样会让你中断学习，减低效果。每一行都有其苦乐，因此你不必想得太多，关键是要把精力放在工作上。要像海绵一样，广泛吸取这一行业中的各种知识。你可以向同事、主管、前辈请教，还可以吸收各种报章、杂志的信息。此外，专业进修班、讲座、研讨会你也可以参加，也就是说，要在你所干的这一行业中全方位地深度发展。假若你学有所成，并在自己的工作中表现出来，你必然会受到老板的注意。

你是自己最好的产品

职场中每个人唯一经营的产品是自己。而你经手的每一件事都是你自己的"产品"。成功的最好方法就是把自己经手的每一件事情都做到尽善尽美，这样才能赢得"客户"——老板的青睐，成为一名受欢迎的雇员。

你也许并不经营商店，但你一定是在经营某种"商品"。世界上最伟大的推销员乔·吉拉德说过："你一生中推销的唯一产品就是：你自己。"

什么是你的"商品"呢？出自你手的每一个零件，每…个报表，每一首诗，每一个方案，都是你的"商品"。你向世界展示你的才能，你以此来服务于大众。你的"商品"应该具有你的性格特征，应该被打上你个人的魅力商标，你不应该容忍在自己伟大的生命织锦中，存在低劣易断的丝线。你所做的一切都应该代表着优秀，代表着卓越，应该让所有的人都知道，你的"作品"不是漫不经心的敷衍之作，而是完美的杰作——无论是你自己，还是别人，都不可能做得比这更出色了。

市场中没有永远畅销的产品，同样，职场中也没有永远的"红人"。"红人"失宠，固然有很多因素，但最主要的是"红人"失去了原来的进取心，变得满足现状了，而绝对不是老板喜新厌旧。

很多人在成为"红人"之前，所得到的回报可能并不多。他们努力工作，用业绩来证明自己的能力，用业绩来取得想要的回报。终于，他们成功了，成了"红人"，被老板宠着，薪水、地位都大大提高，生活品质也得到了很大改善。这个时候，他们滋生了骄傲的情绪，不可一世，责任心下降了，工作干劲也不足了，工作质量也有所下降。如果说一个人是他自己一生经营的唯一产品的话，那么这个时候他的产品就是不合格的，不合格就无法让他的客户——老板满意，最终这种做法的受害者还是自己。

林东是某集团公司的员工，自从到公司后一直都非常努力，并取得了突出的成绩。老板非常赏识他，他成了老板的"红人"。很快，他被提拔为销售部经理，工资一下子翻了两倍，还有了自己的专用汽车。

刚做上经理那阵子，林东还是像做经理之前那样努力，每一件事情都做得尽善尽美。

"你犯什么傻啊？"不断有人这样对他说，"你现在已经是经理了，再说老板并不会检查你做的每一件事情，你做得再好，他也不知道啊。"

在多次听到别人说他"犯傻"的话后，林东变得"聪明"了，他学会了投机取巧，学会了察言观色和想方设法迎合老板，不把心思放在工作上，而放在揣摩老板的意图上。如果他认为某件事情老板要过问，他就会将它做得很好；如果他认为某件事情老板不会过问，他就不会做好它，甚至根本就不做。

终于，在公司的一次中高层领导会议中，老板发现林东隐瞒了工作中的很多问题。谁愿意被人欺骗呢？老板一怒之下，就把林东解雇了。

诚然，老板不可能看到每一个员工的每一份成绩。可是，如果你养成了追求完美的习惯，把每一件事都做好，就可以保证老板所看到的全是完美的。到时，老板自然会把你该得到的职位和报酬给你。可惜，林东没有意识到这一点。

林东的事例告诉我们，失败就是从你养成敷衍了事的习惯后那一时刻开始的。而成功的最好方法，就是把任何事情都做得精益求精、尽善尽美，这样才能使自己赢得老板的青睐。

我们要经营好自己，不能好高骛远，应当静下心来，扎扎实实做好工作中的每一个环节，让自己不断"增值"。

一天晚上，一群游牧部落的牧民正准备安营扎寨。休息的时候，忽然被一束耀眼的光芒所笼罩，他们知道神就要出现了。因此，他们殷切地企盼、恭候着来自上苍的重要旨意。

神终于说话了："你们要多捡一些鹅卵石，把它们放在你们的马褡子里。明天晚上，你们会非常快乐，但也会非常懊悔。"说完，神就消失了。

牧民们感到非常失望，因为他们原本期望神能够给他们带来无尽的财富和健康长寿，但没想到神却吩咐他们去做这件毫无意义的事。但是不管怎样，那毕竟是神的旨意，他们虽然有些不满，但是仍旧各自捡了一些鹅卵石，放在他们的马褡子里。

就这样，他们又走了一天，当夜幕降临，他们开始安营扎寨时，忽然发现他们昨天放进马褡子里的每一颗鹅卵石竟然都变成了钻石。他们高兴极了，同时也懊悔极了，后悔没有拣拾更多的鹅卵石。

在工作中，有许多眼前看似鹅卵石一样的东西被我们毫不经意地丢弃了，然而忽然有一天，当我们急需它的时候，它就变成了钻石，我们却不得不为以前丢弃它而懊悔不迭。在我们的人生旅途中，尽量多地收集些"鹅卵石"，那么有朝一日你就会拥有一个钻石般的未来。

个人品牌：为工作贴上卓越的"标签"

在竞争如此激烈的市场环境中，一个人不可能永远属于一个公司、一个职位。很多变化是我们无法控制的，我们唯一能够控制和把握的就是自己的实力和口碑。

美国管理学者华德士提出：21世纪的工作生存法则就是建立个人品牌。他认为，不只是企业、产品需要建立品牌，个人也需要在职场中建立个人品牌。个人品牌对于自身事业的发展有着不可低估的积极作用。

一个企业家的个人品牌，甚至可以决定一个企业的品牌；对于一个职业经理人来说，个人品牌是职业发展的助推器，借助它你可以更快地得到升迁，平步青云；对于一个普通工作者来说，个人品牌能使你在职场沉浮中立于不败之地，更有机会获得加薪或奖赏，甚至作为年薪多少万元的特聘员工成为竞争对手争相猎取的"猎物"。

在某家外资企业就职的小王就是这样的一个例子。德才兼备、事半功倍的小王就职的公司已多次裁员，但他却"岿然不动"，因为他不但学历高、技能好，为人也很好，用老板的话讲是"忠诚度高，'经久耐用'"。像这样在行业形成个人品牌的人才又何止小王一个。

刘先生可以说是成功塑造个人职业品牌的又一个典型例子。刘先生原来在一家律师事务所上班，但最近他自己开了一家律师事务所，自己做老板，生意非常红火，常常门庭若市。原因只是因为一贯仗义执言的刘先生在律师界内外的口碑都相当不错，"打官司，找刘先生"已成为许多人的默认"首页"。

个人品牌不是自封的，而是被大家所公认的，个人一旦形成品牌后，他跟职场的关系就会发生根本性变化。就像一个企业一样，一旦建立了品牌，就会由"买方市场"变成"卖方市场"。

个人品牌的最基本特征是"质量保障"，这一点跟产品品牌一样。它体现在两方面：一方面是个人专业技能上的高质量，另一方面是人品质量，也就是说既要有才更要有德。

在很多人眼中，一位当红的台湾新闻女主播来到中国人民大学攻读大众传播博士学位，是件十分让人不解的事情，然而崔慈芬却将其当作自己人生的又一次突破。用她自己的话来说，个人核心价值需要不断突破，"不应让自己只成为当下的明星"。

崔慈芬对自己的职业生涯有着一种近乎偏执却又理性的规划，她为自己拥有这样的性格和经历感到庆幸。第一次磨难就源于她对新闻事业的痴狂。为进入大学的大众传播系学习，崔慈芬经历了一次又一次的联考失败，后来她干脆只身去到台北，边打工边备考。可即使这样的努力，也没能达成心愿，只得另选专业，迈入大学校门。可她对新闻的痴迷从来没有减退，辅修、选修的课程表上排满了大众传播学课程，她从大三开始参与儿童及社教类电视节目，并成为台湾第一个获得金钟奖电视节目最佳主持人的在校学生。

校园里的成绩让崔慈芬此后的道路顺利起来。儿童类、社教类，甚至妇女类节目的电视主持人成为她毕业后的主要工作。可没过两年，她有了新的想法——去美国深造。因为她已经意识到新知识的力量，自己若想长期维持良好的口碑和知名度，必须不断进修。

从美国归来，有电视台邀请崔慈芬做综艺节目主持人，被她拒绝。直到华视发出早新闻主播的工作邀请，她才欣然前往。学会拒绝，被崔慈芬认为是职业生涯中的一大进步。1998年，与华视有竞争关系的电视台以3倍年薪的长期合同力邀崔慈芬加盟，同样被她拒绝，原因是她在对自我品牌的设计中，对工作岗位的忠诚是必不可少的，这样才能在一个稳定而恰当的位置上不断创新，她不希望自己成为一个"明星化的商品"被人挖来挖去。2000年，崔慈芬当选台湾10大优秀女性，公众给她的头衔是"最有深度的女人",这恰恰符合了一个新闻主播应有的公众形象。她成功地建立起自己的个人品牌,并区别于众多的主持人。

像崔慈芬这样对自己的工作和职业生涯规划如此认真执著的人并不多见。在如今这个日新月异的时代,很多人从来不会在工作之外再做一些可以提升自身价值的事情。他们只是公司的附庸,将自己的人生定位为某一公司的员工或者经理人。

对于要在工作中形成自己的个人品牌的你,可不能这么过,你必须要像一个 CEO 一样经营自己的 24 小时。不是说要你在下班后去炒股、赚外快,而是要像 CEO 制定公司战略一样,为自己制定一个强化专业竞争力的立体计划。

当 Michale Hoinkes 还在大公司的时候,他就开始将全部的精力用于打造自己的个人品牌,不仅在 8 个小时内努力工作,业余时间也成为了他创意人生的一部分,他不停地搜集创意素材、记录火花般的灵感。他不仅对辞职之后将要面对的种种艰难有足够的心理准备,而且坚信 5 年之后其个人品牌的前景将胜过继续在大公司里循规蹈矩地干下去。他就像一个 CEO 一样把自己每天的日程排得满满的,也对自己未来五年的发展作了深入的筹划。

要树立自己的个人品牌,你需要重新安排自己的 24 小时:

(1)保证有充分的时间锻炼身体,健康对个人品牌的重要性不容忽视。

(2)留出适当的时间来学习,制定长期可行的自我学习与培训计划。

(3)制定发展个人社会关系网的计划,抽出时间去拜访那些具有良好专业造诣的同行。

(4)有可能的话,用一点时间就自己的专业做点研究性的工作,将成果发布出去与同行共享。

所有的这一切将会让你的人生具备一个小型公司的规模,做得好的话个人的成果可能会远远超过一个公司的业绩。

另外，形成自己的个人品牌后，你需要确保自己的个人品牌价值不断升值。

在一个公司呆久了，由于知识更新的步伐开始放慢，大多数人面临着贬值的危险。提升个人品牌的"含金量"是一项极为重要的工作，因此在做好本职业务之外，你还需要确保做到如下几点：

（1）现在我因某一项能力而受器重，一年之后我还会因另一项能力让人刮目相看。

（2）我所完成的这几个项目让我感觉很不错，我还将因完成另外一个全新的项目而骄傲。

（3）我将把更多精力放在让简历增色的事情上来。

（4）我将在未来一年里学习 1~2 项新的东西。

（5）在我的个人通讯录里每个月都将增加 2~4 个同行的联系方式。

少做那些缺乏想象力的事情，以创新精神对待自己的手头工作，唯有如此，你才能保证在同一岗位呆了多年之后个人品牌权益仍然可以持续增值。

"冰冻三尺，非一日之寒"，个人品牌的形成是一个需要慢慢培养和积累的过程。那么，我们要如何才能从根本上塑造好个人品牌呢？在这里我们主要谈一下在塑造个人品牌的过程中，一个人必须修炼的三项基本功。因为，没有扎实的基本功，任何技巧都是空谈，一个人根本无法真正树立优秀的个人品牌。俗话说，万丈高楼平地起，个人品牌有了"根基"，才能有众人仰望的"高度"。塑造好个人品牌需要从以下三点做起：

第一，个人必须切身体会到自己是个人品牌的最大受益者，并全力以赴地塑造个人品牌。当然，自己也有可能是个人品牌的最大受害者，个中差别就在于个人品牌的优劣。例如，我们常说，一个人在公司打工，努力做好工作的最大受益者是自己，因为这样有助于树立自己的个人品牌，赢得丰厚的薪水和广阔的职场空间。但是，很多人不会这样想，老是觉得这种观念很空，个人品牌谁会看得见？职场空间在哪？不如寻找机会"偷闲"，轻松轻松，至于工作，只要混得过去就可以了，而且是能混一天算一天。抱着这种态度做事到最后只会"糊弄"了自己。

个人品牌是由内而外的，是一个人素质的综合展现。努力工作，把事情做好，当时有没有人看见不是关键，短期内没有人知道也没关系，但是长期坚持下去，自己的个人品牌形象就会渐渐被公司认可，直到最终被社会认可。很显然，当个人品牌被广泛认可的时候，个人必将是"名利双收"，个人也自然而然地成为最大的受益者。这个观念看起来简单，但是，真正认识这个观念则需要一定的时间。而且，很多人都将在职场的起起落落中，才能慢慢体会到这个观念的真谛。

第二，个人品牌必须以道德为基础。品牌即人品，这句话在个人品牌上更容易理解，即一个人的人品，决定一个人的个人品牌。人品有优劣，个人品牌形象也有优劣，但是二者不能轻易画上等号，因为人是一种善于伪装的动物，真假优劣需要认真辨别才能定论。因此，个人在树立自己的品牌时，应该努力除去自己身上的道德污点，逐步提高自己的道德水平。否则，再富有魅力的个人品牌也只是一层薄薄的窗户纸，一捅就破，随即"原形毕露"。

第三，个人品牌的形成要靠学习来支撑。在形成自己个人品牌的过程中，我们必须有终生学习的观念和行动。虽然很多人都在叫嚷着终生学习，很多人都会说自己明白终生学习的道理，但是，仔细观察其行为，却不能不说很遗憾，因为他们只是停留在"明白道理"的层面上，根本就没有将终生学习的理念变成日常行为。时间一长，个人的综合素质得不到实质性的提高，良好的个人品牌自然很难树立起来。

另外，个人学习必须有一个切实可行的计划，而且计划必须根据个人的发展及时进行调整，以适应个人发展需要。至于个人在每一阶段学习的内容和方式，则可以根据个人的人生目标、兴趣爱好以及自身财力来确定，必要时可以向相关人员做适当的咨询，以保证学习内容的科学性以及最终的学习效果。

总之，"受益观念、个人道德、持之以恒的学习"，这三项基本功的修炼是成功塑造个人品牌的根基，缺一不可，否则个人品牌必将是空中楼阁。

拒绝平庸，绝不安于现状

价值是一个变数。今天，你可能是一个价值很高的人，但如果你故步自封，满足现状，明天，你的价值就会贬值，被一个又一个智者和勇者超越。今天，你也可能做着看似卑微的工作，人们对你不屑一顾，而明天，你可能通过知识的不断丰富和能力的提高，以及修养的升华，让世人刮目相看。

约翰·伍迪是一位成功的体育教练。年轻时，他多次参加奥运会，累计得过十枚金牌。在他执教的二十多年里，又培养了十一位得过世界冠军的运动员。

"你认为一个人要成功，最重要的是什么？"有一天，在一次训练的过程中，他的一个学生问他。

"不安于现状，永远追求新高度。"约翰·伍迪说。

约翰·伍迪认为，作为一个运动员，在其成长过程中，会经历很多阶段，在任何一个阶段安于现状，都可能导致运动生涯的终止。比如，一个运动员如果取得地区冠军就满足了，他绝对不可能取得全国冠军；当他取得全国冠军就满足了，他绝对不可能取得世界冠军；当他取得一项世界冠军就满足了，他绝对不可能取得下一项世界冠军。

"生命不息，奋斗不止，我经常这样教导我的队员。"约翰·伍迪说，"他们没有让我失望。"

事实上，整个世界都是竞技场，每一个人从出生那天起，就投入到比赛中了。比学习成绩，比工作成果，比事业成就，比家庭幸福……成功的人，总是那些不安于现状的人。

有两个人骑着骆驼行走在一望无垠的大沙漠里，他们的目的地是沙漠另一边的一个小城镇。

他们带了好几壶水和好几袋食物，足够几天的供应。

"我们应该加快前进速度，不然会被困在沙漠里。"进入沙漠的第二天，其中一个人觉得走得太慢了，便对另一个人说。

"怕什么？我们有这么多的水和食物，慢慢走吧。"另一个人说。

提议走快一点的那个人听了，觉得有道理，也放弃了走快一点的想法。

然而，就在那天晚上，一场风暴袭来，两个人的命是保住了，可水、食物、行李都被风暴卷走了，骆驼也失踪了。

这一下，他们不能再慢慢走了。第三天，他们开始拼命地奔跑，可惜的是，由于无水无食，又辨别不清方向，最终没有走出大沙漠。

国内一家知名企业的总裁说过，最危险的时候就是你没有发现危险到来的时候。其实，每一个组织以及每一个人，都可能会随时遭遇类似于"风暴"的不可控事件，这些事件会毁掉一切，让没有准备的、安于现状的人陷入绝境。

即使没有狂风大浪，你所处的境况也每时每刻都在变化，安于现状只能是一厢情愿的梦想，当你从梦中醒来时，你会发现原来所拥有的一切，都已经随风而逝。因此，你必须时刻提醒自己要主动变化，在"现状"变化之前就做好准备，如果等"现状"变化了再变化，一切都晚了。

有一个叫李洋的人，他曾经在一家合资企业任首席财务官。在成为首席财务官之前，他工作非常卖命，并做出了突出的成绩。老板非常赏识他，第一年就把他提拔为财务部经理，第二年提拔为首席财务官。

坐上首席财务官职位后，拿着丰厚的薪水，驾着公司配备的专车，住着公司购买的华宅，他的生活品质得到了很大的提升。然而，他的工作热情却一落千丈，他把更多的精力放在了享乐上面。

当朋友问他还有什么追求时，他说："我应该满足了，在这家公司里，我已经到达自己能够到达的顶点了。"李洋认为公司的 CEO 是董事长的侄子，自己做 CEO 是不可能的，能够做到首席财务官就到达顶点了。

他在首席财务官的位置上坐了差不多一年的时间，却没有干出一点值得一提的业绩。朋友善意地提醒他："应该上进一点了，没有业绩是危险的。"

没想到，李洋竟然说："我是公司的功臣，而且这家公司离不了我李洋，老板不会把我怎么样的！"

他甚至在心里对自己说，丰厚的薪水永远属于我，车子永远属于我，房子永远属于我，没有人可以夺去，因为没有人可以替代我。

的确，公司很多工作都离不开李洋。然而，他的糟糕表现，还是让老板动了换人的念头。终于，在一个清晨，李洋驾着车，和往日一样来到公司，优越感十足地迈着方步踱进办公室里，第一眼看到的却是一份辞退通知书。

被辞退了，丰厚的薪水没了，车子不得不还给公司。而且，他还从舒适的房子里搬了出来，不得不去租一间小得可怜的、上厕所都不方便的小套间。

李洋以为自己不可替代，事实上，天底下人才多得是。就在他被辞退的当天，公司就新招聘了一位首席财务官。

在时代发展一日千里的今天，只有抱着不断超越平庸，绝不安于现状的心态，不断实现自我从优秀到卓越的跨越，你才能不断提升自己，成为职场中的常胜者。

拖延和懒惰的结果是平庸

马利欧企业的创始人马利欧，多年来每天工作 18 小时。他说："每周只工作 40 小时的人，不会太有出息。"

他的工作哲学是"星期一到星期五是在保持竞争力不落人后，星期六与星期日拿来超越他人。"

拖延和懒惰只会导致一个人步入平庸。在一些失败的企业里,拖延和懒惰是一种普遍现象,或者说已经成为一种"主流文化"。

当最坏的情形到来之前,比如巨额亏损、破产等,一些职员总有心情靠在舒适的椅子上品咖啡。而一旦取得一点成绩,他们就会趾高气扬:

"我们的销售比上个月提高了一个百分点!"

"我的业绩比前任明显提高了!"

"形势一片大好嘛,我们应该受到表扬!"

当老板提出如果做一些改善工作,业绩会更好时,他们便会说:"这个业绩已经很不错了,你看某某企业和某某公司,比我们差得远哩。"

在年度计划会上,当老板提出新的目标任务时,他们便会据理力争,以求目标定得更低、更容易完成。在年终述职报告中,他们会为自己没有完成目标任务找一大堆借口,以表明自己已经尽力了。如果是完成了任务,甚至还有点超额完成任务,他们便会翘尾巴,把已经过去的一年的市场环境描绘得万分恶劣,以证明自己取得的那一丁点儿成绩其实是来之不易的。

这些人等于平庸,骨子里喜欢偷懒。他们不是因为不想要更好的业绩,而是不愿意付出更多的汗水。

人的惰性是一种可怕的精神腐蚀剂,它可以让人整天无精打采,生活消极颓废,甚至使人性低落到不如其他动物的层次。美国科学家、物理学家、发明家、政治家、社会活动家富兰克林就曾经说过:"懒惰就像生锈一样,比操劳更能消耗我们的身体。"而萧伯纳则说:"赖惰就像一把锁,锁住了知识的仓库,使你的智力变得匮乏。"

在工作中,拖延时间是一种恶劣的行为,然而却很少有人能够说他自己在工作中从不拖延时间,很少有人承认正是这种拖延的行为使自己渐渐对工作产生了惰性。

恩科公司的总裁约翰·钱伯斯先生对此评论说："拖延时间常常是少数员工逃避现实、自欺欺人的表现。然而，无论我们是否在拖延时间，我们的工作都必须由我们自己去完成。通过暂时逃避现实，从暂时的遗忘中获得片刻的轻松，这并不是根本的解决之道。要知道，因为拖延或者其他因素而导致工作业绩下滑的员工，就是公司裁员的必然对象。"

但是，现实工作中就是有着那么一种惰性极强的人，他们通常以"与世无争"为借口，消极地对待工作。这种员工没有进取心，不愿意去参与竞争，有机会偷懒，他们是不会勤奋的。事实证明，这样做受害的只能是他们自己。

迈克是伦敦一家公司的一名低级职员，他的外号叫"奔跑的鸭子"。因为他总像一只笨拙的鸭子一样在办公室飞来飞去，即使是职位比迈克还低的人，都可以支使迈克去办事。

后来迈克被调入了销售部。有一次，公司下达了一项任务：必须完成本年度 500 万美元的销售额。

销售部经理认为这个目标是不可能实现的，私下里他开始怨天尤人，并认为老板对他太苛刻。

只有迈克一个人在拼命地工作，到离年终还有 1 个月的时候，迈克已经全部完成了他自己的销售额。但是其他人没有迈克做得好，他们只完成了目标的 50%。

经理主动提出了辞职，迈克被任命为新的销售部经理。"奔跑的鸭子"迈克在上任后忘我地工作。他的行为感动了其他人，在年底的最后一天，他们竟然完成了剩下的 50%。

不久，该公司被另一家公司收购。当新公司的董事长第一天来上班时，他亲自点名任命迈克为这家公司的总经理。

因为在双方商谈收购的过程中，这位董事长多次光临公司，这位"奔跑"的迈克先生给他留下了深刻的印象。

"如果你能让自己跑起来，总有一天你会学会飞。"

这是迈克传授给他的新下属的一句座右铭。

迈克的事例告诉我们，认真勤奋、充满激情地投入工作，你就会超越平庸，创造奇迹。而在工作中一味地怠惰和拖延，最后真正的受害者还是自己。从下面这一则小故事中我们可以更直观地感受到这一点。

两只青蛙不小心掉进了路边一只牛奶罐里，牛奶罐里仅有为数不多的牛奶，但是足以让青蛙体验到什么叫灭顶之灾了。

一只青蛙想：完了，完了，全完了，这么高的一只牛奶罐啊，我是永远也出不去了。于是它很快地沉了下去。

另一只青蛙看见同伴沉没于牛奶中时，并没有沮丧放弃，而是不断告诫自己：上帝给了我坚强的意志和发达的肌肉，我一定能跳出去。它每时每刻鼓起勇气，鼓足力量，一次又一次奋起，跳跃——让自己跑起来，生命的力量与美展现在它每一次跳跃与奋斗里。

不知过了多久，它突然发现脚下黏稠的牛奶变得坚实起来。原来，它的反复践踏和跳动，已经把液状的牛奶变成了一块奶酪！不懈的"跑起来"终于换来了自由的那一刻。它从牛奶罐里轻盈地跳了起来，重新回到绿色的池塘里。

但是那一只沉没的青蛙就那样留在了那块奶酪里，它做梦都没有想到它的同伴会有机会逃离险境。

卡尔森是卡尔森企业集团的老板，名下有全世界最大的旅行社以及瑞森大饭店，《福布斯》杂志估计他的财产近5亿美元。他是勤奋致富的典范，他从推着自行车卖奖券开始，一直做到全国首屈一指的大富豪。

懒惰和拖延只能导致平庸的结局。如果你想打破平庸的生活模式，完成从优秀到卓越的跨越，请丢掉糊弄工作的态度，充满激情，全身心地投入到自己的工作中去。

第五篇

成功的习惯

准则 1 拥有一颗平常心

淡泊名利不求奢华

《菜根谭》中这样说："此身常放在闲处，荣辱得失谁能差遣我；此身常放在静中，是非利害谁能瞒昧我。"意思是，经常把自己的身心放在安闲的环境中，世间所有的荣华富贵和成败得失都无法左右我；经常把自己的身心放在安宁的环境中，人间的功名利禄和是是非非就不能欺骗蒙蔽我。

人类的各种欲望，如果任其放纵而不加约束，那么就必将永无止境地堕落，所以必须磨炼自己的意志，制订一个可行的计划，一定按计划做，控制自己的贪欲。

《庄子》里有这样一个故事：

有一次，市南子去见鲁侯，发现鲁侯心情不好，满脸忧郁，就问他为什么，鲁侯回答说："我做每件事的时候都够小心谨慎的了，可是仍不能避免祸患的发生，所以很担心，很忧愁。"市南子问："你知道狐狸和豹子吗？它们隐居山洞密林，昼伏夜行，即使饥饿，也要到远离人群的地方觅食，然而它们仍不能逃脱罗网陷阱之灾，这是因为它们身上有着人们所需求的美丽皮毛。现在鲁国就是您的皮毛，我希望你剖开形体，舍去皮毛，洗净内心，摒除欲望，而遨游于无人的旷野。"

庄子在这里所表达的观点从另一个侧面告诉我们，过度的欲望会使人烦恼，会给人带来灾祸，但欲望又常常在人的内心作祟，使人对它难以割舍，进而派生出烦恼。最好的办法就是抛开对荣誉得失的忧患。清心寡欲，从而做到无欲则刚，无欲则优了。因此，平淡是红尘的淡化剂，心如止水，沉稳恬静，拥有平淡，不拘泥人言是非，不沉迷利禄功名，脱离尘世喧嚣之境，视悲欢荣辱如过眼烟云，不为权势所羁绊，不为物欲所拖累，以一颗平常心直面人生，以出世的精神，做人世的事业，追求人格的独立和灵魂的自由。《临江仙》一词中说："是非成败转头空，古今多少事，都付笑谈中。"

有一句名言叫做"心底无私天地宽"，很多人最迫切追求的是私欲、私利。私欲多了，就会目光短浅；私欲少了，才会有胸怀天下、造福人类的宽大胸襟。

富贵不淫贫贱不移

人无高低贵贱之分，却有贫穷富贵之别。但无论是富人还是穷人，均不可丧失做人的气节与品性，有的人生活贫穷时，正直善良、乐善好施，一旦生活富裕起来，却性情大变。他们自恃高贵，看不起他人，甚至蛮横无理。还有一类人，由于他们自己很穷，便穷得没了志气，丧失了自尊。这些人遇事时不惜一切求助他人，甚至甘为他人阶下之囚。对于一个真正的人来讲，此两类行为均不可取。下面的这则故事能更好地告诉我们做人的道理。

鲁国国王想学习三皇五帝的学说，从事三皇五帝的事业，敬重贤能之士。亲自去做一些实在的事情。虽然鲁王是这样想的，但他总是忧心忡忡，觉得自己的安全没保障，架子也放不下来。

楚国贤人熊宜僚来鲁国，看穿了鲁王的心思，便建议说："大王去南越吧。那里的民风古老淳朴，人无私心，人们行为举止，都很随意。您去那里，可以抛掉庸俗的念头，修成大道。"

鲁王着急了："那儿山高路远，没有车船，我怎么去？"

熊宜僚说："不要以为自己是国王，就放不下架子，也不要安于自己的高位就迈不开脚步。您本人不就是一辆用不坏的车子吗？您的头颅是车把式。您的体力是驾车的马匹，您的双脚就是车轮。"

鲁王又担心："那地方很偏远，又没什么人烟，我跟谁做邻居呢？我没有粮食、酒肉，吃什么呢？"

熊宜僚说："把您的消耗量尽量降低，让您的欲望和俗念尽量减少，这样即使您吃了上顿愁下顿，您也会把糠菜当成美餐。要把自己看成一个实实在在的人，既不要自视为王侯，自己放纵自己；也不要为自己成了平民而自卑，看不起自己。这样，富贵的日子能过，贫贱的日子同样能过。如果富贵不会成为自己骄纵的本钱，那么贫贱也就不会成为自己生活的负担。事物的发展，此一时，彼一时，本来如此。人才是根本的、永恒的！

"打个比方吧，两条船并排过河，如果一只船是空的，两船碰撞，船上的人也不会发脾气。如果那空船上有一个人，那船要撞过来时，这船就会让开，船上的人便会大声喊叫，要那船上人注意。如果那船上人不听，这船上人就会发出警告。经过几个来回之后，双方就会恶语相加。有人和没人的区别就这样大。把意气、地位、物质这些身外之物抛开，人不就成了一个很有修养的人了吗！"

不争官要权保持平常之心

做官的好处是显而易见的，千百年来人们皆向往之。不过，我们现在已是社会主义社会，现在的官已是人民的公仆，与旧社会的官不可相提并论。但我们不可忘记，新社会不是凭空产生的，而是由旧社会脱胎而来的，旧的东西不可能完全消除，当官致富、当官耀祖的"官念"，在某些人头脑中仍根深蒂固。为了求官，满足官欲、权欲，竟置党纪国法于不顾，以钱买官，以利换官，拉选票，结死党，演出了一幕幕"官场现形记"。在商品经济大潮冲击下，有的人官欲确实淡泊了，因为他看到了比它更有利可图的新途径——经商。但有人却官欲更强，他看到了官与商、权与钱的关系，带权下海，甜头更大，致富更快。人民群众从现实"官场"和个人体验中总结出三种官莫做，以供求官者参考，引以为戒，忍住官欲，做个受百姓欢迎的清官、好官。

一是糊涂官。这种官到了哪里，哪里倒霉。到工厂，生产上不去；到农村，百姓富不了；到学校，教学搞不好；到科研部门，拿不出成果。平心而论，这些人也并非不想把工作做好，他们也是常常早起晚睡，忍饥挨饿，吃苦耐劳，甚至抛家舍业，可是工作就是无起色。究其原因，只能说这位当官的是无能之辈。"劳心者治人"，不是能人如何能位居人之上来治人呢？无能而要逞能，既苦自己，又害他人。

有一个人很值得我们学习，那就是伟大的科学家爱因斯坦。20 世纪 50 年代，他曾收到一封信，邀请他去当以色列的总统。爱因斯坦是犹太人，若能当上以色列的总统，在一般人看来，真是荣幸之至了。出乎人们意料的是，他竟拒绝了。他说："我整个一生都在同客观物质打交道，因而既缺乏天生的才智，也缺乏经验来处理行政事务以及公正地对待别人。所以，本人不适合如此高官重任。"能看出自己有何能耐，把自己安排一个合适的位置，这是聪明人办的聪明事。如果爱因斯坦去做了总统，是否会做个糊涂官？会做出多少糊涂事？他的后半生是否还会放出如此光彩？很难说了。面对爱因斯坦，那些正在手握大权，办着糊涂事的糊涂官们，是否应该聪明一点呢？

二是闲官。有些人在其位而不谋其政，整天无所事事。在办公室里看报纸，喝茶水，练毛笔字，唠嗑，或者是关上门打扑克，下棋，玩麻将，这就是他的工作。这种人很怕下到基层去，因为他不懂业务，一下去就出丑，丢人丢不起，干脆就在上头坐着。他们纯属国家的"硕鼠"！你看哪个单位机构臃肿，那定是"硕鼠"聚集之处。啃国家，啃人民，到何时是个头呢？国家相关规章制度会逐渐完善，到了一定程度，还能允许你这样逍遥自在吗？总有一天会被请出办公室，到那时你啃什么呢？

　　还有一些年迈昏庸者、能力低资力老者，挂着官衔不办公，领着饷银不干事。就因为他们的存在，这个部门的其他领导就只能是副职。图什么呢？也许是心理的满足，也许是某种待遇。这种人，最典型的是英国首相丘吉尔。他在 76 岁那年再度出任首相之职，刚上任时明确表示只任一年。可是他对权力太迷恋了，他捧着首相的桂冠翻来覆去就是喜欢不够，一再地延长任期。直到他体力实在支撑不住了，才在同事们的劝说下，不情愿地离任。他的一生是光彩夺目的，晚年却自己抹上了一块污点。

　　三是贪官。这种人私心太重，心术不良，只想自己捞待遇，捞钱财，捞女人……当然，有的人也不是一上台就很贪，就去捞。就其本质而言，最初也是相当不错的，可是架不住人家主动向你眼前送，一次两次能拒绝，三次四次呢？久而久之也就习惯了。这种官不做也罢，若要做下去，定要好自为之。不然，早晚要出事！

有本事不必自夸

　　中国人常说，有本事要让别人去说。一个真正成功的人是不喜欢自吹自擂的，因为别人的眼睛要比你的眼睛亮得多。就像 1999 年举行的那场世纪拳王大赛一样，虽然这场比赛被判为平局，但明眼人一看就知道是刘易斯获胜，真正的拳王当是刘易斯，霍利菲尔德再怎样吹嘘也是没用的。

　　美国南北战争时，北军格兰特将军，和南军李将军率部交锋，经过一番空前激烈的血战后，南军一败涂地，溃不成军，李将军还被送到爱浦麦特城去受审，签订降约。

　　格兰特将军立了大功后，是否就骄奢放肆、目中无人起来了呢？没有！他是一个胸襟开阔、头脑清晰的大人物，绝不会做出这种丧失理智的行为来！

他很谦恭地说："李将军是一位值得我们敬佩的人物。他虽然战败被擒，但态度仍旧镇定异常。像我这种矮个子，和他那六尺高的身材比较起来，真有些相形见绌，他仍是穿着全新的、完整的军服，腰间佩着政府奖赐他的名贵宝剑；而我却只穿了一套普通士兵穿的服装，只是衣服上比士兵多了一条代表中将官衔的条纹罢了。"

这一番谦虚的话听在人家耳里，远比数次地自吹自擂好得多。唯有取得的成就经不起推敲的人，才爱在别人面前吹牛，以掩饰那些令人怀疑的地方。一个真正成功的人，是不必自我吹嘘、自我炫耀的，因为你的成绩，你的成功，别人会比你看得更清楚，而且会记在心上。

也许你以为李将军以败将的身份，居然也昂首挺胸、衣冠整齐，似乎有些故作骄傲。其实不然，李将军虽然战败，但仍能坦然忍受，这正是他勇敢坚毅的地方。他这样做，是表示他把失败当做一种经验，而非一种耻辱，如果能再给他一次机会的话，他仍能挺身奋战，争取光荣。所以他仍然不失为一位伟大的军人。他之所以与格兰特持相反的态度，并非不肯谦虚，实在是由于两人所处的环境不同。

格兰特将军不但赞美了李将军的态度，而且也没有轻视他的战绩。他认为自己的成功和李将军的失败，都是偶然的机会造成。他说："这次胜负是由极凑巧的环境决定的，当时南军在弗吉尼亚，几乎天天遇到阴雨天气，害得他们不得不陷在泥淖中作战。相反的，我们军队所到之处，几乎每天都是好天气，行军异常方便，而且有许多地方往往是在我军离开一两天后便下起雨来，这不是幸运是什么呢！"

格兰特将军把一场决定最后命运的大胜利，归功于天气和命运，这正表示他有充分的自知之明，始终没有让理智被名利的欲念所埋没。曾经有人说："愈是不喜欢接受别人赞誉的人，愈是表示他知道自己的成功是微不足道的。"

假使你常常为芝麻大的小事而得意忘形，接受别人的称赞，自己拍自己的肩膀，把它当做一桩了不得的事情，那你无疑是在欺骗自己，就像那些被魔术欺骗了的观众一样。从此你将走上失败之路，因为你早已没有自知之明，盲人骑着瞎马乱闯，怎么会有成功的希望呢？

实际上，只要我们仔细思考，就会知道其实我们99%的成功，都含有机运的成分，我们应该正视这些机运的存在，以备将来如有同样事情发生，又缺乏这些机运时，自己知道该怎样应对。欧洲有一著名格言说："愈是喜欢受人夸奖的人，愈是没有本领的人。"反之，我们也可以说："愈是有本领的人，愈是不需要别人的夸奖。"

把侮辱作为成功的阶梯

从别人的轻蔑中，可以看出自己的微不足道，上进的人会拿别人的"白眼"做梯子，一步步青云直上。

在林肯尚未发迹时，曾是一个毫无声望的年轻律师。有一次，他为了一件重要的诉讼事件到芝加哥，当地的几个著名的律师，对他毫无欢迎的表示，他跑去拜见，也到处受人白眼。因为那些律师自视甚高、目中无人，认为自己和这样一个年纪轻、资格浅的人往来，未免有失身份。

那么，林肯怎样看待他们的侮辱呢？他把眼睛抬得更高，也用鄙视的态度来答复他们吗？不！如果他这样做，恐怕后来也不会享有那么大的名望了。

当林肯回到斯普林菲尔时，他对别人说："我从他们的白眼中，看出自己的学识经验，实在还远不够用。我发现自己应该学习和尚未学习的事还多呢！"

侮辱的结果，促使林肯更加努力上进。他后来果然取得了很大的成功，当上了美国总统。而那些从前侮辱过他的人，却还在做着平凡的律师。

当然，鄙视轻蔑和调戏嘲弄是不同的，但它们产生的效果却是一样的。从前罗斯福总统就曾大大受过朋友的嘲弄。那些朋友们常常嘲笑他丑陋的长相和虚弱的体格，因此激起了他的奋发心，决心到西部去把身体练好。当被人戏弄时，他丝毫不为保住面子而竭力辩解，相反，对于他们的指责，他完全坦然接受下来。

有一天，罗斯福在北德兰德斯，与许多同伴砍伐一块空地上的树木，以便在那里建筑一栋屋子。当傍晚收工时，工头问他们每人砍了几株。有一个喜欢开玩笑的工人说："皮尔砍了35株，我砍下49株，罗斯福则只有17株；但他更辛苦，因为他是用牙齿咬下来的。"罗斯福在一旁听了。想想自己所砍下的树，切口上确实是斧迹高低不齐，好像咬下来的一般，不禁连自己也笑了起来。他老实承认自己的成绩比起别人，确实是相差很远。

又有一次，那时罗斯福是北德兰德斯牧场的主人，常常出外打猎，为了掌握射猎山羊的诀窍，他打听到某处有一位著名的猎师，名叫威尔斯，便写信去请他来教自己。那封信的末尾说："你想，如果我去猎一只山羊，能够如愿以偿吗？"

那位猎师原是一个粗人，不懂礼貌，就在罗斯福那张信纸的背面，写了一封回信说："假使你的猎术没有你的写信技术高明，那你即使看见山羊从你面前奔过，你也休想碰掉它的一根毫毛。"

如果罗斯福是一个好高自大、不能忍受丝毫侮辱的人，在接到这封回信时一定会勃然大怒，绝对不会再向那个得罪他的猎师请教了。但他当然不会这样做。他发了一个电报，请那位猎师立刻动身前来。

罗斯福深知那位粗鲁但爱讲实话的猎师，比一些只知百般谄媚奉承、对于自己的话言出必从的人好得多。

受打击不要灰心

许多年前，美国有一位16岁的年轻小伙子，在一家著名的五金公司做收银员，虽然薪水微薄，但他仍然心满意足地卖力工作，因为他希望能通过自己脚踏实地的工作，使自己步步高升。所以他做起事来，永远抱着学习的态度，处处小心留意，想把工作做得十分完美。他希望能够以此获得经理的赏识，提升他为推销员。谁知经理对他的印象却与自己的想象恰好相反。

有一天，他被唤进经理室遭到了一顿训斥，经理告诉他说："老实说，你这种人根本不配做生意。但你的臂力健硕无比，我劝你还是到铁厂里当一名工人去吧！我这里用不着你了。"

这一番训斥侮辱，对于那位小店员来说真如晴天霹雳，他想不到素来自以为做得不错的成绩，会得到这样的结果。一个年轻气盛的人，踏入社会不久，便遭受到这样严重的打击，换了谁也受不了。他们定会气暴跳如雷，从此做起任何事情来，都抱着消极的态度，不肯"劳而无功"了。但那位青年并没有这样做，他虽被辞退，但仍有他自己的理想，他立志要在被击倒的地方重新爬起来，争取更大的成绩。

"是的，经理，"他说，"你当然有权将我辞退，但你无法消磨我的意志。你说我无用，当然，这也是你的自由，但这并不能减损我丝毫的能力。看着吧！迟早我要开一家公司，规模比你的大 10 倍。"

他并没有吹牛，他说的句句是实话，从此他借着这次受辱的激励努力上进，几年后，果然有了惊人的成就。他就是美国鼎鼎大名的玉蜀黍大王史坦雷先生。

假使没有这次的刺激，史坦雷先生当然也会努力奉公，力求上进的但即使他能如愿以偿，结局也不过是成为一名五金公司的推销员而已。可是他在经理的一顿训斥后惊醒，立刻打消了他那"心满意足"的心理，有了更大的目标，这才能从一个无名的小店员，一跃而成为世界有名的"大王"。从此事例中，我们可以看到有时受一次严重的打击，往往能够使我们获得莫大的益处。

美国汽车公司总裁伍德先生，出身国会议员，仗着从前在国会演说时，常常博得听众拍手喝彩，便认为自己是一个能言善辩的演说高手，常以此自满自足，洋洋得意，因此便闹出了下面的一个笑话来。

有天晚上他登台演说，对象是一群目不识丁的煤矿工人，而且其中多半是来自外国，对于英语茫然不懂，但因仰慕他的大名，或者被迫前来受教，所以，那天演讲台前仍旧被人群挤得水泄不通。伍德看到这种空前盛况，愈发以为自己的演说确有惊人的魔力。演讲过程中，听众时时掌声如雷，于是他愈加兴奋，将音量放大，尽量发挥他的"天才"。

演说终了下台后，伍德满面春光，洋洋得意地对他身边的一位新闻记者说："我的演说还算不错吧！他们似乎都听得入迷了。"

新闻记者冷冷地答道："可是你或许不知道，懂得英语的听众只有三五个吧。"

伍德大失所望，但仍半信半疑地说："但是他们为什么常常对我鼓掌喝彩呢！"

"你演说时没有注意到吗？"新闻记者说，"那些人的拍手喝彩，都是由一个懂得英语的工头从中领导指使的。"

后来第二个人上台演讲时，伍德仔细观察了台下情形，果然跟那位新闻记者所说的一样。而且那个指挥的人，显然也不太高明，遇到不应拍手的时候，也带领听众狂热地拍起手来。

后来伍德和人谈起这事时，还说："从那次打击以后，我才开始对我自满已久的演说术，重新抱持怀疑的态度，不敢妄自夸大了。而且更加刻苦训练演讲，不断提高演讲水平。"

宁可做过莫要错过

一个园丁整日在自己的园子里辛苦劳作，努力耕耘。

园丁有一个"聪明"的邻居。一次，他冷笑着对园丁说道："我的朋友，毫无疑问，你工作得十分卖力。可是我想好的那个计划如果实行起来，就会远远地超过你的成绩。跟我的那个计划比较起来，你马上就会承认你的菜园是一片荒地。老实说，我真不明白你怎样能从这片土地上搞出名堂来，据我所知，你并没有读过一本书啊！"

"我没有时间读书，"园丁说道，"我只知勤勤恳恳地工作和实践，一刻也不放松地坚持到底，就凭着这些，感谢上帝，我挣得了我的粮食。"

"你竟妄想嘲笑知识，你这个蠢材！"

"不，先生，你不应该歪曲我说的意思。你无论什么时候想出了好计划，我总是很愿意来学习的。"

"那么。你等到夏天吧！那时候你就可以看到值得一看的东西了！"

"可是，先生，为什么不现在动手来做呢？我在一个星期以前，就把黄瓜种上一些了，可是你连一畦也没准备好呢。"

"现在我可没有工夫管这些，我得读书和研究。用铲子挖掘苗床好呢，还是用犁翻土好呢？我还不能决定。哦，不忙！时间还是充足的。"

"对于你，也许是这样，对于我，时间可紧得很呢。"

说完，园丁拿着铲子回去掘地，邻居就躲到他的书斋里去了。这一个在书本里挖掘：阅读，比较，考证；那一个在田畦上挖掘：勘察，分枝，掘穴。"聪明人"的工作难以就绪："纸上谈兵"的叶子刚透出尖尖的芽儿，他又有了新的想法、新的计划，他又要重新开始。

结果如何呢？显而易见。园丁种的黄瓜长大成熟了，拿到城里去换了钱。而我们的"聪明人"呢，一条小黄瓜也没有种成！

所以只有行动才会产生结果，很多人认为："成功开始于想法。"但是只有想法，却没有付诸行动，还是不可能成功。

成功者都非常积极活跃，以行动作为自己的方向，尝试许许多多新的途径。所以，经过一番奔波忙碌之后，必然会取得成就。所有的知识必须化为行动，因为有行动才有力量。总而言之不管你现在决定要做什么事，不管你现在设定了多少目标，请你一定要立刻行动。

所谓理论结合实践，讲的不就是这个道理吗？如同一个狂傲的领导者只会趾高气扬地指手画脚一样，若真让他去干，他就蔫了。实践才是最重要的，空头支票起不到丝毫作用。

青年人最需要的是什么？一位颇有名气的青年问题专家提出了一个得到广泛认同的见解：青年人要善于把握属于自己的各种机会发展自己，这是他们最不应当忽视的。

"宁可做过，莫要错过。"它提示我们在生活与事业中要有一种积极进取、果敢自信的态度。当你在事业追求中面对一个"可能"的时候，当你在人生旅途中遇到一个"机遇"的时候，要果敢地迎上去，抓住它，要充满信心，竭尽全力去做。因为行动是争取机遇、实现追求、通向成功的唯一途径。当你一次次"做过"以后，你定会感到：啊，我真幸运，我能拥有这样的成绩，真是没想到。当你一次次"错过"以后，你不免叹道：唉，我真后悔，当初为什么不试一试呢？

"打掉门牙往肚子里咽"

生活的复杂性和一个人生存的位置，决定了人的行为方向和性格特点不应该一成不变。"打掉门牙往肚里咽"，就是将自己的委屈和痛苦隐藏起来，不流露在表面。这个做法，类似于韬光养晦、委曲求全的策略，具有抵御外来伤害、保护自己的功能。

和上司相处，不但要能接受上司的各种指派，还要能够承受被误解、被错怪、被无端训斥所带来的苦痛。不能顶撞，不能争辩，更不能和他对着干。只有这样，才能用内心的苦水保住你的职位，使上司不厌恶你，不排斥你。

袁子扬是一家制衣有限公司的保卫科副科长。他工作扎实，尽心尽力，在公司有较好的声誉。

有一天早晨，他刚走进公司大门，便被老板叫到了办公室。

"袁科长，你们保卫科是干什么吃的。昨天晚上安排几个人值班？值班时这些人都在干什么？"老板冲着他劈头盖脸就是一顿斥责，"你也有不可推卸的责任。你当月的奖金全部扣除。"

　　袁子扬心里不明白到底发生了什么事。话又说回来，即使有事也怪不上自己。昨天晚上他休假，由陈科长带的班呀！

　　事后，他才搞清楚了事情的起因。原来，昨天晚上几个盗贼潜进公司财务科，盗走了一笔购料款。可是，责任不在自己，为什么要训斥我，还要扣掉我当月奖金呢？

　　袁子扬思来想去始终想不通。心高气傲的他，委屈得直想哭。心想，自己平时工作那么认真，为了公司的安全付出了那么多的心血！老板为什么平白无故要处罚自己呢？

　　他想找老板论理，讨个说法。可转念又想："人在屋檐下，怎能不低头？如果为了这点事破坏了自己以往的形象实在有些不划算。打掉门牙咽下肚，权且当一次替罪羊吧！"

　　发生这件事后，袁子扬没有把自己的情绪带进工作中，依然兢兢业业，依然任劳任怨，见了老板依然彬彬有礼，好像什么事也没有发生。

　　后来，公安局破获了那天晚上的盗窃案，保卫科陈科长因涉嫌此案被依法逮捕了。

　　不久，公司对保卫科人员进行了调整。袁子扬被任命为保卫科科长。负责全公司的安全保卫工作。

　　试想，如果袁子扬挨批后沉不住气，去找老板争辩、论理，老板肯定会对他产生看法，那么，这个保卫科科长就不一定能让他当了。

　　和上司相处，被上司误会，甚至被训斥是难以避免的。老板一般都很注重维护自己的威信，哪怕他错怪了你，你也要承受。一旦去找他理论，吃亏的只能是你自己。

　　"打掉门牙往肚里咽"，看起来是一种消极的态度，实质上却是一种保护自己的有效方法。

不要因别人的成就愤怒

生活中我们常常会遇到一些个性偏私和狭隘的人，这些人遇事往往自设樊篱，为自己徒添烦恼、愤怒，从而丢失了原本属于自己的快乐和幸福。

李某是某机关办公室的一位年轻人，闲暇时喜欢舞文弄墨，笔耕不辍，常有文章见诸报刊。有一天，同事们吵着要他请客，李某爽快地答应了，随即便到附近的小商店买了不少零食，并给每个同事送了一本刚刚刊登其文章的杂志，大伙高兴，谈兴很浓。但独有一位同事远远地坐在办公室的一个角落，面露不屑的表情："不就是东抄西凑了一些'四不像'，值得这样大肆张扬吗？"大伙一愣，没想到他会冒出这种大败兴致的话来。

一同事反唇相讥："有本事，你也凑一点出来，也好让我们沾点光啊？"李某赶紧出来打圆场。一件本该快乐的事情闹得不欢而散。临走时，一位同事对那位扫兴的同事悻悻地说："你简直是一颗老鼠屎。"

对他人的成绩，为什么有人的第一反应是挖苦、嫉妒、讽刺或贬损？这种人就是"不合群"，不能看到别人比自己强，盲目在心中培植仇恨。殊不知，这样做只会招致众人愤怒，使自己成过街老鼠，人人喊打，到头来只能是自己毁掉自己。

受人利用是因为你有价值

受人利用是因为你有利用价值。无须过多抱怨世态炎凉，相反，你还有必要努力提升自身价值。

孟尝君是战国四公子之一，门下有食客三干。一次，他受人诬陷，被撤去相位和封地，门下食客也纷纷离他而去。后来，他依靠贤士冯谖出谋划策，重新获得了相位和封地。当冯谖奉命迎接他回都城复职时，不禁对冯谖大发感慨说："我平时十分尊重客人，只要遇到贤士便不敢怠慢。可是，他们见我被撤职，就纷纷离开我，没有一个人愿意跟随我。今天全靠先生之力，我才能官复原位。那些背叛我的人还有什么脸面来见我？如果谁想重新回来投靠我，我一定要吐痰在他脸上！"

冯谖说："事物有它必然的规律，事情有它原本的道理，您何必生气呢……富贵了，宾客自然多；贫贱了，宾客自然少，这是事情的道理。您难道没有见过那些到市场上去的人吗？天一亮，大家侧着肩扳着门挤进去；傍晚时，路过市集的人甩着胳膊走过去，看都不看一眼。他们并不是喜爱早晨厌恶傍晚，而是因为傍晚的市集上已没有他们所需要的货物了。您先前失去相位，没有宾客们需要的东西，又何必怨恨他们离开呢！我希望您还能像从前一样好好款待他们。"

孟尝君感激地说："我一定按先生的话去做！"从这以后，他照样礼贤下士，不久门下又聚满了食客。

尽职尽责不与他人争职位

一个经常失败而又不知道从哪里爬起来的人，在寻找失败的借口和原因时，常常习惯于责备社会、人生，抱怨运气不好。对于别人的成功与幸福，总是愤愤不平。因为他认为，这些都足以说明生活使他受到了不公平的待遇。

威廉多年辛苦努力地工作，终于晋升为公司的副董事长，如果一切顺利的话，他一定会成为董事长。他自己也深信董事长退位之后，他一定能升上去，他的能力、交际手腕及商场经验都没有丝毫问题，没有任何理由可以阻碍他的希望实现。

可是到了前任董事长退位的时候，他却被忽略了，外来的人成为了新董事长。

威廉的太太尤丝特别执拗而且念念不忘此事，她因失望和屈辱而备感沮丧，便把丈夫当做出气筒。

与她完全相反，威廉却非常冷静，虽然能明显看出他也伤心、失望和困惑，但他仍能沉下心来应对此事。他原本是个个性敦厚的人，所以没有生气与激动的表现并不令人惊讶，但尤丝一直责备他说："你想说些什么就全部告诉那些家伙，然后辞职吧！"

威廉却无意要那么做，反而表示想要与新董事长一起工作，尽己所能地去帮助他。

实际上。要抱这种态度并不容易，但他想到这样大的年纪还要转到别的公司服务，也必须多考虑，而且如果自己留在副董事长的位置上，公司今后也会重用他的。

愤愤不平是一些人企图用所谓不公正、不公平的现象来为自己的失败辩护，使自己心里得到一些安慰。可实际上，作为对失败者的安慰，怨恨是非常不可取的办法。怨恨是精神的烈性毒药，它能毒杀人的快乐，并且能使成功的力量逐渐消耗殆尽，最后形成恶性循环。自己并没有多大本领而又非常怨恨别人的人，几乎不可能与领导、同事相处好。对于由此而来的同事对他的不够尊重，或者领导对他工作不当的指责，都会使他加倍地感到愤愤不平。

怨恨的结果常常使人更加郁闷、烦恼。就算怨恨的原因是真正的不公正与错误，怨恨也不是解决问题的好方法，因为它很快就会转变成一种习惯情绪。一个人习惯于觉得自己是不公平的受害者时，就会定位于受害者的角色上，并可能随时寻找外在的借口，即使对最无心的话在最不确定的情况中，他也能很轻易地看到不公平的证据。

一般情况下，习惯性的怨恨一定会带来自怜，而自怜又是最坏的情绪习惯。若这个习惯已根深蒂固，如果离开了这个习惯，就会觉得不对劲、不自然，而必须开始去寻找新的不公正的证据。心理学家认为，这类人只有在苦恼中才会感到适应，这种怨恨和自怜的情绪习惯，会把自己一直想象成一个不快乐的可怜虫或者牺牲者。

产生怨恨的真正原因是自己的情绪反应。因此，只有自己才有力量克服它，如果你能理解并且深信：怨天尤人不是使人成功与幸福的方法，你便可以控制住这种习惯。

一个人若有怨恨之心，就不可能把自己想象成自立、自强的人。喜欢怨恨的人常把自己的命运交给别人，把自己的感受和行动交给别人支配，他像乞丐一样依赖别人。如果有人给他快乐，他也会觉得怨恨，因为对方不是照他希望的方式给的；如果有人永远感激他，而且这种感激是出于欣赏他或承认他的价值，他还会觉得怨恨，因为别人欠他的这些感激的债并没有完全偿还；如果生活不如意，他更会觉得怨恨，因为他觉得生活欠他的太多。

在大多数情况下，怨恨是我们自己招来的。所以，我们还应该自己想办法，消除这种抱怨，把自己从抱怨中拯救出来。

准则 2　拥有敢想敢做的好习惯

在某领域里一定要有一技之长

现如今，你只要业有所精，技有所长，使自己在某一领域中有过人之处，你就能获得更多成功的机会。否则，自认为是多才多艺，实则是样样不精。

多年来，罗伯特认为自己有多方面的才华和兴趣，但这却把他弄得很狼狈。大学时，他主修经济，毕业后到一家出版公司工作了几年后，又回到学校念了个企业管理硕士学位。

学成之后，罗伯特到一家公司做咨询顾问，他认为那家公司有生意可做，但至于什么生意，他自己也说不清楚，因为他认为如果能说清的话，公司就会限制他的服务范围。这与他自认为无所不通的信念是不符的。

罗伯特很少拒绝客户提出的要求，他似乎能解决所有的问题。为了提供正确的指导，他工作得非常认真、辛苦。由于他非常聪明并且凡事不屈不挠，因而总是能够比较从容地应付解决客户的问题。即使客户提出什么特殊的要求，他也总能想出办法。

罗伯特一直致力于使自己成为多面手。他一直很喜欢用一句话来形容他自己的工作："发现问题，解决问题。"他把自己比作救生员，总是自豪地说："公司总会有什么地方发生问题，接着警铃响起，然后就来找我万能的罗伯特，由我先去抢救。专业咨询顾问就应该是这种样子，必须能应付所有的问题。"

但实际上呢？罗伯特的公司一直业绩平平，向他进行咨询的客户，大都对他的服务表示满意，但却很少有回头客。

罗伯特绝对不是一个特殊例子。根据美国某调查机构连续对 300 多位企业管理硕士所作的追踪研究显示，罗伯特的情形发生在很多自行创业没能成功的人身上。

对于一个人的事业而言，最大的危机就是业不精专，没有一项自己的特长。根据调查，人们发现这样一个非常有趣的现象：现代教育培养起来的工商管理硕士往往更执著于自己的方法，发展专长的范围虽然有限，但十分专精；而自行创业的人比较喜欢凡事一把抓，以至于专业无法专精。没有人限制他们在哪个专业领域发展。他们也认为没有必要总把自己局限在那里。他们常常庆幸能有较多的发展机会，而这些恰恰正是造成他们失败的最主要因素。但更为可怕的是，这些多才多能的人，往往认识不到自己之所以失败的真正原因。

所以。如果你想获得更多的成功，你最好放弃"懂得越多，机会越多"的想法，而接纳"钻得越深，机会越多"的想法。你必须让自己在某一方面有所特长，出类拔萃。

另外，你在某一方面很精通，而在其他方面懂得不多，甚至一窍不通。这时，你不要不好意思承认某方面的无知，不要充当这方面的专家。你应该向别的专家请教。你要记住：闻道有先后，术业有专攻。

为了理想勇敢战斗的作家

"天上不会掉馅饼。"只有奋斗和努力是真实的，只有自己的汗水是真实的。祈祷上天，不如相信真实的自己，不如付出诚实的劳动。

4岁的小克莱门斯上学了。教书的霍尔太太是一位虔诚的基督徒，每次上课之前，她都要领着孩子们进行祈祷。有一天，霍尔太太给孩子们讲解《圣经》，当讲到"祈祷，就会获得一切"的时候，小克莱门斯忍不住站了起来，他问道："如果我祈祷上帝，他会给我想要的东西吗？""是的，孩子，只要你愿意虔诚地祈祷，你就会得到你想要的东西。"

小克莱门斯特别想得到一块很大很大的面包，因为他从来没有吃过那样诱人的面包。而他的同桌，一个金头发的小姑娘每天都会带着一块这么诱人的面包来到学校。她常常问小克莱门斯要不要尝一口，小克莱门斯每次都坚定地摇头，但他的心是痛苦的。

放学的时候，小克莱门斯对小姑娘说："明天我也会有一块大面包。"回到家后，小克莱门斯关起门，无比虔诚地进行祈祷，他相信上帝已经看见了自己的表情，上帝一定会被自己的诚心感动的！然而，第二天起床后，当他把手伸进书包的时候，除了一本破旧的课本以外什么也没有发现。他决定每天晚上坚持祈祷，一定要等到面包降临。

一个月后，金头发的小姑娘笑着问小克莱门斯："你的面包呢？"

小克莱门斯已经无法继续自己的祈祷了。他告诉小姑娘，上帝也许根本就没有看见自己在进行多么虔诚地祈祷，因为，每天肯定有无数的孩子都进行着这样的祈祷，而上帝只有一个，他怎么会忙得过来？小姑娘笑着说："原来祈祷的人都是为了一块面包，但一块面包用几个硬币就可以买到了，人们为什么要花费这么多的时间去祈祷，而不是去赚钱买面包呢？"

小克莱门斯决定不再祈祷。他相信小姑娘所说的正是自己想要知道的——只有通过实际的工作来获得自己想要的东西。而祈祷，永远只能让你停留在等待中。小克莱门斯对自己说："我不要再为一件卑微的小东西祈祷了。"他带着对生活的坚定信心走向了新的道路。

多年以后，小克莱门斯长大成人，当他用笔名马克·吐温发表作品的时候。他已经是一名为了理想勇敢战斗的作家了。他再没有祈祷上帝，因为在无数个艰难的日子中，他都牢记：不要为卑微的东西祈祷！

敢冒风险使他成为商业巨子

成功总是奖赏给敢于冒险的人。在某种程度上说，成功靠的就是冒险，敢冒最大风险的人，在商场上才能赚到更多的钱，在事业上才能取得最大的成功，才可能实现人生的最大价值。

美国的百货业巨子约翰·甘布士就是一个敢于冒险、善于冒险，并善于抓住成功机遇的人。

有一年，由于经济萧条，不少工厂和商店纷纷倒闭，被迫贱价抛售自己堆积如山的存货，价钱低到1美元可以买到100双袜子。

那时。约翰·甘布士还是一家织造厂的小技师。闻知消息，他马上把自己积蓄的钱用于收购低价货物，人们见他这股傻劲，都嘲笑他是个蠢材！

甘布士对别人的嘲笑漠然置之，依旧收购各工厂抛售的货物，并租来了一个很大的货仓来贮货。

他妻子忧心忡忡地劝告他，不要把别人廉价抛售的东西购入，家里的积蓄有限，如果此举血本无归，那后果便不堪设想。

甘布士笑着安慰她道："3个月后，我们就可以靠这些货物发大财。"

甘布士的话似乎根本无法兑现。过了10多天后，那些货物贱价抛售也找不到买主了，工厂便把所有存货用车运走烧掉，以稳定市场上的物价。妻子看到别人已经在焚烧货物，不由得焦急万分，抱怨起甘布士来。对妻子的抱怨，甘布士一言不发。

终于，美国政府采取了紧急行动，稳定了物价，并且大力支持厂商复业。这时，由于焚烧的货物过多，存货欠缺，物价一天天飞涨。甘布士马上把自己库存的大量货物抛售出去，一来赚了一大笔，二来使市场物价得以稳定，不致暴涨。

在他决定抛售货物时，妻子又劝告他暂时不忙把货物出售，因为物价还在一天天飞涨。他平静地说："是抛售的时候了，再拖延一段时间。就会后悔莫及。"

果然，甘布士的存货刚刚售完，物价便跌了下来。他的妻子对他的远见和冒险精神钦佩不已。

甘布士用这笔赚来的钱，开了5家百货商店。后来，甘布士成为全美举足轻重的商业巨子。

不向困难低头才能获取成功

多年以前，吴士宏还是一名护士。1985年，她决定要到IBM去应聘。当时，IBM的招聘地点在长城饭店，这是一个五星级的饭店——那个时候，五星级饭店可是凤毛麟角。

试想，当年的吴士宏，一个小人物，来到长城饭店这样的五星级饭店门口，心情怎样？

她回忆说，在长城饭店门口，她足足徘徊了5分钟，呆呆地看着那些各种肤色的人如何从容地迈上台阶，如何一点也不生疏地走进门去，就这样简简单单地进入另一个世界。她之所以徘徊了5分钟不敢进去，就是因为她的内心深处无法丈量自己与这道门之间的距离。

当年她凭着一台收音机，花了一年半的时间学完了许国璋英语3年的课程，就是凭着这个经历，她也应该进去，否则付出这么多辛苦不就浪费了吗？经过一番思考，最后她进去了，否则就没有今天的吴士宏了。

她鼓足了勇气，迈着稳健的步伐，穿过威严的转门迎着内心的召唤，走进了世界上最大的信息产业公司IBM公司的北京办事处：她的确是个人才，顺利地通过了两轮笔试和一轮面试，最后来到了主考官的面前，眼看就要大功告成了。

俗话说，阎王好见，小鬼难缠。现在已经见到了阎王，她好像什么也不怕了。

主考官没有提什么难的问题，只是随口问："你会不会打字？"

她本来不会打字，但是本能告诉她，到了这个地步，还有什么不会呢？

她点点头，只说了一个字："会！"

"一分钟可以打多少字？"

"您的要求是多少？"

"每分钟120字。"

她不经意地环视了一下四周，考场里没有发现一台打字机，马上就回答："没问题！"

主考官说："好，下次录取时再加试打字！"

她就这样过五关斩六将，顺利地通过了主考官的火眼金睛。

实际上，吴士宏从来没有摸过打字机。面试结束，她就飞快地跑去找一个朋友借了170元钱买了一台打字机，就这样没日没夜地练习了一个星期，居然达到了专业打字员的水平。

她被IBM录取了，IBM公司忘记考她的打字水平了，可是这170元钱，她好几个月才还清。

她成了这家世界著名企业的一名普通员工，可是她扮演的不是白领，而是一个卑微的角色，主要工作是泡茶倒水，打扫卫生。用她自己的话说，"完全是脑袋以下的肢体劳动"。她为此感到很自卑，把有朝一日可以触摸传真机作为一种奢望，她所感到的安慰就是自己能够在一个世界知名企业中做事。

可是作为一位服务人员，这种心理平衡很快就被打破了：

一天，吴士宏推着平板车买办公用品回来，门卫把她拦在大门口。要检查外企工作证。可是她没有外企工作证，于是在大门口僵持起来，进进出出的人就像看大街上耍猴的那样，个个都投来一种异样的目光：作为一位女性，她的内心充满了屈辱，充满了无奈，可是她知道这份工作得来不易，强压怒火没有发泄出来，只在内心咬着牙齿说："我绝不能这样下去！"

这是第一件事情，还有一件事情在她的内心深处留下了更深的印象：

有个女职员是香港人，资格很老，动不动就喜欢支使别人给她办事，吴士宏就是她主要的支使对象。

一天，这位女士叫吴士宏的英语名字说："Juliet，如果你想喝咖啡就请告诉我！"

吴士宏丈二和尚——摸不着头，不知这位自以为是的女人在说什么。

这位女人说："如果你喝我的咖啡，请你每次喝完后把杯子的盖子盖好！"

吴士宏本来是一个很会忍气吞声的人，但这次女性的温柔全都不见了，因为她把自己当成偷喝咖啡的小毛贼，是对自己人格上的侮辱：她顿时浑身战栗，就像一头愤怒的狮子，把埋在内心的满腔怒火全部发泄了出来……

吴士宏想：有朝一日，我要去管公司里的任何一个人，不管他是外国人还是香港人！

甘愿自卑，就只能沉沦下去，不肯自卑，就会产生无穷的推动力。吴士宏每天除了工作时间就是学习，就是寻找着自己的最佳出路。

与她一起进 IBM 的人员中，她第一个做业务代表；第一批成为本土经理；第一批成为去美国总部进行战略研究的人；第一个成为 IBM 华南地区总经理——也就是人们常说的"南天王"……

吴士宏之所以成功，是因为她从来没有真正害怕过什么东西，即使不会的东西也是这样。

人就是应该有这样一点精神，不会的事情，你还不会学吗？

俗话说，坚持数年，必有好处。只要肯花时间，一个智力平平的人可以精通一门学问；一个毫无知识的文盲，可以成为一个彬彬有礼的文化人。

出奇制胜才能独占鳌头

创业，这个词本身就意味着打破常规，开创一条新路，所以，循规蹈矩无益于创业。我国古代杰出的军事家、战略家孙子说：大凡作战，一般都以正兵当敌，以奇兵取胜，所以善出奇兵制胜的将军，其战法像天地那样变化无穷，像江河那样奔腾不竭。做生意犹如打仗，按常规办事。只能穷于应付，要想胜人一筹、棋高一着，必须打破常规，想常人之未想，行常人之未行，便可如奇兵突发，独占鳌头。这里，创业就须打破思维定式，采取发散思维，善用经营智慧，往往会手到擒来，稳操胜券。

旁敲侧击，乘虚而入。"你打你的，我打我的"。虽然不明下战书，却已调兵遣将，攻城拔寨，令对手防不胜防。20 世纪 30 年代，美国街头 5 美分一个、装潢精美独特、内盛 6.5 盎司的可口可乐"魔瓶"风靡美国软饮料市场。1939 年，百事可乐抓住可口可乐瓶子含量太小，只够中青年人一次饮用的弱点，及时推出了只花 5 美分就能得到 12 盎司的百事可乐饮料，同时配以"一样代价，双重享受"的广告，深受占消费者总数 1/3 的青年人的青睐，销售量节节攀升，而可口可乐的销量则明显下跌。

过去，美国为了保护本国的工业利益，限制进口，规定凡美国进口的商品，"美国制造的零件所含的价值，必须占这一商品总价值的 50%以上"。对此，日本也迅速采取相应对策，例如，生产一种具有 20 种零件的商品，他们在本国生产 19 件，缺少的那一件在美国市场上购买最贵的，然后运回本国组装，再运到美国销售。这样一方面最大限度地用了本国的零件和劳动力，而又不违背美国的限制，乘虚而入，无懈可击。

《南辕北辙》是一则寓言，想往北去却向南策马，这哪能达到目的呢？然而在现实中，这类从相反方向上来达到自己目的的事例却不少，这便是逆向思维。如果你能巧妙地运用逆向思维，那么你会感到成功离你已不远了。

有一所学校，每年都要举行一次智力竞赛。这一年，智力竞赛又拉开了序幕。报名参加比赛的学生有几百名，竞争非常激烈。终于，全校选出了 6 名最聪明的学生，大家都等着看哪一位能获得第一名。

校长把参加决赛的 6 名选手带进了教学楼第一层，指着 6 间教室，又指指大门，说："我现在把你们分别关在 6 间教室里，门外有人把守。我看你们谁有办法，只说一句话，就能让门外的警卫把你放出来。不过有两个条件：

1.不准硬闯出门。

2.即便放出来，也不能让警卫跟着你。

校长说完，微微一笑："好了，孩子们，请吧！"

6 位学生各自走进了一间教室，思考着如何用一句话，就能让警卫叔叔放自己走出大门。然而，3 个小时过去了，却没有一个人发出声响。正在这时，有个学生很惭愧地低声对警卫说："警卫叔叔，这场比赛太难了，我不想参加这场竞赛了，请您让我出去吧。"警卫听了，打开了房门，让他走了出来。看着这个临阵退缩的小家伙垂头丧气地走出了大门，警卫惋惜地摇摇头。

然而走出大门的小家伙随即又回来了，他走到大厅里，对校长说："校长，您看，按您的要求，我办到了！"校长伸出手一把抱起了这个孩子，高兴地说："孩子，你是这次竞赛的胜出者！你是最最聪明的！"

此例中的主人公运用了逆向思维，以退为进，很轻松地赢得了"最最聪明的孩子"的称号。

北京的一条街道上，有3个裁缝，手艺都不错。可是，因为住得太近了，生意上的竞争非常激烈。为了抢生意，他们都想挂出一块有吸引力的招牌来招徕客户。

一天，一个裁缝在他的门前挂出一块招牌，上面写着这样一句话：北京城里最好的裁缝！

另一个裁缝看到了这块招牌，连忙也写了一块招牌，第二天也挂了出来，招牌上写的是：全国最好的裁缝！

第三个裁缝眼看着两位同行相继挂出了这么大口气的广告招牌，抢了大部分的生意，心里很是着急。这位裁缝为了招牌的事开始茶饭不思，"一个说北京最好的裁缝，另一个说全国最好的裁缝，他们都大到这分上了。我能说世界最好的裁缝？这是不是有点儿太虚假了？"这时放学的儿子回来了，问明父亲发愁的原因后，告诉父亲不妨写上这样几个字。

第三天，第三个裁缝挂出了他的招牌，果然，这个裁缝从此生意兴隆。

招牌上写的是什么呢？原来第三块招牌上写的口气与前两者相比很小很小：本街最好的裁缝！

"本街"最好，那就是这三家中最好的。你看，聪明的第三家裁缝没有再向大处夸自己的小店，而是运用了逆向思维，在选用广告词时选了在地域上比"全国"、"北京"要小得多的"本街"一词。这个小小的"本街"却盖过了较大的"北京"乃至最大的"全国"。

不到长城非好汉

即使是最困难的事，只要自己有适当的准备，有心寻求解决之道，就一定可以找到解决问题的办法。解决困难的方式是多种多样的，其中最重要的就是认清事情的真相，冷静思考引起困难的原因，也就是在出现困难的时候很快觉察，这是非常重要的。

事实上，即使有丰功伟绩的人，也不敢说自己不曾失败。正因为有过多次的失败，才会得到多次的经验；经过几次教训后，才能够成熟起来。如果不肯承认失败，就永远不会进步。要是在失败面前强调客观原因，抱怨他人，就只会使自己一再处于失败和不幸的旋涡之中。

美国玫琳凯化妆品公司的董事长玫琳凯在创业之初，曾历经失败，承受过很多痛苦，走了不少弯路。然而，她从来不灰心，不泄气，最后终于成为一名大器晚成的化妆品行业"皇后"。

20世纪60年代初期，玫琳凯已经退休回家。可是过分寂寞的退休生活使她突然决定冒一下险。经过一番思考，她把一辈子积蓄的5 000美元的养老金作为全部资本，创办玫琳凯化妆品公司。

为了支持母亲实现"狂热"的理想，两个儿子也"跳往助之"。一个辞去一家月薪480美元的人寿保险公司代理商，另一个也辞去了休斯敦月薪750美元的职务，加入到母亲创办的公司中来，宁愿只拿250美元的月薪。玫琳凯知道，这是背水一战，是在进行一次人生的大冒险，弄不好不仅自己一辈子辛辛苦苦积蓄的养老金将血本无归，而且还可能葬送两个儿子的美好前程。

在创建公司后的第一次展销会上，她隆重推出了一系列功效奇特的护肤品，按照原来的想法，这次活动会引起轰动，一举成功。可是。人算不如天算，整个展销会结束，她的公司只卖出去 1.5 美元的护肤品。

意想不到的残酷失败使她控制不住失声痛哭……

回到家后，玫琳凯对着镜子反问自己："玫琳凯，你究竟错在哪里？"

经过认真地分析，她终于意识到：在展销会上，她的公司从来没有主动请别人来订货，也没有向外发订单，而是希望女人们自己把钱送上门来买东西。

难怪在展销会上落得如此狼狈！

商场就是战场，从来不相信眼泪，哭是不会哭出成功来的。

玫琳凯擦干眼泪，从第一次失败中站了起来，在抓生产管理的同时，加强了销售队伍的建设……

经过 20 年的苦心经营，玫琳凯化妆品公司由初创时的雇员 9 人发展到现在的 5000 多人；由一个家庭公司发展成为一个跨国公司，拥有一支 20 万人的推销队伍，年销售额超过 3 亿美元。

玫琳凯终于实现了自己的梦想，她的胆识引起了人们的极大兴趣。

一位退休的女性，何以创造出如此的奇迹？不就是有一种"失败了也要干"的精神吗？

任何人都可能失败，很多人一遇挫折就偃旗息鼓，被吓破了胆，这是真正的失败；可是有的人失败了，相信"失败是成功之母"，不断地干下去，最后成功了。

人们都在不断地说，谁谁如何如何，就是很少去研究成功者的失败经历，把成功者当成是天生的。其实，任何人都是一样的，就看你是不是能够多坚持一会儿。

丘吉尔的第一幅绘画作品

好的开始是成功的一半。但是如果没有好的开始，我们不妨试试一个坏的开始，要相信，即使一个坏的开始，也要比永远没有开始好得多！

有一段时间，在政治上受到打击的丘吉尔整日神情抑郁，全家人看在眼里，急在心上。而丘吉尔一个邻居的妻子刚好是一个画家，家里常常堆满了各种各样的颜料、画笔、画布以及画好的作品。丘吉尔一家常常到邻居家欣赏那位邻居的杰作。后来在家人的劝慰下，丘吉尔开始跟他的邻居学习油画。

丘吉尔在政治舞台上是一个敢作敢为的政治家，可是对着那张干净整洁的画布，他半天都不敢下一笔，生怕出一点差错。那个女画家见了，索性将所有的颜料全倒在了画布上。丘吉尔一见那画布上已经满是颜料了，就拿起他的画笔开始在画布上任意涂抹起来。就这样，丘吉尔画出了他的第一幅作品。虽然并不完美，但那毕竟是一个很大的突破了。

从此，丘吉尔开始放开手脚画画了。经过不断地练习，丘吉尔终于在画技上有了长足的进步。通过绘画，丘吉尔不仅给画坛留下了大量思维大胆、风格各异的油画作品，而且还恢复了自信，并东山再起，在英国乃至全世界的历史上创造了一番惊人的业绩。

吉拉德的一次深刻的体验

获得别人支持最快捷、最容易的方法之一，就是利用人们希望得到认可的心理，竖起耳朵倾听他们的谈话。只要你认真倾听，他们就会做出积极的回应。

美国汽车推销之王乔·吉拉德曾有过一次深刻的体验。一天，某位名人来向他买车，他推荐了一种最好的车型给他。那人对车很满意，并掏出1万美元现钞，眼看就要成交了，对方却突然变卦而去。

乔为此事懊恼了一下午，百思不得其解。到了晚上11点，他忍不住打电话给那人："您好！我是乔·吉拉德，今天下午我曾经向您介绍了一部新车，眼看您就要买下，却突然走了。"

"喂，你知道现在是什么时候吗？"

"非常抱歉，我知道现在已经是晚上 11 点钟了，但是我检讨了一下午，实在想不出自己错在哪里了，因此特地打电话向您讨教。"

"真的吗？"

"肺腑之言。"

"很好！你在用心听我说话吗？"

"非常用心。"

"可是今天下午你根本没有用心听我说话。就在签字之前，我提到我的儿子吉米即将进入密歇根大学念医科，我还提到我儿子的学科成绩、运动能力以及他将来的抱负，我以他为荣，但是你毫无反应。"

乔不记得对方曾说过这些事，因为他当时根本没有注意。乔认为已经谈妥那笔生意了，他不但无心听对方说什么，而且还和办公室内另一位推销员讲笑话。

这就是乔失败的原因：那人除了买车，还需要得到对于一个优秀儿子的称赞。乔·吉拉德恰恰没有"站在对方的立场思考与行动"。他只是想当然地以为"已经成交了"。

乔·吉拉德认真地总结了自己的过失，终于作出了惊人成绩，成为美国的汽车推销之王。

将一把斧子推销给总统

不是因为有些事情难以做到，我们才失去自信；而是因为我们失去了自信，有些事情才显得难以做到。

2001 年 5 月 20 日，美国一位名叫乔治·赫伯特的推销员，成功地把一把斧子推销给了小布什总统。布鲁金斯学会得知这一消息后，把一个刻有 tt 最伟大的推销员"的金靴子奖给了他。这是自 1975 年以来，该学会的一名学员成功地把一部微型录音机推销给了尼克松之后，又一学员迈过如此高的门槛。

布鲁金斯学会创建于 1927 年，以培养世界上最杰出的推销员著称于世。它有一个传统，在每期学员毕业时，都设计一道最能体现推销员实力的实习题，让学生去完成。克林顿当政期间，他们出了这么一个题目：请把一条三角裤推销给现任总统。8 年间，有无数个学员为此绞尽脑汁，最后都无功而返。克林顿卸任后，布鲁金斯学会把题目改成：请将一把斧子推销给小布什总统。

鉴于前 8 年的失败与教训，许多学员都知难而退。他们认为这道毕业实习题会和上一道一样毫无结果，因为现在的总统什么都不缺，即使缺什么，也用不着他亲自购买；再退一万步说，即使他偶尔亲自购买，也不一定正赶上你去推销的时候。

然而，乔治·赫伯特却做到了，并且没有花多少工夫。一位记者在采访他的时候，他是这样说的：我认为，将一把斧子推销给小布什总统是完全可能的。因为小布什总统在得克萨斯州有一座农场，那里长着许多树。于是我给他写了一封信。信中说：有一次我有幸参观您的农场，发现那里长着许多矢菊树，有些已经死掉，木质已变得松软。我想，您一定需要一把小斧头，但是从您现在的身体来看，这种小斧头显然太轻，因此您可能需要一把不甚锋利的老斧头。现在我这儿正好有一把这样的斧头，是我祖父留给我的，很适合砍伐枯树。倘若您有兴趣的话，请按这封信所留的信箱，给予回复……最后他就给我汇来了 15 美元。

乔治·赫伯特成功后，布鲁金斯学会在表彰他的时候说：金靴子奖已设置了 26 年，26 年间，布鲁金斯学会培养了数以万计的推销员，造就了数以百计的百万富翁，这只金靴子之所以没有授予他们，是因为我们一直想寻找这么一个人——这个人从不因有人说某一目标不能实现而放弃。从不因某件事情难以办到而失去自信。

准则3 踏实肯干 善抓机遇的好习惯

少怪罪别人多检讨自己

生活中难免争争吵吵、生气发牢骚，如果在一些非原则的问题上你也讲什么胜利，那么你就永远也不可能有好心情。

一般来说，发脾气是因为对客观事物不满而产生的一种情绪反应，是由外在的各种刺激所引起的。发脾气并不都属于不良情绪，有耍耍小性子的，也有无理取闹、乱发脾气的。但是，发脾气既伤害自己又伤害别人，常常发无名之火是缺乏修养、气量狭小或情绪不健康的表现，应当努力克服和避免。

世界上从不发脾气的人恐怕是没有的，但不为一些琐事常发脾气是完全能做到的。生活中，有文化、有修养的人，也常常是宽宏大度，风趣幽默的人。他们很少在一些小事上大动肝火。因此要做到不为小事而发脾气，最根本的一点就是要加强文化知识的修养，拓宽自己的心理容量。不要为区区小事而计较个人得失，要学会理解，学会谅解，学会容忍，学会控制，多检讨自己，少怪罪别人。

有一个商场营业员，遇到一个中年女子来退一件衣服。那件衣服已明显被洗过，按规定已不能退货，可中年女子却粗声粗气地说："我回家试穿了一下，发现不合身，你再给我换一件！"营业员耐心解释，她却大叫大嚷，并满口脏话，说什么："我来了你就得给换，光卖不换算个什么玩意儿！"营业员虽然占理，但为了不使争吵继续下去，便温和地对她说："这件衣服已经穿过一段时间了，又没有质量问题，按规定是不能退的。可是你执意要退，那就干脆卖给我好了。"就在她掏钱的时候。那个粗暴的女顾客脸红了，她终于停止了争吵，悄然离去。显然，营业员的宽容与退让方式起了良好作用。因为它反衬出对方的无理和低劣，从而从容地制止了事态的扩大。

当你遇上一些蛮不讲理之人时，为了控制事态不向坏的方向发展，可以试着做到以下几点：

1.学会疏导自己的不良情绪。在情绪不佳时，有效的自制方法是暂时回避，去做自己喜欢做的事。如果实在不能离开，可多做几次深呼吸，并与他人慢慢地逐字逐句地讲话，以平息上升的"火气"。

2.学会在"脾气"中"逆情性思维"。所谓"逆情性思维"，即朝引起发脾气导火线的相反方向去思考。这样，能较客观、较宽容地去看待问题和对待人，避免发无名之火。

3.学会控制自己的行为。发脾气常常是对客观事物不满而产生的。我们可以从情绪自我疏导入手，控制自己的行为。可以主动和父母、同事交流思想，向亲人倾吐自己的苦闷；或者采用写书信写日记的办法，这些都能达到调节心境的目的。

4.学会接受别人的劝告。一般来说，一个人在发脾气时，自控能力会减弱，难以有效控制自己。别人的劝告可以帮助缓解你激动的情绪，所以。发脾气的人要学会乐于接受别人的劝告，决不要一意孤行。

不可采取结怨惹祸的做法

宽容不但是做人的美德，也是一种明智的处世原则，是人与人交往的"润滑剂"。常有一些所谓厄运，只是因为对他人一时的狭隘和刻薄，而在自己的前进路上自设的一块绊脚石罢了；而一些所谓的幸运，也是因为无意中对他人一时的恩惠和帮助，而拓宽了自己的道路。

梁国的大夫中，有个叫宋就的，曾任边县的县令。边县和楚国相邻接壤。两国边境哨所的边防军不但都种有瓜园，而且种的瓜各有区分。

梁国哨所的边防军勤劳，每天多次灌溉瓜园，瓜长得很好；楚国哨所的边防军懒惰，很少灌溉他们的瓜，瓜长得就很差。楚国哨所的边防军妒忌梁国哨所种的瓜比自己的好，因此，晚上偷偷过去把梁国哨所的瓜抓翻，使瓜藤枯死。梁国的边哨发觉后，请求他们的军尉，也要偷偷过去把楚国哨所的瓜抓翻作为报复。军尉向宋就请示这件事，宋就说："哦。这怎么行呢？这是结怨惹祸的做法。人家做坏事，自己也做，去报复，见识狭隘得多厉害啊！还是让我来教你们一个办法：你们必须每晚派人偷偷地去为楚国边哨的瓜园好好地灌溉，而且还不要让他们知道。"

于是，梁国哨所每晚都偷偷地去为楚国边哨的瓜田灌溉。楚国的瓜一天比一天长得好。楚国边哨觉得奇怪而加以窥察，发现是梁国边哨做的。楚国的县令听到这事，高兴之余，便原原本本将此事上报楚王。楚王知道后，觉得很惭愧，便告诉下属说："问问我们去抓翻人家瓜的人。是不是他们还有别的过错？这是梁国对我们暗中的谴责。"

接着，楚王派人用丰厚的财币向梁国赔礼，同时要求和梁王结交。所以梁楚交好，从宋就开始。

以低头实干的业绩回击批评

有一道脑筋急转弯的题：飞机在高空中盘旋，目标紧紧咬住装载紧急救援物资的卡车，就在这危急时刻，前面出现一个桥洞，且洞口低于车高几厘米，问卡车如何巧妙穿过桥洞。

这道并不难的题的答案就是——把车轮胎放掉一部分气即可。在生活中时常会遇到这道让人常品常新的"难题"。开始时不是一筹莫展，搞得焦头烂额，就是硬往前撞，哪管它三七二十一，死了也悲壮。这固然能表明一个人的勇气和自信，但结果却往往不尽如人意，事情会扯不清理更乱。毫无价值的牺牲，最终受害的是自己，随着"吃一堑"的增多，也长了些许的"智"，在每逢遇到类似的难题时，就会如文中开头的司机，给车胎放一点气——低一低头。

纵观历史，也有借鉴的镜子。刘备再三低头，从三顾茅庐到孙刘联合，每一次低头，都会踱到"柳暗花明又一村"，终于成就了"三足鼎立"中的辉煌。越王勾践深深低下高贵的头，卧薪尝胆打败吴国。

某人在广告公司做事，由于年轻易冲动，在不知不觉中得罪了经理。于是，在以后的日子里，每次开会他都自然而然成为会议的第一个主题——挨批。被批得面目全非的他，真想一走了之。但是他转念一想，如果真的走了，一些罪名不但洗不清，而且会被蒙上厚厚的污垢；再者，这是一家很有名气的广告公司，自己完全可以从中源源不断地得以"充电"。于是他坚持留了下来，整理好乱七八糟的心情，低头实干，以兢兢业业的工作来为自己疗伤，以实实在在的业绩回击谎言。一笔又一笔的业务，增添了他的信心，也让他积攒下了许多经验财富。坦率地讲，最重要的是，他从中总结出的"给车胎放气"的处世哲学，使他终身受益。

漫漫人生路，有时退一步是为了踏越千重山，或是为了破万里浪；有时低一低头，更是为了昂扬成擎天柱，也是为了响成惊天动地的风雷；如此的低一低头，即便今日成渊谷，即便今秋化做飘摇落叶，明天也足以抵达珠穆朗玛峰的高度，明春依然会笑意盎然，傲视群雄。

让世界多一点人情味

如果大家都以宽容的心胸去换取一点人情味，这世界将变成爱的乐园。对伤害你的人宽容，更能显示一个人高贵的品格。

"我从未遇见过一个我不喜欢的人。"威尔·罗吉士说。这位幽默大师能说出这么一句话，或许是因为不喜欢他的人寥寥无几。罗吉士年轻时有过这样一件事，可为佐证。

1898 年冬天，罗吉士继承了一个牧场。有一天，他养的一头牛因冲破附近农家的篱笆啮食嫩玉米被农夫杀死了。按照牧场规矩，农夫应该通知罗吉士，说明原因，可是农夫没这样做。罗吉士知道这件事后，非常生气。便叫一名佣工陪他骑马去和农夫论理。

他们在半路上遇到寒流，人身马身都挂满了冰霜，两人差点冻僵。抵达木屋的时候，农夫不在家，农夫的妻子热情地邀请两位客人进去烤火，等她丈夫回来。罗吉士烤火时，看见那女人样子非常消瘦憔悴，也发觉躲在桌椅后面对他窥探的孩子瘦得皮包骨头。

农夫回来了，妻子告诉他罗吉士和佣工是冒着狂风严寒来的。罗吉士刚要开口跟农夫论理，忽然决定不说了。农夫不晓得罗吉士的来意，便和他握手，留他们吃晚饭。"两位只好吃些豆子了，"农夫抱歉地说，"因为刚刚在宰牛，忽然起了风，没能宰好。"盛情难却，两人便留下了。

在吃饭的时候，佣工一直等待罗吉士亲口讲起杀牛的事，但是罗吉士只跟这家人说说笑笑，看着孩子一听说从明天起几个星期都有牛肉吃，便高兴得眼睛发亮。

饭后，朔风仍在怒号，主人夫妇一定要两位客人住下，两人于是又在那里过夜。第二天早上，两人喝了黑咖啡，吃了热豆子和面包，肚子饱饱地上路了。

在途中，佣工责怪他："我还以为你为了那头牛会大兴问罪之师呢。"

罗吉士半晌不做声，然后回答："我本来有这个念头，但是我后来改变了主意。你知道吗，我实际上并未白白失掉一头牛，我换到了一点人情味。世界上的牛何止千万，人情味却稀罕。"

不放弃机遇才能取得令人瞩目的业绩

成功者善于捕捉机遇、善于抓住机遇不放。只要有心，瞄准一个发财的机会，就不要放弃，执著地去做，才可能成功。

岛村产业公司及丸芳物产公司董事长岛林芳雄，当年背井离乡来到东京一家包装材料店当员工时，薪金很低，还要养活母亲和三个弟妹，因此时常囊空如洗。他回忆说："下班后，在无钱可花的情况下，我拥有的唯一乐趣，就是在街上走走，欣赏人家的服装和所提的东西。"

有一天，他在街上漫无目的地散步时，注意到无论是花枝招展的小姐，还是徐娘半老的妇人，除了都拿着自己的皮包之外，还提着一个纸袋，那是买东西时商店送给她们装东西用的。他自言自语："嗯！提这样纸袋的人，最近越来越多了。"

岛村的整个心思都是纸袋。两天后，他到一家跟商店有来往的纸袋工厂参观。果然，正如他所预料的，工厂里忙得热火朝天。参观之后，他怦然心动，毅然决定无论如何非大干一番不可。

"将来纸袋一定会风行全国，做纸袋的生意一定错不了。"

身无分文的岛村虽然雄心勃勃，但却无从下手。因为他身无分文。所需的资金从哪儿得来呢？他决定硬着头皮去各银行试一试。一到银行，他就把纸袋的使用前景、纸袋制作的技巧等说得口干舌燥，但每一家银行听了他的打算后，都冷冷地不愿理睬他，甚至有的银行以对待疯子的态度来对待他。

"我每天都前去走动拜访，总有一天他们会改变主意的。"他如此想。决定把三井银行作为目标，连续不断地前去展开波状攻击。

然而，他的执著在三井银行也没有得到同情。起初态度冷冷淡淡连他的话都不愿意听的职员们，过了几天，对他蔑视的态度就逐渐表面化，终于耐不住厌烦地大发脾气，一看到他就怒目相视。有时他一来，大家就发出一阵哄笑来取笑他，有时干脆把他赶出去。

皇天不负有心人，前后经过三个月，到第 69 次时，对方被他那煞费苦心、百折不挠的精神所感动，答应贷给他 100 万日元。当朋友和熟人知道他获得银行贷款 100 万日元后，纷纷过来帮忙，有的出资 10 万日元，有的贷款 20 万日元给他，就这样，他很快就筹集了 200 万日元的资金。

于是，岛村辞去了店员的工作，设立丸芳商会，开始纸袋业务，最终取得了令人瞩目的业绩。

隐藏在机遇背后的奥秘

人人都有成功的机遇，缺少的只是发现机遇的眼睛。有人将机遇随手推出，而有些人善于发现机遇，利用机遇去成就自己。

江程拥有一家三星级的宾馆，经朋友介绍，他认识了一位名气很大的导演，导演准备在他的宾馆开一个新闻发布会。

江程爽快地同意了，可在租金上不能与对方达成一致意见。江程要价4万，导演只答应出2万，双方争执不下。朋友劝江程："怎么这么傻，你只看到了2万，2万背后的钱可不止这个数，他们都是名人，平时请都请不来。"

江程还是不妥协，坚持要4万，还对朋友说："你看你介绍的人，这么苛刻。"朋友生气地说："我没有你这个目光短浅的朋友。"说完，朋友抛开江程，自己走了。

江程旁边一家四星级宾馆的总经理听到了这个消息，及时找到导演，说他愿意把宾馆租给导演，而且要价不超过1.5万元。

于是，导演便租了这家四星级宾馆。开新闻发布会那几天除了许多记者、演员外，还有不少影迷慕名而来，十几层的大楼无一空房。而且因为明星的光临，使得这家四星级宾馆名声大噪。

江程看到这一幕后，后悔得不得了，但一切都晚了，他只能谴责自己目光短浅。

站在巨人的肩上多次获世界著名奖项

辛勤耕耘总会带来收获。在追求真理的过程中，要抛开一切。一心一意，有了这样一股精神，离成功也就不远了。

1946 年 2 月 7 日，朱清时出生于四川省成都市的一个知识分子家庭。

他的父亲朱穆雍是 1940 年成都华西大学社会学的毕业生，新中国成立后，因其曾在国民党政府中做过小职员，终被定成反革命。母亲只好早出晚归干零活以养活一群子女。

11 岁时，朱清时在成都十三中住校，从此开始了自立、艰苦的生活。当时，小清时唯有沉浸在知识的海洋中，才会忘却压在幼小心灵上的阴霾。除了在课堂上刻苦学习外，课余和周末，当别的同学都欢欢喜喜地回去与家人团聚，打打"牙祭"，享受天伦之乐时，小清时只有以书相伴。无钱买书就去旧书店看书，一看就是几个小时。有时去四川省成都市图书馆读书，一坐就是一天半天的。

进入中学后，他学习异常刻苦。1962 年，朱清时在成都市举行的首届中学生数学竞赛中，荣获一等奖。辛勤耕耘带来了收获，也为他带来了幸运。

1963 年，朱清时以优异的成绩考取了中国科技大学近代物理系。

大学的生活是紧张而有序的。每天早晨，朱清时都从校园一直跑到八宝山顶，再跑回来。晚上，下了晚自习，临睡前用凉水冲澡。他认为要担当大任，一定要苦其心志，劳其筋骨，饿其体肤。在中国科技大学这所由中科院建立并由科学家任教的神圣殿堂里，朱清时为能亲耳聆听许多著名科学家的耳提面命而激动不已，为能吮吸到无数知识琼浆而欣喜若狂。

1968 年分配时，朱清时主动要求到青海工作。起初他的工作是每天晚上爬进刚炼完铁的炉膛里，把炉壁上被烧坏的耐火砖一块块地敲下来，再一块块地换上新的。炉膛里的余热往往在 70℃~80℃，劳动量之大、之难是显而易见的。半年后，厂长发现了他的才能，让他掌管全厂大部分原材料和设备维修，零配件的采购、库存和使用计划，同时兼做采购员。他一人干着几个人的工作，竟能干得井井有条，而且十分轻松。

工作之余，朱清时抓紧一切时间，刻苦钻研。他不但读了大量的科技书，而且还发表了两篇学术论文，一时引起轰动。

1974 年，由于坚实的学术基础，他考进了中科院研究所。在所里，他是唯一能读懂原版科技资料的研究人员。

1978 年，朱清时被选为中科院首批出国进修人员，同年 8 月，他来到华盛顿的圣巴巴拉大学。在美国的两年中，他发奋攻读，几乎放弃了一切娱乐，闯过了一道道难关。到美国的第二年，朱清时转到了麻省理工学院。此后一年中，他先后发表论文 7 篇。在一次学术会议上，他的导师用无比欣喜的语气向与会者介绍道："朱清时几周内完成的工作，美国学生通常要干上一年。"1981 年 6 月，第 36 届国际分子光谱学讨论会在俄亥俄州召开，年仅 35 岁的朱清时应邀担任了分会的主席。

公派两年到期后，麻省理工学院又聘请他做博士后研究员继续工作。但他认为在美国虽可出研究成果，但均是在别人划定的框子里完成的，要想真正最大限度地实现人生价值还得回国发展。

回国后，他又创造了一系列成绩，多次获世界著名奖项。现为中国科技大学副校长、中科院院士。

汽车巨头和胸怀大志的年轻人

对目标的追求要量力而行，要着眼于自己的实力，而不要一心只想结果。与其追求华而不实的东西，不如脚踏实地地干些实事。

美国汽车巨头福特曾经特别欣赏一个年轻人的才能，他想帮助年轻人实现自己的梦想。可年轻人的梦想却把福特吓了一跳：他一生最大的愿望就是赚到 1 000 亿美元——超过福特财产的 100 倍！

福特问他："你有了那么多钱以后做什么？"

年轻人迟疑了一下说："老实说，我只觉得那才能称得上是成功，至于做什么我也不大清楚。"

福特说："一个人果真拥有那么多钱，将会威胁整个世界，我看你还是先别考虑这件事吧。"

之后，长达 5 年时间福特拒绝见这个年轻人，直到有一天年轻人告诉福特他想创办一所大学，他已经有了 10 万美元，还缺少 10 万。福特这时开始帮助他，他们再也没有提起过 1 000 亿美元的事。经过 8 年的努力，年轻人成功了，他就是著名的伊利诺伊大学的创始人本·伊利诺伊。

准则 4 敬业忠诚努力工作的好习惯

从事你最擅长的工作

在认识到自己长处的前提下，如果你能扬长避短，认准目标，抓紧时间把一件工作或一门学问刻苦地认真地做下去，久而久之，自然会结出丰硕的成果。

爱因斯坦大学时的老师佩尔内教授有一次严肃地对他说："你在工作中不缺少热心和好意，但是缺乏能力。你为什么不学医学、法律或哲学而要学物理呢？"幸亏爱因斯坦深知自己在理论物理学方面有足够的才能，没有听那个教授的话。否则，也许我们的物理科学就不会像今天这样了。

科学的门类不同，需要的素质与才能也不同。比如：做一个杰出的临床医生，必须具有很好的记忆力；研究理论物理学，抽象思维能力不可少；一个数学家没有必要一定具备实际操作、设计和做实验的能力，虽然这种能力对于一个化学研究者来说是必不可少的；而天文学主要是一门观察科学，需要很好的观察能力，浓厚的兴趣和长久细致进行观察的毅力。人的兴趣、才能、素质也是不同的，如果你不了解这一点，没有能把自己的所长利用起来，你所从事的行业需要的素质和才能正是你所缺乏的，那么，你将会自我埋没。反之，如果你有自知之明，善于设计自己，从事你最擅长的工作，你就会获得成功。

这方面的例子实在是太多了：达尔文对数学、医学呆头呆脑，一摸到动植物却灵光焕发……阿西莫夫是一个科普作家的同时也是一个自然科学家。一天上午，他坐在打字机前打字的时候，突然意识到："我不能成为一个第一流的科学家，却能够成为一个第一流的科普作家。"于是，他几乎把全部精力放在科普创作上，终于成了当代世界最著名的科普作家。

作为一个想正正经经做一番事业的人，对自己先要有个正确的认识。比如说，你可能解不出那样多的数学难题，或记不住那样多的外文单词，但你在处理事务方面却有特殊的本领，能知人善任、排难解纷，有高超的组织能力；你在物理和化学方面也许差一些，但写小说、诗歌是能手；也许你分辨音律的能力不行，但有一双极其灵巧的手；也许你连一张桌子也画不像，但有一副动人的歌喉；也许你不善于下棋，但有过人的臂力……

把工作与兴趣结合起来

我们无法保证，每天都是在干自己喜欢的工作，就算你有跳槽的本领，也不可能找到完全符合你兴趣的工作，而且，每一篇"求职者须知"都告诉你要适应工作，而不是让工作来适应你。因此，我们在面对自己不喜欢的工作时，也要保持一定的热情，让自己把工作与兴趣结合起来。

许多人认为，所谓工作，就是一个人为了赚取薪水而不得不做的事情。另一部分人对工作则抱着大不相同的见解，他们认为：工作是施展自己才能的载体，是锻炼自己的武器，是实现自我价值的工具。日本 M 电机公司的科长山田曾表示：之所以有的员工认为工作是为了赚取薪水而不得不做的事情，是由于他们都缺乏对工作的兴趣。同时，他以一种非常遗憾的口吻回忆了他自己年轻时候的教训。

山田先生从大学毕业进入 M 电机公司时，被派往财务科就职，做一些单调的记账工作。由于这份工作连中学生都能胜任，山田先生觉得自己一个大学毕业生来做这种枯燥乏味的工作，实在是大材小用，于是他无法在工作上全力投入，加上山田先生大学时代成绩非常优异，因此，他更加轻视这份工作。因为疏忽，他在工作时常发生错误，遭到上司责骂。

山田先生认为，自己假如"当时能够不看轻这份工作，好好地学习自己并不专长的财务工作，便能从财务方面了解整个公司，这样一来，财务工作就会变得很有趣。"然而由于他自己轻视这份工作而致使学习的良机从手中流失，直到后来，财务仍是山田薄弱的环节。

由于山田对财务工作没有全力以赴，以至于被认为不适合做财务工作而被降至营业部门。但身为推销员，又必须周旋于激烈的销售竞争中，于是他又陷入窘境，这对山田而言，又是一种不满。他就是因为不想做推销员才进入这家公司的，他认为如果让他做企划方面的工作，一定能够充分发挥他的才能，但公司却让他做一个推销员而任人驱使，实在令人别扭。所以，他又非常轻视推销的工作，尽可能设法偷懒。结果，他只能达到一个营业部职员的最低的业绩标准。

现在回想起来，如果当时能够不轻视推销工作而全力以赴，山田就能够磨炼自己在人际关系上的应对进退能力，并能培养准确掌握对手心态的方法。然而，山田当时却一味敷衍了事，以至于后来仍对自己人际关系的能力没有自信，这对目前的山田而言，也是非常薄弱的一环。

山田先生因此而丧失身为一个推销员的资格，并被调至调查科。与过去的工作比较起来，似乎调查工作最适合山田先生。山田先生终于遇到了一份有意义的工作，由于热爱并投身于此，他的工作绩效得到逐渐提升。

但由于过去 5 年左右的时间，山田非常马虎的工作态度，使他的考核成绩非常不理想，当同期的伙伴都已晋升为科长时，只有他陷入到被遗漏下来的窘境。

这对于山田先生是一个非常大的教训。过去公司所有指派的工作，对于山田先生而言，都各具意义。然而，由于山田只看到工作的缺点，以致无法了解这些工作乃是磨炼自己弱点的最佳机会，也就无法从工作中学习到经验而遗憾至今。

大多数的人未必一开始就能获得非常有意义的工作，或非常适合自己的工作。倒是有相当一部分的人，刚开始都被派做一些非常单调呆板和自认为毫无意义的工作，于是他们认为自己的工作枯燥无味或说公司一点都不能发现自己的才能，因而马虎行事，以至于无法从该工作中学到任何东西。

对待任何工作，正确的工作态度应是：耐心去做这些单调的工作，以培养出克己的性格。如果最初无法培养这种克己的性格，渐渐地便难以忍受呆板单调的工作，一个又一个的调换工作场所，并慢慢地被调到条件差的工作岗位，就会逐渐成为无用的人。

所以即便是单调且无趣的工作，也应该学习各种富有创意的方法，使该工作变得更为有趣且富有意义。

就上班族而言，最重要的是在年轻时代去体验各种工作，特别是去经历自己所不专长的工作，从而开拓自己所不擅长的能力。这是因为，无论是在财务方面所知有限，不善处理人际关系，还是缺乏经营观念或是技术不精等缺点，对于上班族而言，都将难以施展其才华。

学会创造性地工作

纽约首屈一指的毛纺织品批发商杰姆斯，有一年雇用了一个少年杂役，名叫乔瑟夫。他每天早晨 6：00 要到达富兰克林街的办公室，在 7：30 办事员们到来之前，把全部办公室打扫整理好。工作了一整天，他还得为一位患肠胃病的董事，来回不断地送热水。

周薪升到 5 美元的时候，乔瑟夫断然地申请到外面去推销毛纺织品。他既年轻，身体又弱小，居然得到准许，做了推销员。不久，他便能取得订货了。

1888 年的大风雪袭击了全纽约。就在这大灾难之后不久，一般推销员都在将近中午时分才赶到富兰克林街的办公室，争先恐后地集拢到火炉旁，尽兴地聊着天。

那天下午相当晚了，大门开处，一股寒冷刺骨的北风直冲进来。同时，几乎冻僵了的乔瑟夫，像醉汉似的摇晃着蹒跚地走了进来。

"这是董事先生来上班了。"老资格的推销员讽刺地说。

"不过，我把今天应做的工作全做完了。"乔瑟夫回答道，"像这样的大雪，我更加奋发。而且在这样的天气里，不会有竞争的对手，所以给客人们看了更多的样本。我今天得到了 43 件订货。"

乔瑟夫立刻被调升为正式的推销员，薪水也加倍了。他后来成了世界最大的不动产商人。他是一个办事的天才，从来就不曾有过为办不成事制造借口或辩解的念头。他知道，"今天不成"和"永远不成"两者意思相同。

工作场所的简陋并不能削弱人的工作热情，工作热情受挫的根本原因在人本身。"要有更好的工作地方，设备更加齐全的地方……"这也是人们常见的借口。可是，居里夫妇在荒废的老屋中成功地从沥青中分离出了"镭"；普雷谢在更狭窄、更破旧的木屋里，制造了近代的天文望远镜；罗奇丹斯基在维也纳的仓库内，学习了病理解剖学；爱因斯坦在厨房里，构想出了相对论。

"周围的人真可恶，叫我无法工作。"这也是怠惰者常找的借口。康纳的《贺尔摩斯》中的几篇，是在嘈杂喊叫的屋子的角落里写成的。乔勒瑞·山特在朋友的包围中，一边应酬着，一边挥着钢笔。写作本来是个需要高度集中精力的工作，但他们并不因有人在旁而心乱神昏，把工作耽搁下来。

由此可见，那些被称誉为伟人的人物，之所以比普通人优秀。不外乎他们具有创造性的工作习惯。不论他们是否受惠于天赋的才能。总之他们做了天才的工作，收获了天才的果实。他们每个人都有适合自己特点的独特的工作习惯，那就是：

1.他们在工作之际，不仅考虑眼前的事情，而且有长远的目标。他们向着预定的目标前进，而那目标会使他们焕发出不屈服于任何困难和障碍，勇往直前的力量。

2.他们有毅然执行计划的习惯。他们驱除分神乱心的诱惑，有为着将来而暂时隐忍的勇气。这便是有先见之明。

3.他们对无益于工作的事情，经常有说"不"的习惯。他们努力直趋正道，不入歧途。

4.他们有阅读对工作有帮助的书籍报刊的习惯。他们不断地吸收新观念和新知识。

5.他们有将不愉快的工作尽先尽快地处理完的习惯。他们不会因拘泥于过去，而迟缓了现在的活动。

6.他们有自动工作、不怠慢工作的习惯。

7.他们对细小的事情都有快刀斩乱麻，迅速加以解决的习惯；并能不厌其烦、仔细周到地思考下一步要做什么。

8.他们有强而有力并且迅速开展工作的习惯。他们大都习惯于很早就起来工作，而不会让脚下的杂草蔓延。

9.他们有以优秀技工的精神劳作的习惯。他们对工作并不太重视"量"。而更加注重"质"，且绝不粗制滥造，争取每一项工作都能取得满意的成果。

10.他们有利用闲暇，同一时间做两项工作的习惯。即使很短暂的时间也不虚掷。而是充分地加以利用，他们最忌无所事事地浪费时间。

11.他们有和别人协作的习惯。善于训练他人，使他人成为自己的耳目、手足和脑子。

12.他们有制订超过金钱价值的目标，并为之工作的习惯。完美的工作对于他们而言是比金钱更佳的报酬。

13.他们有给予自己更多工作的习惯。他们不断地提高自己的能力，迅速地加快工作速度，以便能担当更多的工作，以拓宽其前进的道路，而避免陷于守旧。他们认真工作，给自己增加压力，布下"背水之战"的阵势，并勇敢地迎接挑战。

14.他们对自己所做的事情负责，绝不寻找不工作的借口或为自己不工作而辩解的理由。他们认为，与其为自己的运气欠佳而不平，还不如鞭策自己奋发。

拯救自己者与这些良好的习惯为友，不但完成了工作，而且成就了伟大的事业，十分快乐地享受着人生，所以他们憎恨借口，从不怨天尤人。

勇于做挑战性的工作

涓滴之水终可以磨穿大石，不是由于它力量强大，而是由于它昼夜不停地滴落。

珍贵的东西总是得来不易，要想获得成功，就得付出昂贵的代价。

换句话说，成功没有任何捷径，你想得到多少，你就得付出多少。审视成功者的生活，你将会发现，他们付出了与所取得的成就相对等的代价。在取得成就之前，必须花上许多年的努力与准备，这是想要在任何领域出人头地的不变法则。

许多人之所以与成功无缘，就是因为他们不想付出代价。美国女高音歌唱家席尔兰说："没有一条捷径会通往值得你去的地方。"如果你渴望成功，就应该知道成功的基础是专注，是付出，是持续的努力。如果你想寻找简易的捷径帮你达到目的，那么无论目标是减轻体重、获得财富还是晋升职位，你都会大失所望。

罗伯顿是一家大型工厂的员工。一天，老板把他叫到办公室，对他说："罗伯顿，鉴于公司目前的市场销售情况很不理想，我决定把你从总裁办公室调到销售部，让你去得州开拓新的销售市场。

"可是，先生；你让我去从事销售工作，这与我的专业不对口啊！"罗伯顿不满地抗议道。

"我知道，你现在正年轻，我也希望你能到销售一线去锻炼一下，再说，公司的确需要增加销售人手。"老板耐心地向罗伯顿解释道。

"既然如此，你为什么不派克鲁斯去呢？他或许比我更合适。"罗伯顿推脱说。

"哦，克鲁斯，我将派他去加利福尼亚州。"

"那……假如公司已决定我非去销售部不可，那就让秘书处给我准备好去得州要用的所有资料吧，否则，我是无法去的，到那里开拓新的销售市场，实在是太困难了。而且，那里的条件远不如总部好……"罗伯顿在老板面前找出了诸多不愿意去的理由。

最后，老板只好同意罗伯顿留在公司总部。但从此以后直到退休，罗伯顿一直在总裁办公室从事一般性的文字工作，昔日他身边的同事们要么高升，要么到外地分部任经理了。

罗伯顿有时也对自己的境遇表示不满，甚至认为老板不公平，才导致他终身从事一种平凡的工作，以致自身的潜能无法得到发挥。但他却从来没有想过，他今天的境遇是自己一手造成的，因为他不愿意承担责任，不愿意付出比别人多的辛劳，而是找理由、找借口拒绝有挑战性的工作。

当你决定了自己的目标，也想清楚了愿意为目标付出代价后，你就得准备，在所有投资有所回报前，慷慨而长期地付出你的时间和才智。那些所谓一夜成名的人，在众人肯定他们的成就之前，也都曾默默无闻地奋斗过许多年。

把忠诚作为工作生活的准则

忠诚是一个人的优势和财富，它能换取别人的信任与坦诚，如果你有了忠诚的美德，那么总有一天，你会发现它会成为你巨大的财富。相反。如果你失去了忠诚，那你也就失去了成功的机会。

在一家大公司供职的张平能说会道，且做事果断有魄力，所以，他很快就被提拔为技术部经理，他认为，更好的前途正等着他。

有一天，一位港商请他到"红房子"酒吧喝酒。几杯酒下肚，港商很正经地对张平说："老弟，我想请你帮个忙。"

"什么忙？"张平很奇怪地问。

"是这样，"港商说，"最近我公司和你们公司正在谈一个合作项目。如果你能把你那个部门的技术资料提供给我一份，这将使我们公司在谈判中占据主动。怎么样，你能不能尽快帮我复制一份？"

"什么，你是说，让我做泄露公司机密的事？"张平皱着眉头道。

港商小声说："我让你帮我是有条件的，如果办成了，我给你15万元报酬。还有，这事儿只有你知我知，对你一点儿也不会有影响。"

说着，港商把15万元的支票递给张平。张平心动了。

在谈判中，张平的公司损失很大。事后，公司查明真相，便辞退了张平。

本可以大展宏图的张平因此不但失去了工作，就连那 15 万元也被公司追回以赔偿损失。他懊悔不已，但为时已晚。

一个不忠诚的人即使才华横溢也不会成功，因为他无法得到别人的信任，不管是上司还是下属，都不会喜欢这样的人。所以这同时也表明：忠于别人，也就是忠于自己；背叛别人，也就是背叛自己，就是自取灭亡。

如果你渴望成功，那就要保持忠诚的美德，让它成为你生活与工作的一个准则，并在此基础上逐步培养正确的道德观，提升生活的道德层面，发展真正的好品格，这样，总有一天你会得到理想的回报。

首先，你要树立"一切为公司利益着想"的思想。在工作中，你要把公司的利益摆在第一位。要知道，你是公司里的一员，公司发展了，你才能得到发展，如果公司垮了，你也不会有什么好下场。

其次，你不要随便跳槽。社会学家曾指出，现代人一生当中平均要换五到六次工作。不过，在人的一生中，换工作毕竟是一件大事，它是检验一个人忠诚度的根据，所以，你要三思而后行。你最好不要动不动就想以跳槽来改变自己的境遇，你可以在岗位上勤恳工作，努力提高自己各方面的能力，积极进取，这样才能更好更快地接近成功。如果你一年之内连续换好几份工作，老板就会想："这个人忠诚度恐怕有问题……"那你日后的麻烦可就大了。

还需要注意的是，你要拒绝对公司不利的诱惑，不要为一己之利而损害公司，公司利益是大于你个人利益的，需要的时候，宁可牺牲自己的利益也要保全公司的利益。当面对一些不正当的诱惑时，你要敢于说"不"。这样，你就会得到公司的信任，也才能够被委以重任。

对工作富有敬业精神

许多年前，一个妙龄少女来到东京帝国酒店当服务员。这是她涉世之初的第一份工作，也就是说她将在这里正式步入社会，迈出她人生第一步。因此她很激动，并暗下决心：一定要好好干！但令她万万想不到的是。上司竟然安排她洗厕所！

这时，她面临着人生第一步怎样走下去的抉择：是继续干下去，还是另谋职业？继续干下去——太难了！另谋职业——知难而退？人生之路岂有退堂鼓可打？她不甘心就这样败下阵来，因为她想起了自己初来时曾下的决心：人生第一步一定要走好，马虎不得。

正在此关键时刻，一位前辈及时地出现在她的面前，帮她摆脱了困惑、苦恼，并顺利迈好了这人生第一步，更重要的是帮她认清了人生路应该如何走。那位前辈并没有用空洞理论去说教，而是亲自做给她看了一遍。

首先，他一遍遍地抹洗着马桶，直到抹洗得光洁如新。然后，他从马桶里盛了一杯水，一饮而尽喝了下去！且毫无勉强之意。实际行动胜过万语千言，他不用一言一语就告诉了她一个极为朴素、极为简单的真理：光洁如新，要点在于"新"，新则不脏，因为不会有人认为新马桶脏，也因为新马桶中的水是不脏的，所以是可以喝的；反过来讲，只有马桶中的水达到可以喝的洁净程度，才算是把马桶抹洗得"光洁如新"了，而这一点已被证明可以办得到。

同时，他送给她一个含蓄的、富有深意的微笑，送给她一束关注的、鼓励的目光。这已经足够了，因为她早已激动得几乎不能自持，从身体到灵魂都在震颤。她目瞪口呆，热泪盈眶，恍然大悟，如梦初醒！她痛下决心："就算一生洗厕所，也要做一名洗厕所洗得最出色的人！"

从此，她成为一个全新的人，她的工作质量也达到了那位前辈的高水平，当然她也多次喝过马桶里的水，为了检验自己的自信心，为了证实自己的工作质量，也为了强化自己的敬业心；从此，她很漂亮地迈开了人生的第一步；从此，她踏上了成功之路，开始了她的不断走向成功的人生历程。几十年光阴一瞬而过，她后来成为日本政府的主要官员——一名邮政大臣，她的名字叫野田圣子。

从故事中，我们看到的是野田圣子对卓越的不懈追求，正是这种追求造就了这位平凡女子传奇的一生。

敬业精神是强者之所以成为强者的一个重要方面，是每一个员工的使命。是每一个职业人应具备的职业道德。如果你能够在工作中富有敬业精神，把工作当成自己的事业，并对此付出全身心的努力，抱着认真负责、一丝不苟的工作态度，做到善始善终，那么，不管你现在身处什么岗位，都能在工作中脱颖而出。

阿尔伯特·哈伯德说："一个人即使没有一流的能力，但只要你拥有敬业的精神，同样会获得人们的尊重；即使你的能力无人能比，却没有基本的职业道德，那你一定会遭到社会的遗弃。"

那些在工作中投机取巧、逃避责任、懒惰倦怠、寻找借口的人，总是对工作、对老板、对公司心中充满了怨言："公司把我当做廉价的劳动力，老板在剥削我。"他们对待工作不仅缺乏一种神圣使命感，而且还缺乏对敬业精神真正意义的理解。

一名优秀的员工必须能够正确地看待"敬业"。敬业，就是把握了自己的生存权。搜狐总裁张朝阳说："我们公司聘人的标准是敬业精神，当然，辞退的原因也和敬业有关。我认为，一个人的工作是他生存的基本权利，有没有权利在这个世界上生存，要看他能不能认真地对待工作。能力不是最主要的，只要有敬业精神，能力会提高的。如果一个人本职工作做不好，即使找别的工作、做其他事情也不会有可信度。如果能认真做好一样工作，那么往往还有更好的、更大的工作等着你去做。这就是良性发展。"

轻视自己工作的人，同时也轻视了自己的品格。对待工作苟且偷安、马马虎虎，自然也就得不到老板的信任。每经过你的手而做出的一件苟且而劣质的工作，都足以损害你的声誉、办事能力以及你的人格。轻初工作的心态，对自尊心和理想是一种侮辱，它是拖累你停滞不前的敌人。缺乏敬业精神的人还将对他人、集体造成非常严重的负面影响。

实际上，敬业表面上看起来是有益于公司，有益于老板，但最终的受益者却是自己。当你将敬业变成一种习惯时，就能从中学到更多的知识，积累更多的经验，就能从全身心投入工作的过程中找到快乐。绝不要在平时的工作中养成懒懒散散，心不在焉，半途而废的坏习惯。这些坏习惯一旦养成，就会影响你正常的工作和生活。

像老板一样积极工作

钢铁大王卡内基在谈到给年轻人的忠告时说："无论在什么地方工作，都不应该把自己只看成是公司的一名员工——而应该把自己看成公司的主人。"

每天早出晚归的人不一定是认真工作的人，每天忙忙碌碌的人不一定是圆满完成工作的人，每天按时打卡、准时出现在办公室的人不一定是尽职尽责的人。对于没有端正工作态度的人来说，每天的工作可能是一种负担、一种逃避，于是，当一天和尚撞一天钟，对工作总是敷衍了事。试想，这样的员工，怎么会赢得老板的信任呢？又怎么会有机会接受更大的挑战？对每一个企业和老板而言，他们需要的绝不是那种仅仅遵守纪律、循规蹈矩，却缺乏热情和责任感，不能够积极主动、自动自发工作的员工。

事业的成功取决于态度，没有谁会一夜成名的，成功是一个长期努力积累的过程。以老板的心态对待工作，像老板一样把公司当成自己的公司，把工作当成自己的事业，这才是端正的工作态度。具有这种心态的员工才是合格的、真正的员工；在这种心态的引导下，也才会迎来自己事业上的长远发展。

世界著名的成功学专家拿破仑·希尔曾经聘用了一位年轻的小姐当助手，替他拆阅、分类及回复他的大部分私人信件。当时，她的工作是听拿破仑·希尔口述，记录信的内容。她的薪水和其他从事相类似工作的人大致相同。有一天，拿破仑·希尔口述了下面这句格言，并要求她用打字机打印出来："记住，你唯一的限制就是你自己脑海中所设立的那个限制。"

她把打好的纸张交还给拿破仑·希尔时说："你的格言使我获得了一个想法，对你、对我都很有价值。"

这件事并未在拿破仑·希尔脑中留下特别深刻的印象，但从那天起，拿破仑·希尔可以看得出来，这件事在她脑中留下了极为深刻的印象。她开始在用完晚餐后回到办公室，做那些不是她分内而且也没有报酬的工作。她开始把写好的回信送到拿破仑·希尔的办公桌。

她已经研究过拿破仑·希尔的风格，因此，这些信回复得跟拿破仑·希尔自己所能写的完全一样好，有时甚至更好。她一直保持着这个习惯，直到拿破仑·希尔的私人男秘书辞职为止。当拿破仑·希尔开始找人来补这位男秘书的空缺时，他很自然地想到这位小姐。但在拿破仑·希尔还未正式给她这项职位之前。她已经主动地接受了这个职位。由于她在下班之后，以及没有支领加班费的情况下，对自己加以训练，终于使自己有资格出任拿破仑·希尔的秘书。

不仅如此，这位年轻小姐高效的办事效率也引起了其他人的注意，有很多人为她提供更好的职位。她的薪水也多次得到提高，现在已是她当初作为普通速记员时的4倍。她使自己变得对拿破仑·希尔极有价值，因此。拿破仑·希尔不能失去她这样一位好帮手。

作为员工，如果你能够把自己当成老板来对待工作，尽心尽责地完成工作，并养成这样的习惯，那么你就会从全局的角度来考虑你日常所做的工作，确定这份工作在整个工作链中处于什么位置，从中找到做分内工作的最佳方法；你不会再拒绝上司派来的额外工作，你会认为这是表现自己工作能力、锻炼自己技能和毅力的一次机会。你最终会因为这样的心态和所有的努力而把工作做得更圆满，更出色，并成为公司里最优秀的员工，你的薪水也会得到相应的提升，你的事业也会因在这一过程中所获得的知识和能力而有所成就。

卡内基在宾州匹兹堡铁道公司事务管理部担任小职员时，一天早晨在上班的途中，他发现一列火车在城外发生车祸。他想打电话给上司，却联络不上。

他知道多耽误一分钟，都将对铁道公司造成非常巨大的损失。在没有其他办法的情况下，他以老板的名义，发电报给列车长，指示他快速处理，并且在电报上签下了自己的名字。他知道根据公司严格的规定，这么做等于是自动辞职。

过了几个钟头，上司回到座位，发现卡内基的辞呈，以及今天所做之事的详细情形。那一天过去了，一切正常。第二天卡内基的辞呈被退了回来，上面用红笔批道："不同意。"

几天之后，上司把卡内基叫到办公室说："小伙子，有两种人永远只在原地踏步。第一种人不肯听从命令行事；另外一种人只肯听命行事。"这件事情让上司发现，卡内基比那铁路警察有用多了。

因此。要是你想让老板知道你是一个可造之才的话，那么最好、最快的方法就是积极地寻找并抓住每一个可以促进公司发展的机会，哪怕不是你的责任，你也要这么做，因为公司的事情就是你的事情。

每一天都将自己作为老板来对待工作，那么你的人生将会因为这一工作习惯的改变而改变。

向高难度工作挑战

微软在招聘时，颇为青睐一种"聪明人"。这种"聪明人"，并非在招聘时就已是某一岗位的专家，而是一个敢于向高难度工作、向自己挑战的人。

亨利·福特说："我一直都在寻找那些拥有无限能力，并相信没有什么是做不到的人。"这句话代表了众多老板的心声。今天的社会，是一个高度竞争、充满机会与挑战的社会，受大环境影响，企业的环境也总是处于困难和竞争之中。在这种残酷的环境中，每个公司必须时刻以增长为目标才能生存。要达到这个目标，公司员工必须与公司制定的长期计划保持步调一致，而真正能做到"一致"的，不断挑战自己争取进步的勇敢员工。那么，对于老板而言，他们所需要的勇敢员工必须具备敢于向高难度的、"不可能完成"的工作挑战的精神。

职场中，很多员工虽然极有才学，具备种种获得老板赏识的能力，但却缺乏挑战自我的勇气，只愿做职场中谨小慎微的"安全专家"，对异常困难的工作，不敢主动发起"进攻"，一躲再躲，以为这样就不会嫉妒和不满。实际上，这样的员工在老板眼中是可有可无的，绝不会获得事业发展的机会。"职场勇士"与"职场懦夫"，在老板心目中的地位有天壤之别，根本无法相提并论。

西方有句格言："一个人的思想决定一个人的命运。"不敢向高难度的工作挑战，是对自己潜能的画地为牢，只能使自己无限的潜能化为有限的成就。与此同时，无知的认识会使你的天赋减弱，因为你的懦夫一样的所作所为，不配拥有这样的能力。而机会来临时，只有那些勇敢尝试，时刻准备着的人才能抓住。"幸运就是机会遇到了准备"，准备的前提就是你首先要成为一个勇敢尝试的人。

莫里·威尔斯，曾被人认为最不可能进入美国超级职业棒球队竞赛联合会。然而在 1962 年，威尔斯打破了联合会伟大前辈的偷垒纪录，被授予了"联合会最有价值球员"的称号。一个似乎是要永远待在小竞赛联合会中，注定只能在职业生涯中平平庸庸的球员变成了一位超级明星，这是因为他敢于尝试，敢于向"高度"挑战，从而才获得了成功。

很多时候。事业失败的人往往就是因为他们在心里默认一个"高度"，这个高度常常暗示自己的潜意识：成功是不可能的，这是没有办法做到的。"心理高度"是人无法取得伟大成就的根本原因之一。我要不要跳？能不能跳过这个高度？我能不能成功？能有多大的成功？这一切问题都取决于自我暗示。因此，如果你能毫不畏惧地迎接挑战，告诉自己"我能行"！那么，你也会同那些成功的人一样，为自己的勇敢而自豪。

在 1888 年的总统大选中，美国银行家莫尔当选为副总统，他在执政期间，声誉卓著。当时《纽约时报》有一位记者偶然得知这位总统曾经是一名小布匹商人时，感到十分奇怪：从一个小布匹商人到副总统，他为什么会发展得这么快？带着这些疑问，他采访了莫尔。

莫尔说："我做布匹生意时也很成功。可是，有一天我读了一本书，书中有句话深深打动了我。这句话是这样写的：'我们在人生的道路上，如果敢于向高难度的工作挑战，便能够突破自己的人生局面。'这句话使我怦然心动，让我不由自主地想起前不久有位朋友邀请我共同接手一家濒临破产的银行的事情。因为金融业秩序混乱，自己又是一个外行人，再加上家人的极力反对，我当时便断然拒绝了朋友的邀请。但是，在读到这一句话后，我的心里有种燃烧的感觉，犹豫了一下，便决定给朋友打一个电话，就这样，我走入了金融业。经过一番学习和了解，我和朋友一起从艰难中开始，渐渐干得有声有色，度过了经济萧条时期，让银行走上了坦途，并不断壮大。之后，我又向政坛挑战，成为一名副总统，到达了政治生涯的顶端。"

生命是有限的，想活得积极而有意义，就要勇敢地向高难度的工作挑战，这是对自己生命的提升，也是让人生价值最大化的一个愉快途径。

仔细琢磨每一道工序

在日常生活中，许多人办事鲁莽轻率，不精益求精，只求差不多。尽管从表面看来，他们也很努力、很敬业，但结果却总无法令人满意。一位伟人曾经说过："轻率和疏忽所造成的祸患不相上下。"许多人之所以失败，往往就因为他们马虎大意、鲁莽轻率。

泥瓦工和木匠如果靠半生不熟的技术建造房屋，那么砖块和木料拼凑成的建筑在尚未售出之前，就可能在暴风雨中坍塌了。比如，在宾夕法尼亚州的一个小镇上，曾经因为筑堤工程质量要求不严格，石基建设和设计不符，结果导致许多居民死于非命——堤岸溃决，全镇都被淹没。医生因为没有花时间和精力好好学习技术，做起手术来双手颤抖，拿病人的生命当儿戏；一些律师只顾死记法律条文，不注意在实践中培养自己的能力，真正处理起案件来也难以应付自如，白白花费当事人的金钱……

建筑中小小的误差，可以使整幢建筑物倒塌；不经意抛在地上的烟蒂，可以使整幢房屋甚至整个村庄化为灰烬。因为事故造成木装的脚、无臂的衣袖、无父无母的孤儿，都是人们粗心、鲁莽与种种恶习造成的结果。世界上每年因为"不小心"所造成的生命的丧失、身体的伤害和财产的损失，有谁能统计得清楚呢？由于疏忽、敷衍、偷懒、轻率而造成的可怕惨剧在人类历史上无时无刻不在发生。

懒懒散散、漠不关心、马马虎虎的做事习惯似乎已经变成常态，这些人在学生时代就养成了心不在焉的坏习惯。他们习惯于使用一些小伎俩，譬如用抄袭、作弊等手段来欺骗老师，蒙混过关。而当他们踏入社会后，就不可能出色地完成任务。外出总是迟到，人们就会拒绝与他合作；与人约会总是延误，别人会大失所望；办事时缺乏条理和周密性。思维一片紊乱，别人就会丧失对他的信任。更重要的是，一旦染上这种恶习，一个人就会变得不诚实，遭到他人的轻视——不仅轻视他的工作，而且会轻视他的为人。

一旦这种人成为领导，其恶习也必定会传染给下属——看到上司是一个心不在焉的人，员工们就往往会竞相效仿，放松对自己的要求。这样一来，每个人的缺陷和弱点就会渗透到公司，影响整个事业的发展。如果他是作家，文章必定漏洞百出；如果他是一个管理者，部门工作必定一塌糊涂。

美国芝加哥因工作疏忽大意造成的损失，每天至少有 100 万美元。该城市的一位商人曾发表言论说，他必须派遣大量的稽查员，去各分公司检查，才可能制止各种马虎行为。虽说在许多员工眼里有些事情简直是微不足道，但积少成多，积小成大，一些不值一提的小事很可能就会影响他们在老板心目中的形象，影响他们的晋升。

无论做什么事，如果都能达到至善至美的结果，那不仅能提高工作效率和工作质量，也能树立起一种高尚的人格。

这是一句令人心生感触的话，值得每个人终生铭记！

比如，一个在美国管理上千名员工的经理，他以前不过是一家家具店的学徒工。在当学徒时，他常常仔细琢磨每一道工序。"不要在这件事上浪费时间了，它是毫无价值和意义的，查理！"他的老板常常这样对他说。可他一有空闲，就琢磨修理家具的技巧，很快便熟练地掌握了修理家具的精湛技术。他认真仔细的习惯，甚至连店主都觉得有些过分。但正是这种良好的习惯将这位年轻人推上了一个又一个重要的位置。

注重工作中的每一个微小细节

马克·吐温说："人的思想是了不起的，只要专注于某项事业，那就一定会做出使自己感到吃惊的成绩来。"不放过一个个微小的细节。才不致错失一次次重大的机会。

有一次，一个青年苦恼地对昆虫学家法布尔说："我不知疲劳地把自己的全部精力都花在我爱好的事业上，结果却收效甚微。"法布尔赞许说："看来你是一位献身科学的有志青年。"这位青年说："是啊！我爱科学，可我也爱文学，对音乐和美术我也感兴趣。我把时间全都用上了。"法布尔从口袋里掏出一块放大镜说："把你的精力集中到一个焦点上试试，就像这块凸透镜一样！"

许多有成就的人物都是从"聚焦"成功的。就拿法布尔来说，他为了观察昆虫的习性，从小就非常执著，甚至达到废寝忘食的地步。

一天晚上，正在屋子里的法布尔忽然听到一种隐隐约约的铮铮声，在寂静的夜晚，是什么发出这种声音呢？他想赶快出去弄个明白，当他推门想走出去时，他又犹豫了，因为父母经常告诉他天黑之后，狼就会从树丛中钻出来，怎么办呢？最后强烈的好奇心终于使法布尔战胜了恐惧。他轻手轻脚走出屋外，站在金雀花丛后面仔细观察着，他惊奇地发现，每当金雀花丛被风吹得轻轻摆动时，来自那儿的铮铮声就戛然而止，这是为什么呢？第一晚他没有寻到答案。第二天，他再去观察，但仍然没有解开疑团，年幼的法布尔不肯罢休。第三天，他又去观察，他的辛苦终于有了回报，他在金雀花丛中抓到了发出鸣叫的小家伙，它不是小鸟。而是一只被人称作"纺织娘"的昆虫。

一天早晨。几个妇女到果园里去摘葡萄，看见一个人躺在路旁的沙地里专心地看着什么。12个钟头过去了，当这几个妇女收了一天的葡萄迎着夕阳回家的时候，见那人仍然躺在那儿。一个妇女怜惜地对她的同伴叫道："啊呀！这个可怜的人，我们该为他祷告。"妇女们把这个人当成傻子了。可是，她们哪里知道这个人就是后来被著名作家雨果誉为"昆虫世界的荷马"的法布尔。

昆虫学家法布尔有时为了给一个小昆虫的某个特性做出结论，前前后后要观察几年，甚至几十年的时间。

法布尔对昆虫的观察十分仔细，从不放过一个微小的细节，以至于大科学家达尔文称他是"举世无双的观察家"。

主动地提出要求负责工作

你要推销的第一个对象就是你自己，连自己都推销不出去的人，又怎么有机会让别人赏识你呢？

在这个竞争激烈、快节奏、高效率的时代，人们越来越重视自身的价值，也越来越懂得如何表现自己的价值。如果你始终"藏而不露"，不敢表现自己。一直在那里默默地耕耘，即使你有再好的想法，恐怕也会被埋没。

所以，当有机会表现自己时，千万不要静坐在那里等伯乐来发现你；也不要故作谦逊姿态，把属于自己的机会假意推让给别人，因为你如果不主动推销自己、展现自己，别人又怎么能了解你、认识你呢？

在一家很大的技术公司里，有一个非常能干的博士，以为自己就是所在团队管理者的完美人选——尽管这个职位是向整个团队敞开的。他非常耐心地等了两个多月，期盼着得任此职。

然而出乎意料的是，老板从外面选了一个同样可以信任的人来负责这个团队。

这位博士感到震惊而又愤愤不平，就去对他的老板说："为什么你不能把那个职位交给我呢？我才是最理想的人选！"

老板困惑地看着他回答说："是啊，你是很理想啊，但是你也知道，两个多月来我一直在物色合适的人选。你从来就没有对我说起过你想担任这个职位，所以我以为你根本就不想得到它！"

一位独立经营的企业主，同其他一些独立经营的业主一起结成了一个联盟，他希望自己年底就能在联盟组织中取得一定的地位。过了几个月，他的目标没有得到多大的进展。相反，他的一个合作伙伴却因取得了那个地位而走上了讲台接受大家的祝贺。这令他感到很失望。

后来，他在对联盟负责人评论此事时说，自己早就有意干这一职位。

负责人感到很惊讶，大声地说道："但是你从来没有告诉过我呀。要是你早点儿对我说，我肯定会帮你去争取的！"

上文中的博士和企业主由于没有主动提出要求，因此失去了自己向往的职位。在我们周围也不乏羞于自荐的人，他们之所以一辈子失败，主要是因为不敢主动提出要求，而在坐等伯乐的过程中失去了大好机会。

每一个人都是自己的推销员。不管从事什么工作，你都是在推销你自己，推销你的才能、你的知识等。

不管你的事业进展如何，积极着眼于目前实实在在的工作肯定没错，但是光有专业知识和工作技能而不懂得表现也是可悲的，这会使你白白丧失许多成功的机会。

愚者等待机会，成功者善于抓住机会，机会只属于那些主动做好准备的人。你究竟是被动、消极地等待机会，还是积极主动地表现自己呢？也许你现在就应该采取某些行动了。

主动积极地创造工作业绩

不要被事物的表面现象蒙住了双眼，仔细分析后你会发现，所谓的复杂其实最单纯。

在日常生活与工作中，我们面临很多问题。当一件重要的事情摆在我们面前时，我们有时往往束手无策，找不到解决的办法，因此，烦恼便由此产生。可越是烦恼，越是找不到办法。此时，如果你静下心来，仔细想想，说不定解决问题的办法就在你身边而且解决之道又非常简单。

底特律有一位汽车销售员，由于不敢主动向顾客推销，只要顾客一拒绝他就马上退缩，因此他的销售业绩始终排在同事的后面，当然他的收入也就无法和其他的销售员相比。由于情况始终不见好转，加上小孩的出生，他的经济压力越来越大。如果收入再不改善，他就会很快陷入经济困境。虽然他知道这种状况必须尽快改善，也去请教了其他同事有关销售汽车的技巧，但他的销售业绩依然未见起色。

一天早上。他正吃早点时，望着手中拿的面包，脑海突然闪过一个念头："我如果再不能提升我的业绩，增加我的收入，我连现在手中的面包都买不起了，那些来买车的顾客其实就等于我手中的面包啊！我能多争取到一位顾客就等于多一块面包。每天都有面包 (指顾客) 自己送上门。不需要去外面找，我为什么还退缩而不把握时机呢？"

想法改变后，这位汽车销售员的态度、做法和以往完全不同了。每当有顾客上门，他总是主动、积极地为顾客介绍各种车辆的性能，并超出工作职责范围，主动告诉顾客有关车辆的常识，让顾客有全然不同的感受。

即使顾客没有买汽车，他也很客气地请他们留下资料，并热情地送顾客离去。顾客们感受到他这种亲切的态度，也都很乐意留下资料，并允诺只要他们买车，一定会回来找他。

此外，他还经常打电话给那些向他买车的顾客，询问车辆使用的情况。还免费提供汽车保养常识。如果有什么问题他无法解决，他都会介绍顾客到值得信赖、价格公道合理的修车厂，他这种做法让那些顾客都感到很满意。因此，当他询问他们是否有朋友或亲戚要买车子时，这些曾向他买车的人都十分愿意介绍亲戚朋友向他买车。而对于那些介绍亲戚朋友向他买车的人，他都会送上礼物以表达谢意。

另外，这位销售员还与银行办理汽车贷款的职员经常保持联系，并表示只要介绍客户向他买车，他便赠送精美礼品给他们。就这样，许多人都介绍新的客户向他买车。如此一来，这位销售员的客户便如滚雪球般不断增加，不仅销售业绩节节高升，收入也显著增加，经济压力完全解除，最后他还成了有名的汽车销售大王。

这位汽车销售员面对影响着自己一家经济境况的重大事情时，由迷茫、困惑到终于找出解决问题的方法——改变心态，积极主动。当他真诚地为顾客解决各种难题时，他自己的问题也解决了——顾客们为了回报他，便为他介绍更多的顾客，当他的销售业绩上升时，他的收入也就上去了。

你瞧瞧，解决重要问题的方法就是如此简单。

立即行动是建功立业的秘诀之一

行动未必总能带来幸福，但没有行动却一定没有幸福。

有一则笑话：威廉买了一双新鞋，但没有马上穿。别人问他买了新鞋为何不穿，他振振有词："噢，是这样，售货员说新鞋头几天穿会有些挤脚，所以我要过几天才穿。"

看了这个笑话，你可能会不由自主地笑出声来。笑什么？笑威廉的愚蠢，因为新鞋头几天穿总是要挤脚的，靠等几天怎能避免？可是我们在生活中不也时常会犯类似威廉"等几天"的错误吗？

克莱门特·斯通指出："立即行动"是建功立业的秘诀之一。然而许多人都有拖延的习惯。由于这种习惯，他们可能出门误车，上班迟到，或者更重要的——失去可能更好地改变他们整个生活进程的良机。

　　某商贸公司的老总要去日本参加一个国际性的商贸会议，他的助理们都忙得团团转，把他赴日所需的资料都准备妥当，其中包括该公司的年度销售计划书。

　　在临行的那一天，老总问身边的销售主管："计划书按照我的要求，已翻译成英文和日文了没有？"

　　"啊？没……还没有。"那位主管低垂下了自己的眼皮。

　　"为什么？我在一个星期前就告诉你了！"老总提高了说话的声调。

　　"是这样的，因为您的销售计划书在会议的第三天才用，所以……所以我准备这两天再翻译，等会议的第二天再给您传真过去，那样也不误事呀！"销售主管解释说。

　　"我早已计划好利用在飞机上的时间，再与同行的外籍顾问研究一下计划书的可行性。你这样做，岂不是白白浪费了我在飞机上的时间？"说完，老总的脸沉了下去。

　　在那次商务会议结束后的第二天，这位主管就接到了公司的解聘书。尽管他以前的销售计划书写得很棒，他的销售业绩也在同事中名列前茅。

　　对一位成功者来说，拖延也许是最具破坏性、最危险的恶习，因为它会使人丧失进取心。

　　第一次遇事推诿后，就很容易再次拖延，直到它们变成一种根深蒂固的习惯。可悲的是，拖延的恶习也有累积性，唯一的解决良方就是行动。当你真的放手去做任何事时，你会惊讶地发现，你正在迅速改变自己的处境。